卓越工程师教育培养计算机类创新系列教材

C语言程序设计实践教程学习辅导

主 编 吉根林 陈 波

副主编 高 茜 赵 斌 季菊辉

科 学 出 版 社

北 京

内 容 简 介

本书是作者多年讲授“C 语言程序设计”课程及指导学生实验的教学经验的集成，与科学出版社出版的主教材《C 语言程序设计实践教程》相配套。本书内容与主教材完全同步。第一部分是理论知识辅导篇，每章由 3 个模块组成，分别是本章导学、重点难点释疑和习题解答，习题解答部分包括原书课后习题的解答，以及补充自测题与解答；第二部分是上机实践指导篇，每章由两个模块组成，分别是主教材“实验指导与参考程序”，以及实验拓展与参考程序。最后，在附录中给出主教材附录中 4 套模拟试卷的参考解答。

本书可以配合主教材《C 语言程序设计实践教程》，作为高等学校计算机类专业及其相关专业 C 语言程序设计课程的辅导资料使用，起到衔接课堂教学和指导实验教学的作用，也可作为计算机等级考试（C 语言程序设计）辅导用书，还可供计算机软件开发人员参考。

图书在版编目(CIP)数据

C 语言程序设计实践教程学习辅导/吉根林, 陈波主编. —北京: 科学出版社, 2018.2

卓越工程师教育培养计算机类创新系列教材

ISBN 978-7-03-056549-5

Ⅰ. ①C… Ⅱ. ①吉… ②陈… Ⅲ. ① C 语言-程序设计-教材
Ⅳ. ① TP312.8

中国版本图书馆 CIP 数据核字(2018)第 025871 号

责任编辑：张丽花 于海云/ 责任校对：郭瑞芝

责任印制：赵 博/ 封面设计：迷底书装

科学出版社出版

北京东黄城根北街 16 号

邮政编码：100717

http://www.sciencep.com

保定市中画美凯印刷有限公司印刷

科学出版社发行 各地新华书店经销

*

2018 年 2 月第 一 版 开本：787×1092 1/16

2024 年 11 月第七次印刷 印张：21 1/2

字数：510 000

定价：59.80 元

（如有印装质量问题，我社负责调换）

前　言

《C语言程序设计实践教程》一书自出版以来，受到广大读者的欢迎，大家对于该书分为理论知识辅导篇和上机实践指导篇两个部分的组织结构、采用理论和实践相结合的方式组织教学内容，以及以任务驱动方式进行讲授的特点给予了肯定和好评。

为了更好地体现《C 语言程序设计实践教程》的教改特色并发挥其作用，我们编写了本书。在编写过程中，我们努力做到以下几点。

（1）紧扣教材，为学习者自主学习提供学习辅导和上机实践的指导。因为主教程的编排结构就已经突出了实践，分为理论知识篇和上机实践篇，所以本书的章节安排与教程完全一致，以避免目前已有同类辅导书籍的章节与原书不一致，给学习造成不便的问题。

（2）内容充实，为计算机专业学习者和非计算机专业（参加计算机 C 语言等级考试）的学习者提供充分的选择余地。

（3）融入过程性测试。与目前已有 C 语言辅导教程最大的不同是，本书为主教程每一章节都增加了过程性自测环节。这是考虑到程序开发课程的教学特点是强调学生的实践能力培养，注重学生在平时的项目训练和循序渐进的开发过程。本书包含对基本概念和方法的教学以及基本案例的讲解，更重要的是包含了对学生进行项目设计开发练习和撰写分析、设计、测试等能力的训练和提高。

本书内容与主教材完全同步。第一部分是理论知识辅导篇，每章由 3 个模块组成，分别是本章导学、重点难点释疑和习题解答，习题解答部分包括主教材课后习题的解答，以及补充自测题与解答；第二部分是上机实践指导篇，每章由两个模块组成，分别是主教材实验指导与参考程序，以及实验拓展与参考程序。最后，在附录中给出主教材附录中 4 套模拟试卷的参考解答。

本书由吉根林教授和陈波教授主编，高茜副教授、赵斌副教授和季菊辉老师担任副主编。陈波教授负责编写理论知识辅导篇每章的“本章导学”和“重点难点释疑”，高茜副教授负责编写理论知识辅导篇每章的“习题解答”和上机实践指导篇每章的“实验指导与参考程序”部分；季菊辉老师负责编写理论知识辅导篇每章的“过程性自测及解答”和上机实践指导篇实验一～实验九的“实验拓展与参考程序”部分；赵斌副教授负责编写上机实践指导篇“综合实训”的“实验指导与参考程序”以及“实验拓展与参考程序”部分。吉根林教授和陈波教授负责统稿和审定。本书在写作过程中，参考了季菊辉老师编写的《江苏省计算机等级考试二级 C 语言复习资料》。

本书的出版是江苏省高等教育教学改革重点课题（2015JSJG034）和南京师范大学“信息安全素养与软件工程实践创新”教学团队建设的成果。在出版过程中还得到了科学出版社邹杰编辑的大力支持，在此表示衷心的感谢。由于作者水平有限，书中难免存在不妥之处，敬请读者批评指正。本书为任课教师提供书中源代码，请登录 http://www.sciencereading.cn，选择“网上书店”，检索图书名称，在图书详情“资源下载”栏目中获取。

作者 E-mail：bchen@njnu.edu.cn

作　者

2017 年 10 月

目 录

理论知识辅导篇

上机实践指导篇

理论知识辅导篇

第1章 绪 论

1.1 本 章 导 学

（1）程序、程序设计以及程序设计语言的基本概念。

（2）C 语言的特点以及 C 语言的标准。

（3）C 语言程序基本结构与书写规则。

1.2 重点难点释疑

1.2.1 C 语言的特点

C 语言是国际上广泛流行的一种计算机程序设计语言，具有强大的生命力，其特点如下。

（1）简洁、紧凑、灵活、书写自由。

（2）处理能力强，运算符和数据类型丰富，有位运算。

（3）程序设计结构化、模块化。

（4）生成目标代码质量高。

（5）可移植性好。

（6）可以直接操作硬件, 能实现汇编语言的大部分功能，有人把它称为中级语言。

1.2.2 程序的基本结构

1. 注意事项

C 程序由函数构成，要注意以下几点。

（1）一个 C 语言源程序由一个或多个函数组成，但有且只能有一个 main 函数。

（2）main 函数也叫主函数，是 C 语言编译系统提供的特殊函数，可以放在程序中的任何位置，但不能定义在其他函数体内。

（3）一个 C 程序总是从 main 函数开始执行，在 main 函数中结束。

（4）main 函数可以调用其他任何一个函数，其他函数之间也可以相互调用，但不能调用 main 函数。

（5）函数可以嵌套调用，也可以递归调用，但不能嵌套定义。

嵌套调用指在一个函数定义的函数体中允许调用另一个函数，另一个函数还可以调用其他函数；递归调用是指在一个函数定义的函数体中调用函数自身。不能嵌套定义是指在定义一个函数时不能再定义另外的函数。有关函数的调用将在第 5 章详述。

2. 函数类型

除了 main 函数外，C 程序还有库函数和用户自定义的函数，要注意区别以下几个概念。

（1）main 函数：是必不可少的函数，在一个 C 程序中有且只能有一个 main 函数。

（2）库函数：是系统提供的函数，如 printf()、sqrt()等，系统已经赋予这些函数具体的功能，用户只要包含在头文件中就可直接调用，如使用数学函数 sqrt()，必须在函数开头写上编译预处理命令#include<math.h>。

（3）自定义函数：是用户根据需要自己设计的函数，能实现一定的功能，如求最大值函数 max()、排序函数 sort()。

3. 函数构成

一个函数由两部分组成：函数首部和函数体。

（1）函数首部：包括函数返回值类型、函数名、函数参数类型和函数参数名，函数名后必须有一对圆括号，有的函数没有参数但圆括号必须有。

（2）函数体：放在一对花括号({})内，包含声明部分和执行部分，声明部分主要为变量定义和函数声明，执行部分由若干语句组成。

1.2.3 书写格式

编写 C 语言程序时，要按照一定的格式书写，其格式特点如下。

（1）C 语言区分大小写，主要用小写字母书写。

（2）C 程序书写格式自由，一行内可以写几个语句，一个语句可以分写在多行上，可使用空行和空格，C 程序没有行号。

（3）每个语句和数据声明的最后必须有一个分号“;”，分号是 C 语句必不可少的组成部分，但复合语句除外。

（4）C 语言本身没有输入/输出语句，输入和输出操作通过调用库函数完成，库函数定义在头文件“stdio.h”中。

（5）可以用/*…*/对 C 程序中的任何部分作注释，增加程序的可读性。注释不产生编译代码，不能嵌套。

（6）为了使程序易读，书写程序常采用锯齿形书写格式，形成层次，应做到以下几点：使用空格或 Tab 缩进，花括号（{}）尽量对齐，有足够的注释，有合适的空行。

1.3 习题解答

1.3.1 课后习题解答

1. 简要说明程序、程序设计、程序设计语言的概念。

【参考解答】 程序就是为完成某项任务而编写的一组计算机指令序列。编写程序的过程称为程序设计。

程序设计语言是用来实现人与计算机之间交流的，它经历了从机器语言、汇编语言到高级语言的发展历程。

2. 简要说明高级语言程序的开发过程。

【参考解答】 通常，高级语言程序的开发遵循以下步骤。

（1）明确问题。

（2）算法设计。

（3）选择某种语言进行编程。

（4）测试与调试。

（5）运行与维护。

3. 简述C语言的主要特点。

【参考解答】 与其他高级语言相比，C语言之所以发展迅速，成为最受欢迎的语言之一，主要原因是它具有强大的功能。归纳起来，C语言具有以下一些特点。

（1） C语言是中级语言。

（2） C语言是结构化程序设计语言。

（3）语言简洁、紧凑，使用方便、灵活。

（4）运算符和数据结构丰富，表达式多样。

（5）语法限制不太严格，程序设计自由度大。

（6）生成的目标代码质量高。

（7）C程序的可移植性好。

4. 简述C程序的结构。

【参考解答】 一个C语言源程序是由一个或多个函数定义顺序组成的，其中必须有一个函数名为main的函数，main()函数又称为主函数。C语言源程序的次要构成成分有：编译预处理命令、注释和声明。

1.3.2 过程性自测及解答

一、填空题

1. C语言对大小写字母是__________（敏感/不敏感）的。

【答案】 敏感

2. 每条C语句都以__________符号结尾。

【答案】 ;

3. C语言中用__________符号进行语句块的注释，使用__________符号对一行语句进行注释。

【答案】 第一空：/* */ 第二空：//

4. C语言没有输入/输出语句，输入/输出操作是通过__________完成的。

【答案】 函数

5. C程序必须经过__________、__________后生成可执行文件，才能运行。

【答案】 第一空：编译 第二空：链接

6. 程序写好后，可能会出现错误，其中__________错误是指程序没有按照语言的语法规则来书写，这类错误可以由__________来发现。

【答案】　第一空：编译　第二空：编译器

7. 如果程序没有完成预期的功能，这种类型的错误称为__________错误，可以通过__________工具来查找。

【答案】　第一空：逻辑　第二空：调试

8. 由于对程序运行环境的非正常情况考虑不周而导致的程序异常终止，我们称这类错误为__________错误。

【答案】　运行

二、选择题

1. C 语言规定，在一个源程序中 main 函数的位置（　　）。

A. 必须在开头

B. 必须在最后

C. 必须在预处理命令的后面

D. 可以在其他函数之前或之后

【解析】　main 函数也叫主函数，是 C 语言编译系统提供的特殊函数，可以放在程序中的任何位置，但不能定义在其他函数体内。

【答案】　D

2. 下列关于 main 函数的叙述正确的是（　　）。

A. main 函数必须出现在其他函数之前

B. main 函数中至少必须有一条语句

C. C 程序总是从 main 函数的第一条语句开始执行

D. C 程序总是在执行完 main 函数的最后一条语句后结束

【解析】　main 函数可以放在其他函数之前或之后，也可以为空函数。C 程序总是从 main 函数的第一条语句开始执行，但不一定在执行完 main 函数的最后一条语句后结束，因为有函数调用。

【答案】　C

3. 以下关于 C 语言函数的叙述中正确的是（　　）。

A. C 语言系统以函数为单位编译源程序

B. main 函数必须放在程序开始

C. 用户定义的函数可以被一个或多个函数调用任意多次

D. 在一个函数体内可以定义另外一个函数

【解析】　C 语言系统以文件为单位编译源程序，程序由函数组成。除了 main 函数外，函数可以被其他函数多次调用。函数不能定义在其他函数体内，即不能嵌套定义。

【答案】　C

4. 以下关于 C 语言程序的叙述中正确的是（　　）。

A. 在编译时可以发现注释中的拼写错误

B. C 语言程序的每一行只能写一条语句

C. main()必须位于程序的开始

D．C 语言程序可以由一个或多个函数组成

【解析】　C 程序的注释不产生编译代码，编译时跳过去，发现不了其中的错误。C 程序书写格式自由，一行内可以写几个语句，一个语句可以分写在多行上。main 函数可以放在程序中的任何位置。C 程序可以由一个或多个函数组成，函数可以为空函数，包括 main 函数。

【答案】　D

5．以下关于 C 语言函数的叙述中错误的是（　　）。

A．一个 C 源程序由若干函数定义组成，其中必须有且仅有一个名为 main 的函数定义

B．函数定义由函数头部和函数体两部分组成

C．在一个函数定义的函数体中允许定义另一个函数

D．在一个函数定义的函数体中允许调用另一个函数或调用函数自身

【解析】　函数可以嵌套调用，也可以递归调用，但不能嵌套定义。C 的意思是嵌套定义，故错误，D 的意思是嵌套调用和递归调用，正确。

【答案】　C

6．一个用 C 语言编写的源程序中，（　　）是必不可少的。

A. 取名为 main 的函数定义　　B. #include <stdio.h>

C. 变量声明　　D. 注释

【答案】　A

7．以下叙述中正确的是（　　）。

A. 在编译时可以发现注释中的拼写错误

B. C 语言程序的每一行只能写一条语句

C. 构成 C 程序的最小单位是语句

D. C 语言程序可以由一个或多个函数组成

【答案】　D

第 2 章　数据的基本类型与基本运算

2.1　本 章 导 学

（1）C 语言的基本数据类型（整型、实型、字符型）的概念、详细分类、内存表示及使用方法。

（2）常量、变量的使用语法、规范。

（3）数据类型的基本运算。

（4）数据类型的转换。

2.2　重点难点释疑

2.2.1　基本数据类型

在 C 语言中，不同类型的数据在内存中占用的空间不同，为了节约内存空间和提高数据处理效率以及使用方便，C 语言中将数据分为很多种类型，如图 2.1 所示。

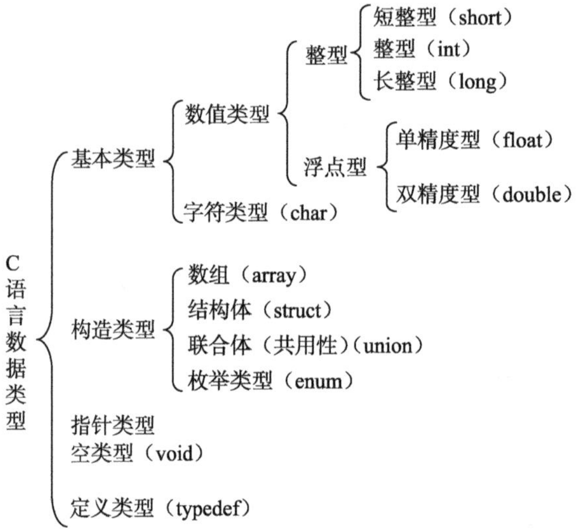

图 2.1　C 语言的基本数据类型

（1）C 语言的基本数据类型有整型、实型、字符型 3 种。这是本部分详细讨论的内容。

（2）构造类型根据已定义的一个或多个数据类型用构造的方法来定义，主要有数组、结构体和联合体 3 种。枚举类型在有的教材中将其归为数值类型。

（3）指针类型是一种特殊的类型，也是 C 语言的特色，其值用来表示某个变量在内存中的地址。

（4）空类型主要用于说明函数返回值，当调用后不需要向调用者返回函数值时，可以将函数的返回值类型定义为空类型，类型说明符为 void。

1. 常量和变量、标识符

1）常量和变量

对于基本数据类型量，按其值是否可以改变分为常量和变量两种。

程序运行过程中其值不能改变的量称为常量，其值可以改变的量称为变量。

常量有整型常量、实型常量、字符常量、字符串常量。

变量有整型变量、浮点型变量、字符型变量，没有字符串变量。变量有变量名、变量值、变量在内存中存放的地址。对变量的操作主要通过变量名进行，变量名用标识符来表示。

2）标识符

标识符是用来表示符号常量、变量、数组、函数和文件等对象的名称的有效字符系列，以字母或下划线开头的字母、数字、下划线序列。例如，abc、_123 都是合法的标识符。注意，标识符可以为数字但不能以数字开头，标识符中不能有空格、标点符号、运算符或除字母、数字、下划线外的其他字符，标识符区分大小写。

3）标识符类型

（1）关键字。

关键字是指由系统内部定义的，具有特殊含义和用途的标识符，其代表了固定的含义，程序中不能另作他用，只能由小写字母组成。C 语言中的关键字共有以下 32 个：

auto	break	case	char	const
continue	default	do	double	else
enum	extern	float	for	goto
if	int	long	register	return
short	signed	sizeof	static	struct
switch	typedef	union	unsigned	void
volatile	while			

在计算机等级考试中，经常会出现判断是否是关键字的题目。要注意的是 main 不是关键字，而属于预定义标识符。

（2）预定义标识符。

在 C 语言中有特定的含义，可以另作他用但不会失去原有含义，如库函数名 printf 和预编译命令 define 等。

（3）用户自定义标识符。

用户自定义标识符是用户根据需要定义的标识符，用来表示变量名、数组名、函数名等。在定义标识符时必须遵循其命名规则，最好做到见名知意，注意不要将 l 与 I、o 与 0 等混淆。

2. 整型数据

整型数据包括整型常量和整型变量，在内存中以补码的形式存放。正数的补码与原码相同，为该数的二进制形式，左边第一位为符号位 0，负数的补码将该数的绝对值的二进制形式按位取反再加 1，左边的第一位为符号位 1。例如，+37 的 8 位补码为 00100101，−37 的 8 位补码为 11011011。

1）整型常量

整型常量有符号常量和直接常量两种。

（1）符号常量。

符号常量用标识符来代表一个常量，一般用大写字母表示。符号常量在使用前必须先定义，其定义格式如下：

```
#define  标识符  常量
```

其中，#define 是宏定义预处理命令，不是 C 语句，后面不能有分号，一个预处理命令只能写在一行上，一行也只能写一个预处理命令。其功能是将该标识符定义为其后的常量值，一经定义，在其后的程序中出现的该标识符都被替换为该常量，其值在作用域内不再改变，也不能再被赋值。例如，如果有以下定义：

```
#define  PI  3.14159
```

则在以下程序中若有 PI 则全部用 3.14159 来代替。这实际上是一个不带参数的宏定义，在第 10 章中将详细讨论带参数的宏定义。

（2）直接常量。

直接常量也叫字面常量，此处先讨论整型常量。

整型常量就是整常数，可以用十进制、八进制或者十六进制表示。

十进制整数由正负号及 0～9 十个数字组成，如 23、–456、0。

八进制整数以数字 0 开头，由 0～7 八个数字组成，如 012、0763。

十六进制整数由 0x 开头，由 1～9 十个数字和小写字母 a～f 或者大写字母 A～F 组成，如 0x3d、0XAF2。

说明：

① 如果表示长整型常量，可以在整常量后面加上小写字母 l 或者大写字母 L。如 12L，表示 12 在内存中是以 long int 的形式存放的，占 32 位，不是 int 型的 16 位。

② 如果表示无符号整型常量，可以在数据后面加上小写字母 u 或者大写字母 U，如 5U，而 5UL 表示无符号长整型数 5。

2）整型变量

使用变量时必须“先定义，后使用”。凡未被事先定义的，系统不把它作为变量名，这样能保证程序中变量名的正确使用。

（1）整型变量的类型。

每一个变量被指定为一个确定类型，在编译时就能为其分配相应的内存单元。对于整型变量，其基本类型为 int，简称整型，除此之外，整型变量还有短整型和长整型，以及有符号整型和无符号整型之分，共 6 种，如表 2.1 所示。

整型变量有 6 种，最常用的是 int 型，在内存中占 2 字节，表示范围为–32768～32767，若某整型变量的值超过该范围，则需定义为 long 型，在一些特殊的场合，可能需要将某些变量定义为无符号整型（unsigned）。其他类型很少使用。在表 2.1 中，需要记忆的是每种类型在内存中占用的字节数，以及 int 和 unsigned int 型数的表示范围。

（2）变量的定义。

变量定义一般放在函数开头，变量定义的一般格式如下：

数据类型　变量 1[，变量 2，…，变量 n]；

表 2.1　整型变量的类型

类型	类型说明符	数的范围	分配字节数
基本型（整型）	int	–32768～32767	2
长整型	long 或 long int	–214748348～2147483647	4
短整型	short 或 short int	–32768～32767	2
无符号整型	unsigned int	0～65535	2
无符号长整型	unsigned long	0～4294967295	4
无符号短整型	unsigned short	0～65535	2

（3）变量的初始化。

在程序中常常需要对变量赋初值，以便使用变量。在定义变量的时候给变量赋初值，称为变量的初始化，其一般形式如下：

数据类型　变量 1=值 1[，变量 2=值 2，…，变量 n=值 n]；

注意，以下初始化方式是错误的："int a=b=1;"，而应改成"int a=1,b=1;"。

3. 实型数据

实型数据也叫浮点数，即实数，分实型常量和实型变量。

1）实型常量

十进制小数形式：由数字和小数点组成，必须有小数点，如 0.123、123.、.123、0.0 都是小数形式，作为实数对待。

指数形式：用字母 e 或 E 表示，e 或 E 前面必须有数字，之后必须是整数。如 10^{-3} 应该表示成 1e–3。

2）实型变量

实型变量分单精度（float）和双精度（double）。两种类型的实型变量占用内存的空间不同、表示数据的有效位数不同、精度不同，如表 2.2 所示。

表 2.2　实型变量的类型

实型变量	类型说明符	占用内存	有效位数
单精度	float	4 字节	6～7 位
双精度	double	8 字节	15～16 位

实型常量默认为 double 型，在实型常量后加字母 f 或 F，认为它是 float 型。例如，常量 3.4，系统默认为 double 型常量，在内存中占 8 字节，若表示成 3.4f，则认为它是 float 型，占 4 字节。如果整型数据超过了 long 型的范围，也将其定义成 float 型或者 double 型。

实型变量的定义形式和初始化方式与整型变量相同。例如：

```
float x,y;                //定义了两个单精度变量 x 和 y
double s=0;               //定义了一个双精度变量 s，并进行了初始化，其初值为 0
```

4. 字符型数据

1）字符常量

字符常量是用单引号括起来的单个普通字符或转义字符。

（1）普通字符常量。

字符常量只能用单引号括起来，只能是单个字符，其值为该字符的 ASCII 码值，所以字符型数据可以被当作整型数据使用，同样在规定范围内的整型数据也可以被当作字符型数据使用。例如，97 可以被当作字符'a'，'D'可以被当作整数 68，即字符型数据和整型数据可以通用。

数字被定义成字符以后其含义与数值不同，例如，数字字符'0'的 ASCII 码值为 48，参与算术运算时，以 48 为基准进行运算。知道了'0'的 ASCII 码值，其他数字字符的 ASCII 码值都可以推算出来，'1'的 ASCII 码值为 49，'5'的 ASCII 码值为 53。大小写英文字母的 ASCII 码值也可以这样推算出来，大写字母的 ASCII 值比对应小写字母小 32。

（2）转义字符。

转义字符用反斜杠后面跟一个字符或一个代码值表示。常用的转义字符及其作用如表 2.3 所示，其中的 ASCII 码值不用记忆。

表 2.3　常用转义字符及其作用

字符形式	含义	ASCII 码值
\n	换行（相当于按 Enter 键）（CR、LF）	10
\r	回车不换行（CR）	13
\t	水平制表（相当于按 Tab 键）（HT）	9
\'	单引号	39
\"	双引号	34
\\	反斜杠	92
\ddd	用 1 位、2 位或 3 位八进制数表示的字符	
\xhh	用 1 位或 2 位十六进制数表示的字符	

例如，'\n'表示换行，'\012'代表八进制数 12，即十进制的 10，其功能与'\n'相同。

又如，'\0x41'表示十六进制的 41，即十进制的 65，而 ASCII 码值为 65 的是大写字母 A，所以转义字符'\0x41'与字符常量'A'等价。

转义字符'\0'与字符常量'0'的含义不同，前者的 ASCII 码值为 0，表示空操作或者是字符串结束标志，后者是字符 0，其 ASCII 码值为 48。

2）字符变量

字符变量的取值为字符常量，即单个字符，在内存中占 1 字节，其类型说明符为 char。字符变量类型说明的格式与整型变量相同。

整型数据和字符型数据可以通用，但因为整型量在内存占 2 字节，当整型量按字符量处理时，只有低 8 位参与处理，char 型数据的表示范围为−128～127，一般只用正数部分。

3）字符串常量

字符串常量是用一对双引号("… ")括起来的字符序列。每个字符串末尾自动加一个 '\0' 作为字符串结束标志，所以，字符串常量在内存中所占的字节数为字符串中字符的个数加 1。

例如，字符串"Hello"在内存中占 6 字节。

说明：

① 'a'与"a"不同：'a'为字符常量，在内存占 1 字节；"a"为字符串常量，在内存占 2 字节，1 字节为'a'，1 字节为字符串结束标志'\0'。

② C 语言中没有字符串变量，但可以用字符数组来存放一个字符串变量。

2.2.2 运算符与表达式

1. 运算符

1）运算符的种类

C 语言的运算符范围很广，把除了控制语句和输入/输出以外的几乎所有的基本操作都作为运算符处理。C 语言的运算符十分丰富，有以下 34 种，如图 2.2 所示。

C语言运算符
- 算术运算符　+ – * / % ++ – –
- 关系运算符　< <= == > >= !=
- 逻辑运算符　! && ||
- 位运算符　<< >> ~ | ^ &
- 赋值运算符　= 及其扩展赋值运算符
- 条件运算符　?:
- 逗号运算符　,
- 指针运算符　* &
- 求字节数　sizeof
- 强制类型转换　(类型)
- 分量运算符　. ->
- 下标运算符　[]
- 其他运算符　函数调用运算符()　负号–

图 2.2　C 语言运算符

2）学习运算符的注意事项

（1）运算符的功能。

例如，“*”实现乘法运算。

（2）与运算量的关系。

① 要求运算量的个数，即目数，C 语言中的运算符的目数有单目、双目和三目。

② 要求运算量的类型，如“%”要求两侧均为整型数据。

（3）运算符的优先级。

同一个表达式中若相邻两个运算符具有不同的优先级，则优先级高的先计算。C 语言用相对的数值来反映各个运算符的优先级，数值越小，优先级越高。例如，乘除的优先级 3 级，高于优先级 4 级的加减。C 语言中 34 个运算符共分 15 个优先级。

（4）运算符的结合性，即计算顺序。

运算符的结合性有从左到右（左结合）和从右到左（右结合）两种。大部分运算符左结合，只有单目运算符、条件运算符和赋值运算符是右结合的。例如，“–”为负号是单目运算符，右结合，而为减号属双目运算符，左结合。

（5）运算结果的类型。

例如，两整数相除，结果为整数，实数与整数相除或者实数与实数相除，结果为实数。

2. 表达式

1）表达式的概念

表达式是由数据和运算符组成的。用运算符和括号将运算对象（也称操作数）连接起来的符合 C 语法规则的式子，称为 C 表达式，有算术表达式、关系表达式和赋值表达式等。

2）左值表达式

赋值运算符“=”是个二目运算符，能够放在其左端的表达式叫作左值表达式，简称左值，只能放在其右边的表达式叫作右值表达式。

例如，在表达式 a=1 中，a 是左值，1 是右值。a=1 正确，b=a 也正确，但 1=a 是错误的。

左值必须是一个变量，不能是常量或表达式，它的值必须可以改变，右值可以是函数、常量、变量以及表达式等，但右边的操作数必须可以进行取值操作或有具体的值。

除了赋值运算符外，单目的自增运算符“++”和自减运算符“--”的运算数也必须是左值。

3. 算术运算符与算术表达式

C 语言中，基本算术运算符有 5 种：加（+）、减（–）、乘（*）、除（/）、求余（%）。

优先级：*、/、%为 3 级，+、–为 4 级，即*、/、% 高于+、–。

结合方向：从左到右。

目数：双目运算符，即有两个运算对象。

说明：

① “–”作为负号时，为单目运算符，其结合方向为右结合。

② 两整数相除，结果为整数，运算对象有一个实数，结果就为实数。例如：5/2=2，5.0/2=2.5。

③ %要求两侧均为整型数据，结果为两数相除后的余数。例如，5.0%2=1 是不允许的。

需要注意的是，在 C 语言中，1/2=0，所以在计算 s=1+1/2+1/3+1/4+… 这样的式子时，应该把项写成“1.0/i”或者“(double)1/i”，否则 s 的值为第 1 项的值 1，后面的项全为 0。算术运算符的优先级和结合性如表 2.4 所示。

表 2.4　算术运算符的优先级和结合性

<table>
<tr><th>优先级</th><th>运算符</th><th>描述</th><th>目数</th><th>结合性</th></tr>
<tr><td>2</td><td>+
–</td><td>正号运算符
负号运算符</td><td>单目</td><td>从右到左</td></tr>
<tr><td>3</td><td>*
/
%</td><td>乘法
除法
取余</td><td rowspan="2">双目</td><td rowspan="2">从左到右</td></tr>
<tr><td>4</td><td>+
–</td><td>加法
减法</td></tr>
</table>

4. 自增、自减运算符

自增（++）和自减（--）运算符是 C 语言的特色，其功能是使变量的值加 1 或减 1。

优先级：2 级，高于算术运算符*、/、%，仅次于圆括号、下标等运算符。

结合方向：从右到左。

目数：单目运算符。

1）前置自增/自减运算符

形式：++*i*，− −*i*。

含义为先执行 *i*+1 或 *i*−1，再使用 *i* 的值。

2）后置自增/自减运算符

形式：*i*++，*i*− −。

含义为先使用 *i* 的值，再执行 *i*+1 或 *i*−1。

例如：

```
a=5; b=++a;                    //相当于 a=a+1; b=a; 结果是 a=6,b=6
a=5; b=a++;                    //相当于 b=a; a=a+1; 结果是 a=6,b=5
```

又如：

```
j=3; printf("%d",--j);         //输出的结果为 2，j 的值为 2
j=3; printf("%d",j--);         //输出的结果为 3，j 的值为 2
```

说明：

① 自增（++）和自减（− −）运算符的运算对象只能是变量，不能用于常量和表达式中，如 5++，(a+b)++是不可以的，这就是自增“++”和自减“− −”运算符的左值要求。

② 若前置自增/自减运算符和后置自增/自减运算符仅用于某个变量的增 1/减 1，则两者等价。

③ 自增（++）和自减（− −）运算符更多的是用在循环、数组及指针中，在 C 的考题中很多地方都有涉及。

5. 赋值运算符与赋值表达式

1）简单赋值运算符

在 C 语言中，简单赋值运算符是使用赋值符“=”来操作的，它是使用最多的双目运算符之一。其功能是将一个数据（常量或表达式）赋给左边的一个变量。格式如下：

变量标识符=表达式

优先级：14 级，仅高于逗号运算符。

结合方向：从右到左。

目数：双目。

说明：

① 赋值运算符的左值必须是变量，不能是常量或表达式，这是赋值运算符的左值要求。

② 赋值转换规则：使赋值号右边表达式值自动转换成其左边变量的类型，如果将实数赋给整型变量，系统自动舍去小数部分，不进行四舍五入。

③ 赋值表达式的值与变量值相等，且可嵌套，即多重赋值。

2）多重赋值

在一个赋值表达式中出现两个或更多的赋值运算符“=”，例如：

```
a=b=c=10
```

由于赋值符的结合性是从右到左，上述表达式的赋值过程如下：首先对赋值表达式 *c*=10 求值，将 10 赋给 *c*，同时该赋值表达式的结果就是 *c* 的值，为 10；然后将该表达式的值 10 赋给 *b*，这是第二个赋值表达式，该赋值表达式的结果是 *b* 的值，也为 10；最后将第二个表达式的值 10 赋给 *a*，整个表达式的结果就是 *a* 的值，为 10。又如：

```
a=(c=7)+(b=8)
```

将 7 赋给 c，8 赋给 b，将 c=7 这个表达式的值 7 和 b=8 这个表达式的值 8 相加得 15，赋值给 a，a 的值为 15，最后表达式的值也为 15。

3）复合赋值运算符

C 语言有 10 个复合赋值运算符，都是由赋值符“=”之前加上其他运算符构成的：

加赋值+=　　减赋值-=　　乘赋值*=　　除赋值/=　　求余赋值%=

位与赋值&=　　位或赋值|=　　位异或赋值^=　　左移位赋值<<=　　右移位赋值>>=

前 5 个是算术复合赋值运算符，后 5 个与位运算符有关，重点是前 5 个。例如：

a+=b 的等效表示为 a=a+b。

x*=y+8 的等效表示为 x=x*(y+8)，右边要加上括号。

a=12; a+=a-=a*a 等价于 a=a+(a=a- (a*a))。先计算 a=a- (a*a)，a=12-12*12= -132，表示该表达式的值为-132，a 的值也为-132；再计算 a=a+(-132)= -132+(-132)= -264；最后 a= -264，表达式的值也为-264。

复合赋值运算符优先级和结合性与简单赋值运算符相同，右结合，14 级。

6. 关系运算符与关系表达式

关系运算也叫比较运算，C 语言的关系运算符共有 6 个：

大于>　　大于等于>=　　小于<　　小于等于<=　　等于==　　不等于!=

关系表达式由一个关系运算符和它的两个运算数构成。

结合方向：从左到右。

优先级：前 4 个的优先级为 6 级，后两个为 7 级。

目数：双目，都有两个运算数，运算数可以是任何类型的表达式。

例如，若“a=0; b=0.5; x=0.3;”，则 a<=x<=b 的值为 0。计算时，先判断 a<=x 是否成立，若此处成立，值为 1，得到的 1 再与 b 比较，因为 1<=b 不成立，所以最后的结果为 0。在 C 语言程序中，5>2>7>8 是允许的，其值为 0，从左往右判断，得到的 1 或者 0 再与下一个数比较。

又如，“int i=1, j=7, a; a=i+(j%4!=0);”，则 a=2。j%4!=0 成立，结果为 1，再与 i 相加得 2。

再如，'a '>0 的结果为 1，'A '>100 的结果为 0，将字符 a 的 ASCII 码值 97 与 0 比较，A 的 ASCII 码值 65 与 100 比较。

说明：

① 关系表达式的运算结果只能是 0 或 1。当关系成立时，关系表达式的值是 1，关系不成立时值是 0。

② 如果关系表达式中的两个运算数的数据类型不同，那么就按照算术转换规则进行数据类型转换，转换成相同类型之后再作比较。

③ 应避免对实数作相等或不等的判断。例如，1.001/3.0*3.0==1.001，结果可能为 0，因为在计算机中实数一般是近似相等，不是绝对相等，应将上式改写为：

```
fabs(1.001/ 3.0*3.0-1.001)<1e-6
```

④ 注意区分赋值运算符“=”与等于运算符“==”。如果有语句“if(a=b)”，若 b 不为 0，则表达式成立，这里不是判断 a 与 b 是否相等，而是赋值语句。

⑤ 别把数学表示法搬到程序中。为测试x是否处于[0,10]区间，常见数学写法if(0<=x<=10)没有语法错误但没有意义。应该写成：

```
if((x>=0) && (x<=10))
```

7. 逻辑运算符与逻辑表达式

C 语言提供的逻辑运算符有 3 种：逻辑非“!”、逻辑与“&&”、逻辑或“||”。

1）逻辑非“!”

优先级：2 级。

结合方向：从右到左。

目数：单目运算符。

2）逻辑与“&&”和逻辑或“||”

优先级：“&&”的优先级为 11 级，“||”的优先级为 12 级，高于条件运算符、赋值运算符和逗号运算符，低于算术运算符、关系运算符。

结合方向：从左到右。

目数：双目运算符。

表 2.5 所示为逻辑运算符真值表。

表 2.5　逻辑运算符真值表

a	*b*	!*a*	*a*&&*b*	*a*||*b*
非 0	非 0	0	1	1
非 0	0	0	0	1
0	非 0	1	0	1
0	0	1	0	0

（1）!a：如果 a 的值非 0，则!a 为 0；如果 a 的值是 0，则!a 为 1。

（2）a && b：当 a 和 b 都非 0 时，结果才为 1，否则为 0。

（3）a || b：当 a 和 b 都为 0 时，结果才为 0，否则为 1。

利用这 3 个运算符可以写出各种复杂的逻辑表达式。

说明：

① 逻辑表达式的计算结果只能为 1 或者 0。

② 逻辑运算符的操作对象只要非 0 即为“真”，0 即为“假”。

3）逻辑表达式的短路特性

逻辑表达式的短路特性是一个非常重要的考点。逻辑表达式求解时，并非所有的逻辑运算符都被执行，只是在必须执行下一个逻辑运算符才能求出表达式的解时，才执行该运算符。

若有逻辑表达式“表达式 1 &&表达式 2”，若表达式 1 的值为 0，则不再执行表达式 2；同样，若有逻辑表达式“表达式 1 || 表达式 2”，若表达式 1 的值为 1，则不再执行表达式 2。

4）关系表达式和逻辑表达式的简化

编程时对表达式进行简化可以改善程序的可读性和有效性。以下表达式是等价的：

x 与 x!=0	!x 与 x= =0
!(x>y)与 x<=y	!(x= =y)与 x!=y
!(x&&y)与!x||!y	!(x||y)与!x&&!y

if(x!=0)可以直接写成 if(x)，while(x==0)可以直接写成 while(!x)，!(x<=0||!y)可以转换成!(x<=0)&&!!y，最后简化成 x>0 && y。

8. 条件运算符与条件表达式

条件运算符是 C 语言中唯一的一个三目运算符，条件运算符和 3 个运算数构成了条件表达式，其一般形式如下：

表达式 1?表达式 2:表达式 3

其执行过程如下：首先计算表达式 1 的值，如果为真，就计算表达式 2，得到的值就是整个表达式的值，否则计算表达式 3，表达式 3 的值就是整个表达式的值。

优先级：13 级，仅高于赋值运算符和逗号运算符。

结合方向：从右到左。

目数：三目。

例如，z=x>y?x:y，当 x>y 时 z 为 x，否则 z 为 y。即取 x 和 y 中较大的那个数赋给 z，若改成 if 语句为

```
if (x>y) z=x;else z=y;
```

又如，求 c=a+|b|，用条件运算符实现为 c= b>0?a+b:a−b，用 if 语句实现为

```
if (b>0) c=a+b; else c=a-b
```

用算术表达式实现为 c=a+abs(b)。

说明：

① 条件运算符可使程序简洁，提高程序的执行效率。

② 条件运算符相当于 if 语句，但不能取代一般的 if 语句，仅在 if 语句中内嵌的语句为赋值语句且两个分支都给同一个变量赋值时才能代替 if 语句。

③ 条件运算符可嵌套，因右结合，所以 a?b:c?d:e?f:g 等价于 a?b:(c?d:(e?f:g))。

④ 条件运算符中的表达式 1、表达式 2、表达式 3 类型可不同，表达式值取较高的类型。例如，x>y?1:1.5，当 x>y 时，值为实数 1.0，不是整数 1，当 x<=y 时，值为 1.5。

9. 逗号运算符和逗号表达式

逗号运算符“,”用于把多个表达式连接起来，构成一个逗号表达式。一般形式如下：

表达式 1,表达式 2,表达式 3,…,表达式 n

逗号表达式的功能是，从左到右依次计算各个表达式的值，最后一个表达式的值是整个表达式的值。即逗号表达式的值等于表达式 n 的值。逗号表达式常用于 for 循环语句中。

优先级：15 级，是优先级最低的运算符。

结合方向：从左到右。

目数：双目。

例如：

```
a=3*5,a*4          //先计算 3*5 得 15 赋给 a，再计算 a*4 得 60。a 为 15，表达
                     式的值为 60
a=3*5,a*4,a+5      //依次计算 3 个表达式的值得 15、60、20。a 为 15，表达式的
                     值为 20
x=(a=3,6*3)        //将括号中的 6*3 赋值给 x。 a 为 3，x 为 18，整个表达式的值
```

```
                 为 18
x=a=3,6*a           //a 的值为 3，x 的值为 3，整个表达式的值为 18
a=1;b=2;c=3;
printf("%d,%d,%d",a,b,c);       //输出结果为 1,2,3
printf("%d,%d,%d",(a,b,c),b,c);
                                //(a,b,c)为逗号表达式，输出结果为 3,2,3
int x,y=7; float z=4; x=(y=y+6,y/z);
//x 的值为 3。先计算 y=y+6，即 7+6 得 13，再计算 y/z，即 13/4 得 3，将 3 赋给 x
```

说明：

① 逗号表达式经常出现在各种场合，程序中使用逗号表达式，通常是要分别求逗号表达式内各表达式的值，并不一定要求整个逗号表达式的值，如在 for 循环中经常就是这样的情况。

② 逗号表达式可以嵌套，即某个表达式也可以是一个逗号表达式。

③ 逗号除了作为运算符外，有时是分隔符，如函数的参数表中逗号为分隔符。

10. 位运算符与位运算表达式

位运算的对象为整型和字符型数据，不能对实型数据进行运算。C 语言提供了 4 种位运算符和两种移位运算符，将在第 11 章详细讨论。

11. sizeof 运算符

sizeof 的功能是返回操作数所占的内存空间大小（字节数），其格式如下：

sizeof(<表达式>)　　或者　　sizeof(<数据类型>)

其中，表达式可以是常量、变量或其他表达式，数据类型必须是 C 语言合法的类型名。

优先级：2 级。

结合性：从右到左。

目数：单目。

例如：

```
sizeof(float)              //计算 float 类型所占内存的字节数，结果为 4
double d=1.23; sizeof(d)   //计算变量 d 所占内存的字节数，结果为 8
int a, b;sizeof(a+b)       //计算表达式 a+b 的值所占内存的字节数，int
                             型，结果为 2
```

sizeof 是一个运算符，不是函数，其运算对象为一个表达式或者类型名。

12. 代数式和表达式

数值计算是所有高级语言的最典型的应用之一。为了能让 C 程序进行数值计算，还必须将代数式写成 C 语言合法的表达式。

例如，若有代数式 $\frac{1}{2}\left(ax+\frac{a+x}{4a}\right)$，则相应的 C 语言表达式为 1.0/2.0*(*a***x*+(*a*+*x*)/(4.0***a*))

又如，与数学算式 $\frac{\sqrt{|a-b|}}{3(a+b)}$ 等价的 C 语言表达式如下：

sqrt(abs(a-b))/(3*(a+b)) 或 sqrt(fabs(a-b))/(3*(a+b)) 或 sqrt(abs

```
(a-b))/3/(a+b)
```

说明：

① 将代数式改为 C 语言的表达式，乘法用“*”表示，不能缺省，除法用斜杠“/”表示，注意方向，不是反斜杠“\”。

② 除法碰到两个整数相乘至少必须把其中的一个整数改成小数形式。例如，1/2 要写成 1.0/2，否则 1/2 的结果为 0。

③ 计算机等级考试中出现比较多的函数有：根号用 sqrt 函数表示，绝对值用 abs 或 fabs 函数表示，求 *x* 的 *y* 次方用 pow(*x*,*y*)函数表示。

④ 必须在需要的地方加上括号，以保证表达式正确。

⑤ 数学中的不等于“≠”在 C 表达式中表示成“!=”。数学中的“$a<b<c$”在 C 表达式中表示成“$a<b$ && $b<c$”。

13. 运算符总结

在 C 语言中，运算符是组成表达式不可缺少的部分，表达式加上分号“;”就组成了表达式语句，表达式语句是 C 程序的重要组成部分。在一个表达式语句中，往往有好几个运算符混合在一起，在计算时，要先判断优先级，先计算优先级高的运算，优先级相同的再考虑结合性，优先级和结合性是运算符最重要的属性。

本节我们介绍了除了数组、指针、结构体、联合体以外的各种运算符，表 2.6 列出了各运算符的优先级和结合性。

表 2.6　运算符的优先级和结合性表

类型	优先级	运算符及含义	结合性	目数
括号	1	() 圆括号 [] 下标运算符 -> 指向结构体成员运算符 . 结构体成员运算符	从左到右	—
单目	2	+ 正号　- 负号 ++ 自增　-- 自减 ! 逻辑非　~ 位取反 * 指针运算符　& 取地址运算符 (类型) 强制类型转换　sizeof 长度运算符	从右到左	1
算术	3	* 乘法　/ 除法　% 取余	从左到右	2
	4	+ 加法　- 减法	从左到右	2
移位	5	<< 位左移　>> 位右移	从左到右	2
关系	6	< 小于　<= 小于等于　> 大于　>= 大于等于	从左到右	2
	7	== 等于　!= 不等于	从左到右	2
按位	8	& 按位与	从左到右	2
	9	^ 按位异或	从左到右	2
	10	| 按位或	从左到右	2
逻辑	11	&& 逻辑与	从左到右	2
	12	|| 逻辑或	从左到右	2
条件	13	? : 条件	从右到左	3
赋值 复合赋值	14	= 赋值 += -= *= /= %= &= ^= |= <<= >>= 复合赋值	从右到左	2
逗号	15	, 逗号	从左到右	2

（1）运算符的优先级可以概括为如下口诀："括单算移关，位逻条赋逗"。组内的优先级比较容易推出：

算术运算符：先乘除后加减。

关系运算符：先比大小后判等否。

逻辑运算符：先与后或。

位运算符：先与后或，异或处中间。

（2）运算符的结合性可以概括为如下口诀："从右到左单条赋"。除了单目运算符、条件运算符、赋值运算符，其他的都是左结合。

2.2.3 数据类型转换

C 语言的类型转换有系统自动进行的类型转换和用户强制进行的类型转换两种。

1）自动转换

（1）不同数据类型混合运算时的转换。

整型、浮点型、字符型数据可以进行混合运算，当表达式中的数据类型不一致时，系统自动将运算对象转换成同一类型再进行运算，即类型的自动转换，也叫隐式转换。其转换规则如图 2.3 所示。

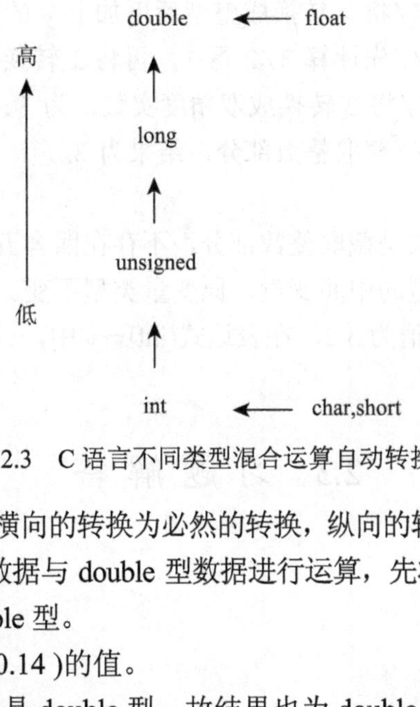

图 2.3　C 语言不同类型混合运算自动转换图

箭头方向表示转换方向，横向的转换为必然的转换，纵向的转换为运算对象为不同类型时转换的方向。例如，一个 int 型数据与 double 型数据进行运算，先将 int 型数据直接转换为 double 型后再进行运算，结果为 double 型。

例如，计算 1/2 * (3.0 + 0.14)的值。

首先计算 3.0 + 0.14，3.0 是 double 型，故结果也为 double 型，值为 3.14。此时表达式变为 1/2*3.14，按结合性先算 1/2，由于"/"运算符两侧的操作数都是整型，类型不会自动转换成 double 型，计算结果是整数 0，最后计算 0*3.14，由于 3.14 是 double 型，所以整个表达式的结果是 double 型，为 0.0。

(2) 赋值语句中的类型转换。

在赋值语句中也存在自动转换，其转换规则为使赋值号右边表达式的值自动转换成其左边变量的类型，也就是说，当把一个值赋给与其类型不同的变量时，先将该值转换成该变量的类型后再进行赋值。例如，“int *x*; *x*=3.2;”将整数 3 赋给变量 *x*。又如：

```
float f; int i=10;
f=i;
```

则 *f*=10.0。

（3）其他类型的自动转换。

除了上面的两种类型自动转换外，还有输出转换（输出时转换成指定的输出格式）和函数调用转换（实参与形参类型不一致时转换），这将在后面进行叙述。

2）强制类型转换

强制类型转换也称显式转换，其功能是将表达式转换成所需的类型，在 C 语言中，把强制类型转换当作运算符。其一般形式如下：

(类型名) 表达式

优先级：2 级。

结合性：从右到左。

目数：单目。

类型名上必须有括号，例如：

```
(int)(x+y)          //将 x+y 的结果转换成整型
(int)x+y            //将 x 转换成整型后再加上 y 的值
(double)(3/2)       //先计算 3/2 得 1，再将 1 转换成双精度实数，为 1.0
(double)3/2         //将 3 转换成双精度实数，为 3.0，再计算 3.0/2 得 1.5
(int)3.6            //截取整数部分，结果为 3
```

说明：

① 将浮点数转换成整型数是截取整数部分，不存在四舍五入。

② 强制转换得到所需类型的中间变量，原变量类型不变。

例如，*x* 为 double 型，其值为 3.2，在表达式(int)*x*+*y* 中，*x* 转换成整型量 3 后与 *y* 相加，但是 *x* 本身的值仍然为 3.2。

2.3　习 题 解 答

2.3.1　课后习题解答

一、读程序写结果

1.
```
#include <stdio.h>
#define N 2
#define M N+3
int main()
{
    int a=0256, b=256, c=0x256;
    printf("%d, %d, %d\n", a,b,c);
```

```
    printf("%d\n", M*4);
    return 0;
}
```

【答案】 174,256,598

14

【答案解析】 第 7 行输出语句考察整型数的不同形式，用八进制数 256 初始化整型变量 *a*，十进制数 256 初始化整型变量 *b*，十六进制数 256 初始化 *c*，然后将 *a*、*b*、*c* 以十进制形式输出。

第 8 行输出语句考察符号常量的展开。*M**4 展开后变为 *N*+3*4，再将符号常量 *N* 进行宏展开，该语句变为“printf("%d\n", 2+3*4);”，因此输出结果为 14。

2.
```
#include<stdio.h>
int main()
{
    char c1='x',c2='z';
    int x1=1, x2=2;
    printf("%d,%d\n",c1,c2);
    printf("%c,%c\n",c1,c2);
    printf("%c,%c\n",'0'+x1, '0'+x2);
    printf("%d,%d\n",'0'+x1, '0'+x2);
    return 0;
}
```

【答案】 120,122

x,z

1,2

49,50

【答案解析】 第 6 行输出字符变量 c1 和 c2 的 ASCII 码。第 7 行输出字符变量 c1 和 c2 的字符形式。

第 8 行'0'+x1 表示'0'的 ASCII 码+1，即为'1'的 ASCII 码。'0'+x2 表示'0'的 ASCII 码+2，即为'2'的 ASCII 码，分别输出'1'和'2'的字符形式。第 9 行输出字符'1'和'2'的 ASCII 码。

3.
```
#include <stdio.h>
int main()
{
    char a='B',b=33;
    char c='0',d='9';
    a=a-'A'+'0';
    b=b*2;
    printf("%c,%c\n",a,b);
    c++,d--;
    printf("%c,%c\n",c,d);
```

```
        return 0;
    }
```

【答案】 1,B

1,8

【答案解析】 第 6～8 行：a–'A'+'0' = 'B'–'A'+'0' = 1+'0' ='1'；b*2=33*2=66='B'。 因此输出字符'1'和字符'B'。

第 9～10 行：c++ = '0'+1='1'；d– – = '9'–1='8'。因此输出字符'1'和字符'8'。

4.
```
#include<stdio.h>
int main()
{
        int i=8,j=10;
        int m=++i;
        int n=j++;
        int x=-i++;
        int y=j+12/++j;
        printf("%d,%d,%d,%d\n",i,j,m,n);
        printf("%d,%d,%d,%d\n",i,j,x,y);
        return 0;
}
```

【答案】 10,12,9,10

10,12,-9,13

【答案解析】 第 5 行++i 表达式的值为加之后的值，因此 m 和 i 都等于 9，第 6 行 j++表达式的值为 j 加之前的值，因此 n 等于 10，j 等于 11。

第 7 行–i++表达式的值为加之前的值，因此 x 等于–9，i 等于 10；第 8 行先计算++, 因此 j=11+1 =12；j+12/j = 12+12/12 = 12+1 =13。

第 9 行和第 10 行把各变量最终的计算结果输出。

二、简答题

1. 请将下面各数用二进制、八进制、十六进制数来表示。

10，32，65，2050，32767，–130，–510，–32760

【答案】

十进制	二进制	八进制	十六进制
10	1010	12	A
32	100000	40	20
65	1000001	101	41
2050	100000000010	4002	802
32767	111111111111111	77777	7FFF
–130	11111111111111111111111101111110	37777777576	FFFFFF7E
–510	11111111111111111111111000000010	37777777002	FFFFFE02
–32760	11111111111111111000000000001000	37777700010	FFFF8008

【答案解析】　注意负数的内存表示为补码形式，即最高位为 1，其余位为原码取反再加 1。

2. 字符常量与字符串常量有什么区别？

【答案】　字符常量的定界符是单引号，里面除了转义字符外只能有一个字符，占 1 字节；字符串常量的定界符是双引号，里面可以有零个或多个字符。每个字符串有效字符后会自动添加一个'\0'作为结束符，因此所占字节数为有效字符数+1。

3. 请写出执行以下赋值语句后，数据在变量中的存储形式。

```
int a=3, b=-3;
short int c=3, d=-3;
unsigned short int e=32768;
char c1='a', c2='A', c3='0';
unsigned char c4=128, c5=255;
```

【答案】

c5	0xff 'ÿ'
c4	0x80 '■'
e	0x8000
c3	0x30 '0'
d	0xfffd
c2	0x41 'A'
c	0x0003
c1	0x61 'a'
b	0xfffffffd
a	0x00000003

【答案解析】　注意无符号数与有符号数的区别。

4. 写出下列数学表达式对应的 C 语言表达式。

x^3+2x^2+3x+1

$\sqrt{|x|} \neq \frac{4a}{bc}$

【答案】

数学表达式	C 语言表达式
x^3+2x^2+3x+1	x*x*x+2*x*x+3*x+1
$\sqrt{\|x\|} \neq \frac{4a}{bc}$	sqrt(abs(x))!=4*a/(b*c)

5. 写出下列条件对应的 C 语言表达式。

（1）1~100 内的奇数。

（2）闰年的判定条件。

【答案】
```
i<=100 && i>=1 && i%2!=0
year%4==0&&year%100!=0 || year%400==0
```

6. 设“double a=2;int b=7; double c=4.7, d=2.5;”，请写出以下表达式的值。

```
a+b%3*(int)(a+c)%2/4;
```

```
(float)(a+b)/2+(int)c%(int)d
```

【答案】 2.0

4.5

【答案解析】 这两个表达式求值考察了混合运算的运算顺序、强制类型转换、整型数求余以及整除。

```
 a+b%3*(int)(a+c)%2/4
=2.0+7%3*int(2.0+4.7)%2/4
=2.0+1*6%2/4
=2.0+6%2/4
=2.0+0/4
=2.0+0
=2.0
 (float)(a+b)/2+(int)c%(int)d
=(float)(2+7)/2+(int)4.7%(int)2.5
=9.0/2+4%2
=4.5+0
=4.5
```

7. 设 a=1, b=5, c=7，计算下列各逻辑表达式的值。

```
c-a>b&&a!=c||!b
!(a+b)-c&&b/7
c-b||!(a+c)&&b
```

【答案】 1

0

1

【答案解析】

```
 c-a>b&&a!=c||!b
=7-1>5&&1! =7||! 5
=6>5&&1||0
=1&&1||0
=1||0
=1
 !(a+b)-c&&b/7
=!(1+5)-7&&5/7
=!6-7&&0
=1&&0          //此时可以直接断定表达式的值为 0
=0
 c-b||!(a+c)&&b
=7-5||!(1+7)&&5
=1||!8&&5   //此时可以直接断定表达式的值为 1
```

```
=1||0&&5
=1||0
=1
```

2.3.2　过程性自测及解答

一、填空题

1．常量'\n'的数据类型是__________。

【答案】　char

2．在 C 语言源程序中，不带任何修饰的浮点数直接量（如 3.14）都是按__________类型数据存储的。

【答案】　double

【答案解析】　实型常量的默认为 double 类型，在内存中占 8 字节。若带 f 修饰符即 3.14f 或 3.14F，则认为它是 float 型，在内存中占 4 字节。

3．已知有声明“char ch='g';”，则表达式 ch=ch–'a'+'A'的值为字符__________的编码。

【答案】　G

【答案解析】　将小写字母转换成大写字母。–'a'+'A'其实就是其 ASCII 值减去 32，对于一个小写字母来说，减去 32 就变成对应的大写字母。

4．在 C 语言系统中，如果一个变量能正确存储的数据范围为整数–32768～32767，则该变量在内存中占__________字节。

【答案】　2

【答案解析】　表示范围为整数–32768～32767 的属于 short 型的变量，在内存中占 2 字节。

5．若有声明“int *x*;”且 sizeof(*x*)的值为 2，则当 *x* 值为__________时，“*x*+1>*x*”为假。

【答案】　32767

【答案解析】　*x* 为 int 型，且占 2 字节，其表示范围为–32768～+32767，当 *x* 为 32767 时，再加 1 就变成了–32768 了，此时，就是“*x*+1>*x*”为假的情况。

这是由数据在内存中的存储情况决定的。若数据在内存中占 2 字节，以补码的形式存放，32767 的补码为 01111111 11111111，加 1 以后就变成了 10000000 00000000，为–32768 的补码，这种情况为溢出，数处于边界时会溢出。若 *x* 属于 long 型，在内存占 4 字节，则 *x*+1 为 32768。

6．若 int 类型数据占 2 字节，则以下语句的输出为__________。

```
int k=-1;
printf("%d,%u\n",k,k);
```

【答案】　–1,65535

【答案解析】　数据在内存中是以补码形式存放的。2 字节的 int 型–1 的补码为 11111111 11111111，转换成无符号整数后为 65535。

7．表示数学式 0<*x*<5 的 C 语言表达式是__________。

【答案】　0<*x* && *x*<5 或者 *x*>0 && *x*<5

8．若有“int *a*=5; *a*+=*a*–=*a**=*a*;”，则 *a* 的值是__________。

【答案】　0

9．C 语言中有!、&&、||三个逻辑运算符，其中优先级高于算术运算符的是__________。

【答案】　!

【答案解析】　逻辑非“!”是单目运算符，优先级为 2 级，高于 3 级的“* / %”和 4 级的“+”和“−”。“&&”的优先级为 11 级，“||”的优先级为 12，低于算术运算符。一般来说，单目运算符的优先级比较高。

10．若 *a*、*b*、*c* 的值分别为 1、0、3，则执行 *d* =(*a*++&&++*b*) ||*c*++后，*a*、*b*、*c*、*d* 的值分别为__________。

【答案】　*a*=2，*b*=1，*c*=3，*d*=1

【答案解析】　逻辑表达式的短路特性。*a*++先用 *a* 值 1，用完 *a* 值变为 2。因为是&&运算，还得算++*b* 的值，*b* 增 1 后再用，因为&&两边的值都为 1，括号里的值为 1。对于“||”运算，最后的结果肯定为 1，即 *d* 为 1，不用再算 *c*++了，*c* 值不变。

11．若 *a*、*b*、*c* 的值分别为 1、0、3，则执行 *d* =(*b*++ && ++*a*) || *c*++后，*a*、*b*、*c*、*d* 的值分别为__________。

【答案】　*a*=1，*b*=1，*c*=4，*d*=1

【答案解析】　逻辑表达式的短路特性。因为 *b*=0，括号中的值为 0，++*a* 就不用算了，*a* 值不变。因为括号里的值为 0，||运算需要算 *c*++。

12．若有声明“int *i*=7; float *x*=3.1416; double *y*=3;”，则表达式 *i*+'a'***x*+*i*/*y* 值的类型是__________型。

【答案】　double

【答案解析】　自动类型转换的基本原则是空间较小的数据类型自动转换为空间较大的数据类型。一般情况下，若表达式中有 double 型，则最后的结果为 double 型。

13．若有声明“float *y*=3.14619;int *x*;”，则计算表达式“*x*=*y**100+0.5, *y*=*x*/100.0”后 *y* 的值是__________。

【答案】　3.15

【答案解析】　*x*=*y**100+0.5=3.14619*100+0.5=315，因为 *x* 为 int，截取整数部分赋给 *x*。然后计算 *y*=*x*/100.0=315/100.0=3.15，*y* 是实数。

14．设有声明“int *a*=3, *b*=4; float *x*=4.5, *y*=3.5;”，则表达式 (float)(*a*+*b*)/2+(int)*x*%(int)*y* 的值是__________。

【答案】　4.5

【答案解析】　(float)(*a*+*b*)/2+(int)*x*%(int)*y*=(float)(3+4)/2+(int)4.5%(int)3.5=7.0/2+4/3=3.5 + 1=4.5

15．以下程序运行后输出结果是__________。

```
#include <stdio.h>
int main()
{  char a=256;
   int d=a;
   printf("%d",d+1);
   return 0;
}
```

【答案】　1

16．可以表示数学式 $\dfrac{\sqrt[3]{x}}{a+b}$ 的 C 语言表达式是__________。

【答案】 `pow(x,1.0/3)/(a+b)`

二、选择题

1．在以下各组标识符中，均可以用作变量名的一组是（　　）。

A．a01，Int　　　　B．table_1，a*.1

C．0_a，W12　　　　D．for，point

【答案】 A

【答案解析】 变量名用标识符来表示，标识符中不能有空格、标点符号、运算符或除字母、数字、下划线外的其他字符，可以为数字但不能以数字开头，标识符区分大小写。选项 A 中两个都符合标识符的命令规则，Int 与关键字 int 是不同的标识符，B 中有“*”号，C 中以数字开头，D 中 for 为关键字，不能用作变量名。

2．以下选项中，属于 C 语言关键字的是（　　）。

A．printf　　B．include　　C．fun　　D．default

【答案】 D

【答案解析】 printf 和 include 属于预定义标识符，在 C 语言中有特殊的含义，printf 是输出函数名，include 用在编译预处理命令中。fun 是用户自定义标识符。default 是关键字，用在 switch 语句中。

3．以下标识符中不能用作变量名或自定义函数名的是（　　）。

A．main　　B．_123　　C．_float　　D．sizeof

【答案】 D

【答案解析】 main 属于预定义标识符，_123 和_float 是以下划线开头的用户自定义标识符。sizeof 是求字节数运算符，属于关键字，不能用作变量名或自定义函数名。

4．已知 sizeof(int)的值为 2，为将 10!的值存储到变量 *f* 中(10!=3628800)，变量 *f* 的类型应声明为（　　）。

A．long int　　B．int　　C．short int　　D．unsigned int

【答案】 A

【答案解析】 10!=3628800，在 TC 中，超过了 2 字节的 int 的范围−32768～+32767，需要用 4 字节的长整型来表示，其表示的范围是−214748348～2147483647。

5．以下常量表示中正确的是（　　）。

A．\xff　　B．5L　　C．aEb　　D．3.14U

【答案】 B

【答案解析】 选项 A 若想表示成十六进制常量，正确的表示方法应该是 0xff，如果表示成转义字符，应该放在单引号内：'\xff'。选项 B 表示的是长整型常量，选项 C 是一个标识符，若想表示指数，E 前必须有数字，E 后为整数。选项 D 表示的是无符号整数，而无符号整数不应有小数。

6．以下表示中不能用作 C 语言常量表示的是（　　）。

A．0UL　　B．(long)123　　C．1e0　　D．'\x2a'

【答案】 B

【答案解析】 0UL 意为将 0 以无符号长整型存放，B 为强制类型转换，是表达式，若要表示长整型常量，应在 123 后加字母 l 或 L。C 是实常量，指数表示法，意为 1 乘以 10 的 0 次方，e 前面必须有数字，后面的数字必须是整数。D 是转义字符，表示十六进制数 2a。

7．下列表示中不可作为常数的是（　　）。

A．020　　B．1UL　　C．'0x41'　　D．0xfe

【答案】 C

【答案解析】 020 是八进制表示，1UL 是将 1 以无符号长整型存放，0xfe 是十六进制表示。C 若改为'\0x41'或 0x41 则正确。

8．设有声明“int value='5';”，则执行下列选项的赋值语句后，value 的值不等于 5 的是（　　）。

A．value=value–'0';　　B．value=value–0x30;

C．value=value–49;　　D．value=value–'\060';

【答案】 C

【答案解析】 数字字符'0'、'5'的 ASCII 码值分别为 48、53，选项 A 的值为 5。B 中的 0x30 是十六进制表示，D 中的'\060'是八进制 60，转换成十进制都为 48，同 A。而 C 的结果为 4。

9．若有程序段“char *c*=256; int *a*=*c*;”，则执行该程序段后 *a* 的值是（　　）。

A．256　　B．65536　　C．0　　D．–1

【答案】 C

【答案解析】 将 256 转换成二进制形式，为 10000 0000，占 9 位，而 char 在内存只占 1 字节，即 8 位，截取低 8 位赋给字符变量 *c*，得 *c*=0，将 *c* 的值赋给 *a*，结果为 0。

10．已知有声明“int *a*=3, *b*=4, *c*;”，则执行语句“*c*=1/2*(*a*+*b*);”后，*c* 的值为（　　）。

A．0　　B．3　　C．3.5　　D．4

【答案】 A

【答案解析】 两个整数相除，结果为整数，截取整数部分，不是四舍五入。除法“/”和乘法“*”运算优先级相同，左结合。1/2 等于 0，0 乘于任何一个整数的结果还是 0，最后结果为 0。

11．已知有声明“long *x*, *y*;”且 *x* 中整数的十进制表示有 *n* 位数字(4<*n*<10)，若要求去掉整数 *x* 十进制表示中的最高位，用剩下的数字组成一个新的整数并保存到 *y* 中，则以下表达式中能正确实现这一功能的是（　　）。

A．*y*=*x*/(10*(*n*–1))　　B．*y*=*x*%(10*(*n*–1))

C．*y*=*x*%(long)pow(10,*n*–1)　　D．*y*=*x*%(10∧(*n*–1))

【答案】 C

【答案解析】 针对本类型的题目，拿一个具体的数，放到 4 个选项中去计算，就能得到正确答案。假设 *x* 为 12345，代入 A 中为 12345/(10*4)，肯定不是 2345，代入 B 中为 12345%(10*4)也不对，代入 C 中为 12345%(long)10^4，结果为 2345，正确。而 D 中的“∧”在 C 语言中是指位运算中的异或运算，不是求指数。

12．已知有声明“int *a*=12, *b*=15, *c*;”，则执行表达式 *c*=(*a*||(*b*−=*a*))后，变量 *b* 和 *c* 的值分别为（　　）。

A．3，1　　B．15，12　　C．15，1　　D．3，12

【答案】 C

【答案解析】 逻辑表达式的短路特性：逻辑表达式求解时，并非所有的逻辑运算符都被执行，只是在必须执行下一个逻辑运算符才能求出表达式的解时，才执行该运算符。有“表达式 1 &&表达式 2”，若表达式 1 的值为 0，则不再执行表达式 2；同样，有“表达式 1 || 表达式 2”，若表达式 1 的值为 1，则不再执行表达式 2。

a 的值为 12，非零即为真，逻辑表达式的结果只能用 1 或者 0 表示，若为真则结果为 1。只要有一个为真，逻辑或“||”的结果就为 1，“||”运算符右边的 b– =a 不用计算了，b 的值不变，仍为 15。而括号中逻辑表达式的值为 1，将 1 赋给 c，故 c 的值为 1。

13．已知有声明“int a=3, b=4, c=5;”，以下表达式中值为 0 的是（　　）。

A．a&&b　　B．a<=b　　C．a||b&&c　　D．!(!c||1)

【答案】 D

【答案解析】 a&&b 中，a 和 b 都是非 0，A 的结果为 1。B 中 a<=b 成立，结果为 1。C 中&&优先级高于||，先计算&&，b 和 c 的值非 0，b&&c 的结果为 1，因为是||运算，最后的结果肯定是 1。D 中 c 非 0，!c 为 0，与 1 逻辑或为 1，将括号中的 1 再逻辑非，结果为 0。

14．以下表示数学式“a<b<c”的逻辑表达式中，错误的是（　　）。

A．a<b<c　　B．a<b && b<c

C．!(a>=b)&&!(b>=c)　　D．!(a>=b||b>=c)

【答案】 A

【答案解析】 最好的表达是 B，但 C、D 与 B 的功能相同。C 中!(a>=b)就是 a<b，而 D 中将“!”放到外面，“&&”就变成了“||”。选项 A 先判断 a<b，成立结果为 1，不成立结果为 0，再将结果与 c 比较，不符合要求。

15．已有声明“int a=3, b=3, c=2;”，以下选项中值为 0 的表达式是（　　）。

A．!a && !b && c　　B．!a ||!b ||c

C．a= =b &&b>=c　　D．a>=b&& b>c

【答案】 A

【答案解析】 a 为非 0，!a 为 0，&&运算，有一个值为 0，则整个表达式值为 0。!a ||!b ||c 是||运算，有一个 c 为非 0，整个表达式的值为 1。C 中的 a= =b 和 b>=c 都成立，结果为 1。D 中的两个关系式也都成立。

16．设有定义和声明如下：

```
#define d  2
int x=5;float y=3.83;char c='d';
```

以下表达式中有语法错误的是（　　）。

A．x++　　B．y++　　C．c++　　D．d++

【答案】 D

【答案解析】 ++运算符的运算对象只能是变量，不能为常量和表达式。本题中 d 是符号常量，其值不能改变。

17．设有声明“float a=l.23456;int i;”，欲将 a 中的数值保留小数点后两位，第三位进行四舍五入运算，能实现该功能的表达式是（　　）。

A．i=a*100+0.5, a=i/100.0　　B．a=(a*100+0.5)/100.0

C． *a*=((int)*a**100+0.5)/100.0　　　　D． *a*=(*a*/100+0.5)/100.0

【答案】 A

【答案解析】 *i*=*a**100+0.5= 1.23456*100+0.5=123.456+0.5=123.956，*i* 为 int 型截取整数部分 123 后再除以 100.0 得到的是实数 1.23。

18．在 C 语言源程序中，不能用于表示整型常数的数制是（　　）。

A. 十六进制　　　　B. 八进制

C. 十进制　　　　D. 二进制

【答案】 D

19．以下选项中，不能将字母 A 的编码保存到变量 ch 的声明是（　　）。

A. char ch="A"　　　　B. char ch='A'

C. char ch='\101'　　　　D. char ch=65

【答案】 A

20．以下能正确地定义整型变量 *a*、*b* 和 *c* 并为其赋初值 7 的语句是（　　）。

A. int *a*=*b*=*c*=7;

B. int *a*,*b*,*c*=7;

C. int *a*=7,*b*=7,*c*=7;

D. *a*=*b*=*c*=7;

【答案】 C

21．已有声明语句“unsigned char ch;”，与表达式 ch＝'B'的值不相同的表达式是（　　）（字符 A 的 ASCII 码以十进制表示为 65）。

A. ch=0x42　　　　B. ch=0102

C. ch='\102'　　　　D. ch=066

【答案】 D

22．已知有声明："char *c*='1'; int *x*=300; float *t*=35000; double *d*=3.1234567e10;"，则以下表达式求值时除（　　）外其结果都可能是不准确的。

A. *x*=*t*/*c*　　　　B. *t*=*d*/*x*

C. *t*=*d*/1e5f　　　　D. *t*=*x*+*c*

【答案】 D

23．执行“int *k*=11; *k*=1/3**k*++;”后，*k* 的值是（　　）。

A. 0　　　　B. 3

C. 4　　　　D. 12

【答案】 A

24．若有定义“int *x*,*y*;”，则下列逗号表达式的值为 6 的是（　　）。

A. *x*=5, *x*++, *y*=5　　　　B. *x*=4, *y*=*x*+1, *y*=*x*++

C. *x*=*y*=5, *y*+1　　　　D. *x*=6, *y*=++*x*

【答案】C

第 3 章　数据的输入/输出

3.1　本 章 导 学

（1）字符的非格式化输入/输出函数。

（2）用于基本类型数据输出的库函数 printf。

（3）用于基本类型数据输入的库函数 scanf。

3.2　重点难点释疑

3.2.1　C 语言的输入/输出

简单来说，一个程序包括 3 部分：输入、计算、输出。没有输入/输出，就写不出完整的程序，输入/输出是程序的一个重要组成部分。C 语言中，所有数据的输入/输出都是由库函数实现的，属于函数调用语句。

使用 C 语言库函数时，要用预编译命令“#include”将有关头文件包含到源程序中，标准输入/输出库函数的头文件是 stdio.h，因此在程序的开头应该写上以下预编译命令：

```
#include <stdio.h> 或者 #include "stdio.h"
```

3.2.2　字符的非格式化输入/输出函数

1. 字符输入函数 getchar()

从键盘读一字符。格式如下：

```
getchar();
```

例如：

```
c=getchar();                //从键盘输入一个字符赋给变量 c
```

说明：

① 本函数没有参数。

② getchar()赋给的变量可以是 char 型或者 int 型。

③ getchar()只读取当前字符，即使是空白字符或回车也照读。有时用来吸收多余回车。

④ getchar()一次只接收一个字符，不需分隔符，输入数字也按字符处理，输入多于一个字符时，只接收第一个字符。

2. 字符输出函数 putchar()

把一个字符输出到显示器上。格式如下：

```
putchar(c);
```

参数 *c* 为字符型或者整型数据，可以为字符常量、转义字符、变量或表达式。

3.2.3 格式化输出函数 printf

按指定格式向显示器输出数据，printf 函数一次可输出多个不同类型的数据。格式如下：

```
printf("格式控制串",输出表);
```

格式说明：%[修饰符]格式字符，用于指定输出格式，修饰符根据情况选用。详细的格式字符如表 3.1 所示。

普通字符或转义字符序列：原样输出。

格式控制串放在双引号中，与后面的输出表用逗号分隔。

表 3.1　printf 函数的格式说明字符

数据类型	格式字符	含义
整型	d 或 i	以十进制显示 int 类型整数
	u	以十进制显示 unsigned int 类型整数
	o	以八进制显示 int 类型整数
	x 或 X	以十六进制显示 int 类型整数
实型	f	以小数形式输出 float 或 double 型数值
	e 或 E	以指数形式输出 float 或 double 型数值
	g 或 G	选用%f 或者%e 格式，按较短的输出
字符和字符串	c	输出单个字符
	s	输出字符串

使用最多的是%d 格式，其次是%c、%f、%s 格式。printf 函数除了“格式说明字符”外还有“附加格式说明符”，也叫“修饰符”。常用的格式说明符和格式修饰符如下。

%ld：输出长整型数。

%md：*m* 为一个整数，输出的整数占 *m* 列，不足左边补空格，不够全部输出。

%-md：与%md 的区别是不足右边补空格，即左对齐。

%m.nf：输出的单精度实数（float 型）占 *m* 列，小数点也算一列，其中小数有 *n* 位，采用四舍五入的方式，不足左边补空格。

%.nf：输出的实数保留 *n* 位小数。不指定总共占多少列。

%lf：输出 double 型数据。

说明：

① 格式字符要用小写。

② 格式字符与输出项个数应相同，按先后顺序一一对应。当格式字符的个数小于输出表列的个数时，多余的输出表列的项不输出。

③ 如果想输出“%”、“\”、“"”、“'”，应在格式控制部分采用“%%”、“\\”、“\"”、“\'”。

④ 输出时要将数据转换成指定的输出格式。

输出表：要输出的数据，一般用变量名表示，也可以没有，输出多个数据时以逗号“,”分隔。

3.2.4　格式化输入函数 scanf

按指定格式从键盘读入数据，存入地址表指定的存储单元中并按回车键结束。格式如下：

scanf("格式控制串",地址表列);

地址表列：变量的地址，常用取地址运算符“&”。

格式字符：与 printf 函数类似，主要有 d,o,x,u,c,s,f,e。

说明：

① scanf 与 printf 格式的区别就是在 scanf 的变量名前必须有“&”，千万别漏掉。

② 输入以空格、Tab 键或回车键作为分隔符。若格式符为“%c”则不需分隔符。

③ 在写程序时尽量不要在 scanf 中有原样字符并指定宽度，这样输入时更方便。

④ 对于长整型，即超过−32768～32767 范围的整数，要用“%ld”格式输入。例如：

```
scanf("%ld",&a);
```

⑤ 当格式控制为“%s”时，输入的是一个字符串，一般用数组存放字符串，此时，数组名表示数组在内存中的起始地址，数组名前就不再需要“&”了。例如：

```
scanf("%s",str);          //str 为数组名，无&
```

⑥ 当格式控制为“%s”时，输入的字符串中不能有空格。若要输入的字符串中含有空格，可以用循环语句和“%c”格式，或者用 gets 函数输入。

3.3　习 题 解 答

3.3.1　课后习题解答

一、选择题

1．下列程序片段的输出结果是（　　）。

```
int a=2,c=5;
printf("a=%%d,b=%%d\n",a,c);
```

A．*a*=%2, *b*=%5　　B. *a*=2, *b*=5　　C. *a*=%%d, *b*=%%d　　D. *a*=%d, *b*=%d

【答案】　D

【答案解析】　在 printf 函数中的格式字符串中，%被用作格式控制符的引导符。如果想要输出字符串中的%，则需要在%前加上转义字符“\”，或者写两个“%”。本题中，“%%”将输出一个%，%不再作为格式控制符的一部分，所以输出结果为 D。

2．运行下列程序片段时，（　　）输入能使 *a*=1，*b*=2，*c*='+'。

```
int a,b,c;
scanf("%d%c%d",&a,&c,&b);
```

A. 1␣+␣2↙　　B. 1+2↙　　C. 1␣+2↙　　D. 1+␣2↙

【答案】　B

【答案解析】　当格式字符串中有“%c”时，所有的字符都可以作为合法字符被读入，包括空格、Tab 与回车换行符。本题中输入 A 或 C 选项，*a*=1，*b*='+'，*c*='␣'。输入 D 选项，*a*=1，*b*='␣'，*c*='+'。只有 B 能满足题目要求。

3．运行下列程序片段时，（　　）输入不能使 a=1，b=2。

```
int a,b;
scanf("%d%*c%d",&a,&b);
```

A. 1␣2↙　　B. 1,2↙　　C. 1-2↙　　D. 1aa2↙

【答案】 D

【答案解析】 当格式字符串中有“*”时，*代表当前输入项在读入后不赋给相应的变量，因此选项 A 中的'␣'将被忽略，不赋给当前变量 b，而接下来的 2 将赋给变量 b。同理选项 B 和 C 中','和'-'也被忽略。而在选项 D 中，第一个'a'被忽略，第二个'a'被赋给变量 b，因此选项 D 符合题目要求。

二、简答题

1．写出下列语句的输出结果。

```
printf("%c,%c,%d",'a','a'+2,2+'a');
```

【答案】 a,c,99

【答案解析】 略

2．指出下列语句存在的错误，分析出错原因并改正。

(1)
```
int a,b;
scanf("%d%d",a,b);
```

【答案】 `scanf("%d%d",&a,&b);`

【答案解析】 scanf 函数要求提供输入变量的地址列表。

(2)
```
float x;
scanf("%5.2f",&x);
```

【答案】 `scanf("%5f",&x);`

【答案解析】 scanf 函数格式控制符中不能指定浮点数中小数占几位。

(3)
```
double x;
scanf("%f",&x);
```

【答案】 `scanf("%lf",&x);`

【答案解析】 x 是 double 类型的变量，格式控制符应该用 lf。

(4) `printf("You should say "Hi"!");`

【答案】 `printf("You should say \"Hi\"!");`

【答案解析】 "作为字符串的分隔符，在本题中字符串 "You should say "为一个完整串，因此会出现编译错误。如果想输出字符串中的"，则必须在"前加上转义字符“\”，或者再加一个“%”。

3．设有语句：

```
char c1,c2,c3;
scanf("%c%c%c",&c1,&c2,&c3);
```

当执行以上两个语句时，若输入 'a'␣b␣c↙，则 c1、c2、c3 的值分别是什么？

若在其执行过程中，输入 abcdef↙，则 c1、c2、c3 的值又分别是什么？

【答案】 若输入 'a'␣b␣c↙　c1='''　c2='a'　c3='''

若输入 abcdef↙　c1='a'　c2='b'　c3='c'

4．分析下列程序，分别写出输入数据 5␣12.3↙和-5␣-12.3↙的运行结果。

```
#include<stdio.h>
int main()
{
    int a;  float x;

    scanf("%d%f",&a,&x);
    printf("%d,%3d,%-3d,%03d,%+03d\n",a,a,a,a,a);
    printf("%8.2f,%.4f,%3f\n",x,x,x);
    printf("%-8.2f,%-.4f,%-3f\n",x,x,x);
    printf("%+8.2f,%+.4f,%+3f\n",x,x,x);
    printf("%+-8.2f,%+-.4f,%+-3f\n",x,x,x);
    printf("%e,%10.2e,%.2e,%+.2e,%-.2e,%+-.2e\n",x,x,x,x,
          x,x);
    return 0;
}
```

【答案】　当输入 5␣12.3↙ 时，程序输出：

```
5,  5,5  ,005,+05
   12.30,12.3000,12.300000
12.30   ,12.3000,12.300000
  +12.30,+12.3000,+12.300000
+12.30  ,+12.3000,+12.300000
1.230000e+001,1.23e+001,1.23e+001,+1.23e+001,1.23e+001,+1.23
e+001
```

当输入-5␣-12.3↙时，程序输出：

```
-5, -5,-5 ,-05,-05
  -12.30,-12.3000,-12.300000
-12.30  ,-12.3000,-12.300000
  -12.30,-12.3000,-12.300000
-12.30  ,-12.3000,-12.300000
-1.230000e+001,-1.23e+001,-1.23e+001,-1.23e+001,-1.23e+001,
-1.23e+001
```

【答案解析】　参考教材表 3.1～表 3.5。

5．若希望运行下列程序片段后，变量 *a*、*b*、*h*、*m*、*s* 的值分别为 3、7、12、58、31，应如何在键盘上输入数据？

```
int a,b,h,m,s;
scanf("a=%d b=%d",&a,&b);
scanf("%d:%d:%d",&h,&m,&s);
```

【答案】　应输入：

```
a=3 b=7
12:58:31
```

【答案解析】　scanf 函数中非格式字符部分的字符应该在输入时原封不动地输入。

3.3.2　过程性自测及解答

一、填空题

1．若有声明“float *f*=123.45678;”，则执行语句“printf("%.3f", *f*);”后，输出结果是__________。

A．1.23e+02　　B．123.457　　C．123.456780　　D．1.234e+02

【答案】　B

【答案解析】　输出格式%.3f 表示输出 3 位小数。

2．已知程序中有声明“int *a*; long *b*;”，若需要接收从键盘输入的电话号码字符串(010)64782656（其中 010 为区号，64782656 是电话号码），并将其中的区号、电话号码分别存储到变量 *a*、*b* 中，则实现该功能的输入语句为“scanf("________",&*a*,&*b*);”。

【答案】　(%d)%ld

【答案解析】　原样字符括号也要输入。%d 格式输入 int 整型数据，%ld 格式输入长整型数据。

3．若有声明“int *r*=2;”,则执行语句“printf("%d",sizeof(2*3.14**r*));”时输出__________。

【答案】　8

【答案解析】　求输出表达式 2*3.14**r* 的结果在内存中占用的字节数。2*3.14**r* 的结果为实常量，其中有一个实常量 3.14，C 中实常量默认为 double 型。根据类型转换规则，其他类型的数据也要转换成 double 型，最后结果为 double 型，在内存占 8 字节。

4．已知有声明和语句“int *a*; scanf("*a*=%d",&*a*);”，欲从键盘上输入数据使 *a* 中的值为 3，则正确的输入应是__________。

【答案】　a=3

【答案解析】　输入语句中的“*a*=”是原样字符，要照输。“%d”的位置输入对应的变量 *a* 的值 3。就是将键盘输入的值 3 存入变量 *a* 的地址单元，这样 *a* 的值就为 3。

5．若有声明“int *a*=32767,b;”，则在 Turbo C 2.0 系统中执行语句“printf("%d", *b*=++*a*);”后输出结果是__________。

【答案】　–32768

【答案解析】　*b*=++*a* 是将 *a* 的值加 1 后赋给 *b*，*a*、*b* 是 int 型，处于–32768～32767 范围内，32767+1=–32768，整数在计算机中以补码形式存储，32767 的补码为 01111111 11111111，加 1 后为 10000000 00000000，是–32768 的补码。对于 2 字节的 int 数据，32767+1 等于–32768。若是 long 型，满足 32767+1 等于 32768。

6．若有声明“unsigned　int　*u*=65535;”则执行 printf(" %d,%o,%x,%u\n", *u*, *u*, *u*, *u*);后的输出结果是__________。

【答案】　–1,177777,ffff,65535

【答案解析】　输出时要将数据转换成指定的输出格式。先将无符号整数 65535 转换成在内存存放的形式：1111 1111 1111 1111。输出时，若为“%d”格式，要求输出 int 型，编码还是这串编码，但把它看作 int 型，最高位为符号位，是−1 的补码，输出的是−1。“%o”的格式，将 1111 1111 1111 1111 转换成八进制数，即为 177777，“%x”的格式为十六进制数，即为 ffff，“%u”的格式为 65535。

7．已知 *c*=getchar(), *c* 可以定义为________类型。

【答案】　char 或 int

8．若要输出字符 c，可以如此调用非格式化输出函数________。

【答案】　`putchar(c)`

9．若有声明“int *a*=123, *b*=12345;”，则 printf("%d,%4d,%4d", *a*, *a*, *b*);输出结果是________

【答案】　`123， 123,12345`

10．若有 sizeof(int)=4,声明“int *a*=−1;”，则 printf("%d,%o,%x",*a*,*a*,*a*,*a*); 输出结果是________。

【答案】　`-1,37777777777，ffffffff`

11．若有声明 char *c*='a';则“printf("%c,%d",*c*,*c*);”，输出结果是________。

【答案】　`a,97`

12．“printf("%3s,%6.2s,%.3s,%-5.3s", "Good","Good","Good","Good");”的输出结果是________。

【答案】　`Good,    Go,Goo,Goo`

13．若有声明“float *x*=222222.21875012, *y*=3.1415926, printf("%f,%6f,%6.2f,−%6.2f,%.2f", *x*+*x*,*y*,*y*,*y*,*y*);”，输出结果是________。

【答案】　`444444.437500,3.141593,  3.14,-  3.14,3.14`

二、选择题

1．已知 int 类型数据在内存中存储长度为 2 字节，以下语句中能正确输出整数 32768 的是（　　）。

A．printf("%d",32768);　　B．printf("%ld",32768);

C．printf("%f",32768);　　D．printf("%c",32768);

【答案】　B

【答案解析】　TC 中，%d 格式输出 int 型整数，范围为−32768～32767，%f 格式输出实数，%c 格式输出字符。%ld 格式输出长整型整数，范围为−21 亿～21 亿。

2．以下输出语句中有语法错误的是（　　）。

A．printf("%d",0e);　　B．printf("%f",0e2);

C．printf("%d",0x2);　　D．printf("%s","0x2");

【答案】　A

【答案解析】　A 中的%d 表示输出 int 型整数，0 开头为八进制数，只能为 0～7 共 8 个数字，不能为 e。B 是%f 格式，输出实数，0e2 是指数形式，即为 0×10^2。C 输出 int 型整数，0x 是十六进制形式，D 用%s 格式输出字符串常量 0x2。

3．若有声明“long *a*,*b*;”且变量 *a* 和 *b* 都需要通过键盘输入获得初值，则下列语句中正确的是（　　）。

A．scanf("%ld%ld,&*a*,&*b*");　　B．scanf("%d%d",*a*,*b*);

C. scanf("%d%d",&*a*,&*b*);　　D. scanf("%ld%ld",&*a*,&*b*);

【答案】 D

【答案解析】 *a* 和 *b* 是 long 型，输入时要用“%ld”格式。对于变量，scanf 函数的地址表中必须有取地址运算符“&”，而且只在格式控制串上有双引号，地址表列上不应有双引号。

4. 以下关于 C 语言输入/输出函数的叙述中错误的是（　　）。

A. printf 函数输出字符串时与 puts 函数一样，以'\0'结束

B. scanf 函数可以输入空格

C. gets 函数可以输入空格

D. getchar 函数没有参数，scanf 和 gets 都有参数

【答案】 B

【答案解析】 scanf 函数的输入结束标志是空格、回车、Tab 键。scanf 函数不能输入空格。

5. 在 C 语言源程序中，不能用于表示整型常数的数制是（　　）。

A. 十六进制　　B. 八进制

C. 十进制　　D. 二进制

【答案】 D

6. 若定义 *x* 为 double 型变量，则能正确输入 *x* 值的语句是（　　）。

A. scanf("%f",*x*);　　B. scanf("%lf",&*x*);

C. scanf("%5.1f",&*x*);　　D. scanf("%f",&*x*);

【答案】 B

7. 下面程序段执行后的输出结果是（　　）（注：⌣符号代表空格）。

```
int a=123;
printf("[%4d],[%-4d],[%04d]",a,a,a);
```

A. [⌣123],[123⌣],[173]　　B. [⌣123],[123⌣],[0123]

C. [123],[⌣123],[1230]　　D. [123⌣],[⌣123],[0123]

【答案】 B

8. 下面语句段执行后的输出结果是（　　）。

```
int x=102,y=012;
printf("%2d,%2d",x,y);
```

A. 02,12　　B. 102,12

C. 10,01　　D. 102,10

【答案】 D

9. 执行语句 printf("a\bre\'hi\'y\\\bou");后的输出结果是（　　）。

A. abre'hi'y\bou　　B. a\bre\'hi\'y\\\bou

C. abre'hi'ybou　　D. re'hi'you

【答案】 D

10. 设 char c1='A'，执行语句 printf("%%",c1);的输出结果是（　　）。

A. A　　B. 执行异常　　C. %%　　D. %

【答案】 D

11．有以下程序段：

```
char c1='1',c2='2';
c1=getchar(); c2=getchar();
putchar(c1); putchar(c2);
```

运行时从键盘上输入 a↙ 后，以下叙述中正确的是（　　）。

A. 变量 c1 被赋予字符 a，c2 中仍是原有字符'2'

B. 程序将等待用户输入第 2 个字符

C. 变量 c1 被赋予字符 a，c2 中将无确定值

D. 变量 c1 被赋予字符 a，c2 被赋予回车符

【答案】 D

三、读程序写结果

1．以下程序的输出结果是__________。

```
#include <stdio.h>
int main()
{ int x=255,a,b;
  char c;
  a = x / 10 % 10;
  b = (-1) && (-1);
  c = x + 1;
  printf("%d,%d,%d\n", a, b, c);
  return 0;
}
```

【答案】 5,1,0

2．以下程序运行时输出结果是__________。

```
#include <stdio.h>
int main()
{  char a=256;
   int d=a;
   printf("%d",d+1);
   return 0;
}
```

【答案】 1

3．以下程序运行时输出到屏幕的结果是__________。

```
#include<stdio.h>
int main()
{  int a=1,b=2;
   a+=b;
   b=a-b;
   a-=b;
```

```
    printf("%d,%d\n",a,b);
    return 0;
}
```

【答案】 2,1

第 4 章　程序的基本结构与基本语句

4.1　本 章 导 学

（1）顺序结构。
（2）分支结构。
（3）循环结构。

4.2　重点难点释疑

4.2.1　实现顺序结构的语句

1. *表达式语句*

表达式语句由表达式加上分号“;”组成，其一般形式如下：

表达式;

分号“;”是 C 语句不可缺少的组成部分。执行表达式语句就是计算表达式的值。最典型的表达式语句是赋值语句，由赋值表达式加分号组成。形式如下：

变量=表达式;

例如：

```
a=3;                    //赋值表达式加分号
i++;                    //算术表达式加分号
```

由于赋值运算符“=”右边的表达式也可以是又一个表达式，因此，可以形成嵌套：

```
    变量=(变量=表达式);
```

赋值运算符是右结合的，括号可以缺省。

2. *函数调用语句*

函数调用由函数名、括号、实际参数加上分号“;”组成，其一般形式如下：

函数名(实际参数表);

执行函数调用语句就是调用函数并把实际参数赋给函数中的形式参数，然后执行被调用函数，求得函数值。

3. *空语句*

只由分号“;”组成的语句称为空语句。

空语句是 C 语言最简单的语句，是什么也不执行的语句，但有时是必不可少的。它往往出现在语法上需要一个语句但又不需要做任何事情的地方，没有它就会出现语法错误。例如，在程序中空语句可用来做空循环体，在 for 语句的 3 个表达式中有时候也是需要的。

4. 复合语句

把多个语句用花括号“{…}”括起来的一组语句，称为复合语句。

在 C 程序中，将复合语句看作单条语句，不是多条语句，复合语句中的各条语句都必须有分号“;”，但在“}”外没有分号。复合语句在语法上和单一语句相同，且可以嵌套。若复合语句内再嵌套复合语句，则复合语句的“}”外也没有分号。例如，下面程序段的花括号中就是一个复合语句。

```
int a=5,b=3, t;
if(a>b)
  { t=a;  a=b;  b=t; }
```

4.2.2 实现分支结构的语句

实现选择结构的语句也叫分支语句，所谓分支，指的是根据不同的条件完成不同的动作，有 if 语句和 switch 语句两种。

1. if 语句

if 语句是十分常用的实现选择结构的语句，也是计算机等级考试必考的语句。

1）if 语句的形式

（1）最简单的 if 语句：

```
if(表达式) 语句
```

如果表达式非 0，就执行语句，否则什么都不执行。

例如：

```
if(a>0) count++;
```

此语句的含义是：若 $a>0$，count 就加 1，用来统计大于 0 的变量 a 的数目。

（2）带 else 的 if 语句：

```
if(表达式) 语句1    else 语句2
```

如果表达式非 0，就执行语句 1，否则执行语句 2。

例如，下列 if 语句的含义是将 x 的绝对值赋给 y：

```
if(x>0) y=x;
else y=-x;
```

（3）多分支的 if 语句：

```
if(表达式1) 语句1
else  if(表达式2) 语句2
          else  if …
                    else  if(表达式n) 语句n
                              else  语句n+1
```

这个 if 语句尽管很长，但只能算一个语句。其功能是：依次判断表达式的值，当出现某个值为真时，执行其相应的语句。如果所有的表达式都不成立，则执行语句 n+1。

说明：

① if之后的括号是语句的一部分，不是表达式的一部分，是必不可少的。

② if 语句中的“语句”可以是任何语句，包括复合语句，也可以又是一个 if 语句。

2）if 语句的嵌套

如果 if 语句中的“语句”也是 if 语句，那就构成了嵌套的 if 语句。嵌套的 if 语句有很多种形式，其中的任何一个语句都可以是 if 语句，这就形成了很复杂的逻辑关系。如果嵌套的 if 语句中有多个 if 和多个 else，那么，else 究竟与哪个 if 配对呢？这是一个很重要的问题。if… else 的配对原则：else 总是和它前面离它最近的未配对的 if 配对。

请看下面的程序段，其中的 else 与哪个 if 配对？

```
if(a==b)
   if(b==c)
      printf("a==b==c");
else
      printf("a!=b");
```

以上语句，其中的 else 只能与第二个 if 配对，应将 else 与第二个 if 对齐，以免误解。

若进行如下修改：

```
if(a==b)
    {  if(b==c)
           printf("a==b==c");
    }
else
     printf("a!=b");
```

那么实现了 else 与第一个 if 的配对。

说明：

① else 不能单独使用，必须与 if 配对使用。

② 要实现 if 与 else 的正确配对，在需要的时候必须加一对花括号（{ }）。

2. switch 语句和 break 语句

如果将多分支的 if 语句用 switch 语句来表示，其逻辑关系看起来更直观。switch 语句又称为开关语句。

1）switch 语句的形式及执行过程

switch 语句的一般形式如下：

```
switch(表达式)
{
    case  E1:语句组 1; break;
    case  E2:语句组 2; break;
    …
    case En:语句组 n;  break;
```

```
    [default:语句组;  break;]
}
```

首先计算 switch 括号中表达式的值，与 case 后面的某个 E*i* 进行比较，和哪个匹配，就执行该 case 后面的语句组。如果与 E1～E*n* 都不匹配时，则执行 default 后面的语句组。

例如，根据输入字母输出字符串。

```
#include <stdio.h>
int main()
{  int c;
   printf("Enter m or n or h or other:");
   c=getchar();
   switch(c)
    {  case 'm': printf("\nGood morning!\n"); break;
       case 'n': printf("\nGood night!\n"); break;
       case 'h': printf("\nHello!\n"); break;
       default : printf("\n????????\n"); break;
    }
    return 0;
}
```

当键盘输入为“m”的时候，输出“Good morning!”。

当键盘输入为“n”的时候，输出“Good night!”。

当键盘输入为“h”的时候，输出“Hello!”。

当键盘输入为其他字符时，输出“????????”。

说明：

① switch、case、default、break 都是关键字，case、default 只能用在 switch 语句中。

② 花括号中可以有任意多个开始于 case 的子句和一个可选的 default 子句。

③ case 后是一个常量表达式，其中只能有常量，不能有变量。case 与常量表达式之间必须有空格。各整型常量表达式必须互不相同。

④ 语句组可以包含任意多条任意语句，不过最后一条通常是“break;”语句。若无 break，则继续执行后续语句，直到遇到 break 或者 switch 语句结束才终止。

⑤ 若无 default 语句，也没有和 case 后 E*i* 相匹配的值，则什么也不执行，直接跳出 switch 语句。

⑥ case 与 default 的先后顺序可以变动，不会影响程序执行结果。

⑦ case 后可包含多个可执行语句，且不必加{ }。

⑧ 多个 case 可共用一组执行语句。

⑨ switch 语句可嵌套。

⑩ switch 语句经常放在循环中。

2）switch 语句的几种特殊情况

（1）没有 break 语句的 switch 语句：

```
switch(score)
```

```
  {  case 5: printf("Very good! ");
     case 4: printf("Good! ");
     case 3: printf("Pass! ");
     case 2: printf("Fail! ");
     default:printf("data error! ");
   }
```

当 score 为 5 时，输出“Very good!”“Good!”“Pass!”“Fail!”“data error!”。

当 score 为 3 时，输出“Pass!”“Fail!”“data error!”。

（2）多个 case 可共用一组执行语句：

```
switch(c)
{     case  'A ':
      case  'B ':
      case  'C ':
      case  'D ':printf("score>60\n"); break;
      default : printf("No pass\n "); break;
}
```

这种情况表示 A、B、C、D 四种情况都执行输出语句“printf("score>60\n");”。

（3）switch 语句的嵌套。

switch 语句中的 case 后面的语句可以为任何语句，当然也可以为 switch 语句，这就形成了 switch 语句的嵌套形式。如下面的程序：

```
int main()
{  int x=1,y=0,a=0,b=0;
   switch(x)
   {   case 1:
          switch(y)
          {  case 0: a++;  break;
             case 1: b++;  break;
          }
      case 2: a++;b++; break;
      case 3: a++;b++;
   }
   printf("\na=%d,b=%d",a,b);
   return 0;
}
```

运行结果：

```
a=2,b=1
```

【解析】 x=1，执行 case 1 后面的 switch 语句，y=0，执行 a++，a 为 1，遇到 break，跳出内部的 switch，外部的 switch 的 case 1 后面没有 break，继续执行 case 2 后面的 a++和 b++后碰到 break，跳出外部的 switch，最后输出 a、b 的值。

4.2.3　实现循环结构的语句

循环结构可以反复多次地执行有限条语句。循环结构有两种：当型循环和直到型循环。C 语言可实现循环的语句有：用 goto 和 if 构成循环、while 语句、do⋯while 语句、for 语句。其中 goto 和 if 构成的循环不提倡使用，所以主要有 3 种形式的循环。while 语句和 for 语句实现当型循环，do⋯while 语句实现直到型循环。

1. while 语句（当型循环）

while 语句的一般形式如下：

```
while(表达式)
    循环体语句;
```

while 语句的特点是：先判断表达式，后执行循环体，循环体有可能一次也不执行。while 语句只有一个表达式和一个语句，为了实现通常的循环结构，要把初始化部分放在循环前。

说明：

① 循环体可为任意类型的一条语句，常用复合语句。

② 循环体中一般应该含有修改循环控制变量的值的语句，以便使循环能正常结束。

③ 下列情况，退出 while 循环：

a. 条件表达式不成立（为零）；

b. 循环体内遇 break、return、goto 语句。

④ 无限循环的形式如下：

```
while(1) 循环体;
```

2. do⋯while 语句（直到型循环）

do⋯while 语句的一般形式如下：

```
do
    循环体语句;
while(表达式);
```

do⋯while 语句的特点是：先执行循环体，后判断表达式，不管循环条件是否成立，至少执行一次循环体。

说明：

① 当初始条件为真时，while 和 do⋯while 的功能是一样的；当初始条件为假时，while 一次也不执行，而 do⋯while 至少执行一次。

② while 语句中的“while(表达式)”后面没有分号，do⋯while 语句中的“while(表达式)”后面的分号不可省略。

3. for 语句

for 语句一般形式如下：

```
for(表达式 1; 表达式 2 ; 表达式 3)
    循环体语句;
```

for 语句的执行过程如下。

第 1 步：执行表达式 1，这是初始化部分，只执行一次。

第 2 步：执行表达式 2，为测试部分，条件判断，为 0 退出循环，不为 0 执行第 3 步。

第 3 步：执行循环体语句。

第 4 步：执行表达式 3，修改循环条件。

重复第 2 步、第 3 步、第 4 步，直到表达式 2 为 0 或遇到 break 时退出循环。

说明：

① for 语句中的表达式 1 一般用来表示循环变量赋初值，表达式 2 表示循环条件，表达式 3 表示循环变量增值。

② 3 个表达式可以为任意类型，超过一个语句时可用逗号表达式。例如：

```
for(sum=0,i=1; i<=100; i++) sum=sum+i;
```

③ 表达式 1、表达式 2、表达式 3 都可以省略，但分号（;）不可省略。

a. 缺省表达式 1 的情况：

```
for(; i<=100; i++) sum=sum+i;    //sum, i 应先赋值
```

b. 缺省表达式 2 的情况：

```
for(i=1; i++) sum=sum+i;
```

此为无限循环，条件永远为“真”。循环体中加上 if 语句和 break，就可结束循环。

c. 缺省表达式 3 的情况：

```
for(s=0,i=1; i<=100; ) {sum=sum+i; i++; }
```

d. 缺省表达式 1 和表达式 3，相当于 while 语句：

```
for(; i<=100; ) 循环体
```

等价于

```
while( i<=100) 循环体
```

e. 3 个表达式全部缺省，则为无限循环，形式如下：

```
for( ; ; ) 循环体
```

f. 循环体为空语句的情况，分号不能缺省：

```
for(s=0,i=1; i<=100; sum=sum+i,i++) ;
```

g. 循环变量 i 从 1 变到 100，同样也可以从 100 变到 1：

```
for(i=100,sum=0; i>=1; i--)  sum+=i;
```

4. 几种循环的比较

在很多情况下，3 种循环可以实现相同的功能。for、while 是当型循环，do…while 是直到型循环，所以 do…while 至少会执行一次，而 for 和 while 有可能一次也不执行。

相比而言，for 循环最灵活，使用最多，一般在循环次数比较确定的情况下使用。

5. 多重循环

循环可以嵌套，这就形成了多重循环。在实际应用中，双重循环是经常出现的，有时还会出现三重循环，在讲过数组以后特别是二维数组，就会看到很多多重循环的程序。

4.2.4 其他语句

C 语言的辅助控制语句主要有 break 语句、continue 语句和 return 语句。

1. break

break 语句用于终止并跳出循环体或 switch 结构。break 语句的形式如下：

```
break;
```

说明：

① 在 switch 语句中，break 语句会终止其后语句的执行，跳出 switch 结构，执行 switch 语句后的第一个语句。

② 在循环中遇到 break 语句时，循环立即终止，程序转到循环体后的第一个语句去继续执行。break 语句在循环中总是与 if 一起使用，当条件满足时，负责退出循环。

③ break 不能用于循环语句和 switch 语句之外的任何其他语句之中。

④ 如果循环体中使用 switch 语句，而 break 出现在 switch 语句中，则它只用于结束 switch，不影响循环。

⑤ break 语句只能结束包含它的最内层循环，不能跳过多重循环。若是循环嵌套，break 只退出最内层的循环。也就是说，break 只能终止并跳出最近一层的结构。

⑥ 如果一个循环的终止条件非常复杂，那么使用 break 语句来实现某些条件比用一个循环表达式来表达所有的条件容易得多。

下面的程序结构中，break 语句的执行只能从 while 循环中退出，继续执行 for 循环的其他语句，而不是跳出外层循环。

```
for()
{   …
    while()
    {   …
       if() break;
       …
    }
    …
}
```

2. continue

continue 语句的含义是结束本次循环，跳过循环体中尚未执行的语句，进行下一次是否执行循环体的判断。continue 语句的形式如下：

```
continue;
```

说明：

① continue 语句仅用于循环语句中，不能用在其他任何地方。

② continue 与 break 语句的区别：

a. continue 只是结束本次循环，而不是终止整个循环语句的执行；

b. break 则是终止整个循环语句的执行，转到循环语句后的下一条语句去执行。

3. return 语句

return 语句用于函数中，使执行的函数返回到调用该函数的函数中。在函数中，如果碰到 return 语句，程序就会返回调用该函数的下一条语句执行，也就是说，跳出函数的执行，回到原来的地方继续执行。

4.3 习题解答

4.3.1 课后习题解答

一、选择题

1. 已有声明“int *t*=1;”，则执行“printf("%d",(*t*+5,*t*++));”时输出结果是（ ）。

A. 1 B. 6 C. 2 D. 7

【答案】 A

【答案解析】 逗号表达式的值为该表达式中最后一个表达式的值，本题中为 *t*++，而 *t*++ 表达式的值为 *t* 自加之前的值，即为 1，因此选 A。

2. 一元二次方程 $ax^2+bx+c=0$ 有两个相异实根的条件是 $a \neq 0$ 且 $b^2-4ac>0$，以下选项中能正确表示该条件的 C 语言表达式是（ ）。

A. `a!=0,b*b-4*a*c>0` B. `a!=0||b b*b-4*a*c>0`

C. `a&& b*b-4*a*c>0` D. `!a&& b*b-4*a*c>0`

【答案】 C

【答案解析】 选项 A 只判断了条件的后半部分；选项 B 两个条件中只要有一个条件成立即可；选项 D 中!*a* 与 *a*= =0 等价；只有选项 C 要求两个条件同时成立。

3. 已有声明“int *x*;”，实现“若 *x* 的值是奇数，则输出 *x*”这一功能的语句是（ ）。

A. `if(x/2) printf("%d",x);` B. `if(x%2) printf("%d",x);`

C. `if(x/2==1) printf("%d",x);` D. `if(x%2==0) printf("%d",x);`

【答案】 B

【答案解析】 *x*%2 表示 *x*%2!=0，即 *x* 不是 2 的倍数。因此选项 B 正确。

4. 已有声明“int *x*,*a*=3,*b*=2;”，则执行赋值语句“*x*=*a*>*b*++?*a*++:*b*++;”后，变量 *x*、*a*、*b* 的值分别为（ ）。

A. 3 4 3 B. 3 3 4

C. 3 3 3 D. 4 3 4

【答案】 A

【答案解析】 本题中注意自增运算符的用法。关系表达式中 *a*>*b*++，*a* 与加之前的 *b* 进行比较，因此结果为真，*b* 加 1 后变成 3。*x*=*a*++，把加之前的 *a* 赋值给 *x*。所以 *x* 为 3，*a* 为 4。因此选项 A 正确。

5. 以下关于 if 语句和 switch 语句的叙述错误的是（ ）。

A. if 语句和 switch 语句都可以实现算法的选择结构

B. if 语句和 switch 语句都能实现多路（两路以上）选择

C. if 语句可以嵌套使用

D. switch 语句不能嵌套使用

【答案】 D

6. 以下 4 个程序段中有 3 个程序段的执行效果总是相同的，另一个执行效果不同的是（　　）。

A. `if(a>b) c=a,a=b,b=c;`　　B. `if(a>b) { c=a,a=b,b=c; }`

C. `if(a>b){ c=a; a=b; b=c;}`　　D. `if(a>b) c=a; a=b; b=c;`

【答案】 D

【答案解析】 选项 A、B、C 都能完成将 *a*、*b* 两个变量中较小的数放入 *a*，较大的数放入 *b*。而选项 D 则不能正确完成这一功能。

7. 有下列程序：

```
(1) #include <stdio.h>
(2) int main()
(3) {   int a=15,b=21,m=0;
(4)     switch(a%3)
(5)     {   case 0:m++;break;
(6)         case 1:m++;
(7)         switch(b%2)
(8)         {  default:m++;
(9)             case 0:m++;break;
(10)        }
(11)    }
(12)    printf("%d\n",m);
(13)    return 0;
(14) }
```

程序的输出结果是（　　）。

A. 1　　B. 2　　C. 3　　D. 4

【答案】 A

【答案解析】 第 4 行 *a*%3 的结果为 0。因此执行第 5 行后就退出了外层 switch 语句，执行下一条语句，即第 12 行的输出。因此输出结果为选项 A。

8. 以下关于 break 和 continue 语句的叙述正确的是（　　）。

A. break 和 continue 语句都可以出现在 switch 语句中

B. break 和 continue 语句都可以出现在循环语句的循环体中

C. 在循环语句和 switch 语句之外允许出现 break 和 continue 语句

D. 执行循环语句中的 break 和 continue 语句都将立即终止循环

【答案】 B

【答案解析】 continue 只能出现在循环语句中，因此 A、C 错误。在执行循环语句的过程中遇到 break 将终止当前循环，而遇到 continue 只是结束本轮循环，进入循环的下一轮。因此答案 D 错误。正确答案为选项 B。

9．以下关于 while 语句和 do…while 语句的描述错误的是（　　）。

A．while 语句和 do…while 语句的循环体至少都会被执行一次

B．while 语句和 do…while 语句都可以使一段程序重复执行多遍

C．while 语句和 do…while 语句都包含了循环体

D．while 语句和 do…while 语句都包含了控制循环的表达式

【答案】 A

10．执行以下程序后的结果是（　　）。

```
(1) #include <stdio.h>
(2) int main()
(3) {  int x=3;
(4)    do
(5)    {
(6)         printf("%d\t",x=x-3);
(7)    }while(!x);
(8)    return 0;
(9) }
```

A．输出一个数 0　　　　B．输出一个数 3

C．输出两个数 0 和–3　　　　D．无限循环，反复输出数

【答案】 C

【答案解析】 本题考查 do…while 循环的控制流程。循环的第一轮中输出 0，此时!*x* 为真，第 7 行 while 的循环条件成立，进入循环的第二轮。执行第 6 行语句，输出–3，此时!*x* 为假，因此循环结束。答案为 C。

二、填空题

1．执行语句序列 “int *a*,*b*;*a*=*b*=4;*a*+=*b*%3;” 后，变量 *a*、*b* 的值分别是__________。

【答案】 5,4

【答案解析】 *a*+=*b*%3 等价于 *a*=*a*+*b*%3=4+4%3=4+1=5。*b* 的值不变。

2．已有声明 “int *x*=0,*y*=2;”，则执行语句 “*y*=--*x*||++*y*;” 后，变量 *y* 的值为__________。

【答案】 1

【答案解析】 本题考查逻辑运算符||的短路特性。当||运算的某个操作数为真时，表达式的值为真，因此后面的操作数就不再计算。本题中--*x* 的值为–1，逻辑值为真，因此第二个操作数++*y* 不再计算，*y* 的值为 1。

3．若有声明 “int *a*=0,*b*=1,*c*=2;”，执行语句 “if(*a*>0&&++*b*>0) *c*++; else *c*--;” 后，变量 *a*、*b*、*c* 的值分别是__________。

【答案】 0,1,1

【答案解析】 本题考查逻辑运算符&&的短路特性。当&&运算的某个操作数为假时，表达式的值为假，因此后面的操作数就不再计算。本题中 *a*>0 为假，因此++*b*>0 不再执行，*a* 和 *b* 的值保持不变，*c*--后变为 1。

4．以下程序运行时，输出到屏幕的结果是__________。

```
#include <stdio.h>
int main()
{int a=1,b=1,d=10;
if(a)
    if(b)
        d=20;
    else
        d=30;
printf("%d\n",d);
return 0;
}
```

【答案】　20

5. 表示“当 x 取值在[1,10)范围内时 y 取值 1，否则 y 取值−1”所使用的 C 表达式为“y=__________? 1:−1”。

【答案】　(x>=1&&x<10)

6. 已有声明“int a=−3;”，则表达式“a>=0?a:−a”的值是__________。

【答案】　3

7. 如果一个循环结构的循环体至少要执行一遍，则最适合描述该循环结构的语句是__________。

【答案】　do…while

【答案解析】　do…while 语句中循环体中的语句先执行，然后才进行循环条件的判断，因此，循环体至少要执行一遍。

8. 除 goto 语句外，在循环结构中执行__________语句可提前结束本次循环直接进入下一次循环。

【答案】　continue

9. 以下程序运行时，输出到屏幕的结果中第一行是__________，第二行是__________。

```
#include <stdio.h>
int main()
{int i,m=1,n=1;
printf("%4d%4d",m,n);
for(i=2;i<9;i++)
{
    n=n+m;
    m=n-m;
    if(i%3==0)
        printf("\n");
    printf("%4d",n);
}
return 0;
```

（14）}

【答案】　第一行：1　1　2　第二行：3　5　8

【答案解析】　第 4 行程序输出 m、n，值分别是 1、1，第一轮循环 i=2；第 7 行语句：$n=n+m=1+1=2$; 第 8 行语句 $m=n-m=2-1=1$。此时屏幕上输出为 1　1　2。

i++后，i 的值为 3，进入第二轮循环。此时 $n=n+m=2+1=3$; $m=n-m=3-1=2$。屏幕输出换行，因此第一行的输出为 1　1　2。程序换行后输出了第二行的第一个数，即 n 的值 3。

i++后，i 的值为 4，进入第三轮循环。此时 $n=n+m=3+2=5$; $m=n-m=5-2=3$。输出 n 的值 5。

i++后，i 的值为 5，进入第四轮循环。此时 $n=n+m=5+3=8$; $m=n-m=8-3=5$。输出 n 的值 8。

i++后，i 的值为 6，进入第五轮循环。输出回车换行，因此第二行为 3　5　8。

10．使用 VC++ 6.0 或者 Turbo C 系统编译 C 语言源程序后生成的文件名后缀是__________。

【答案】　.obj

三、简答题

1．什么是算法？算法的特性是什么？结构化程序设计的三种基本流程控制结构是什么？

【答案】　算法实际上就是处理某一个具体问题的方法和步骤，是有穷动作的序列。通常一个问题可以有多种算法，一个给定算法解决一个特定的问题。

算法具有 5 个重要特性：输入、输出、有穷性、确定性和可行性。

结构化设计的三种基本流程控制结构为顺序、分支、循环。

2．用流程图表示求解下列问题的算法。

（1）输入两个数，交换后再输出。

（2）输入一个 3 位自然数，输出它的各位数之和。

（3）输出 100～200 能同时被 3 和 7 整除的数。

【答案】　略

4.3.2　过程性自测及解答

一、填空题

1．若有声明“int a=5,b=2;”，则表达式“b+=(float)(a+b)/2”运算后 b 的值为__________。

【答案】　5

【答案解析】　b+=(float)(a+b)/2 相当于 b=b+((float)(a+b)/2)。先执行 a+b 得 7，转换成 float 类型 7.0 除以 2，得 3.5，然后将原来的 b=2 加 3.5 得 5.5，因 b 是 int，截取整数部分 5 赋给 b。

2．若有声明“int a=15,b=20,c=25,e;”，则执行语句“e=a>b?--c:++c;”后变量 e 的值是__________。

【答案】　26

【答案解析】　a>b 不成立，结果为++c，e 的值为 c 增 1 后的值。

3．关键字 case 和 default 只能在__________语句中出现。

【答案】　switch

4．表示“整数 x 的绝对值大于 5”时值为真的 C 语言表达式是__________.

【答案】　x>5||x<-5

二、选择题

1．以下关于 C 语言语句的叙述中正确的是（　　）。

A．所有语句都包含关键字

B．所有语句都包含表达式

C．所有语句都可以出现在源程序中的任何位置

D．除复合语句外的其他所有语句都以分号结束

【答案】 D

【答案解析】 关键字只有 32 个，大多数用来进行变量类型说明以及实现条件选择和循环结构的控制语句。很多语句中没有关键字的，如赋值语句。表达式也不一定在所有的语句中出现，如函数调用语句。语句是程序的执行部分，放在函数内部，而且在说明部分之后。C 语言中复合语句中的各条语句都必须有分号“;”，但在“}”外没有分号。

2．已知有声明“int *a*=3,*b*=4;”，下列表达式合法的是（　　）。

A．*a*+*b*=7　　B．*a*=|*b*|　　C．*a*=*b*=0　　D．(*a*++)++

【答案】 C

【答案解析】 考查赋值运算符和“++”运算符的左值要求。左值必须是变量，不能是常量和表达式。选项 A 左边是表达式。D 括号中的 *a*++也是表达式。选项 B 是一个代数式，必须转换成 C 语言合法的表达式，表示成 *a*=abs(*b*)。C 是多重赋值，右结合，将 0 赋给 *b*，再赋给 *a*，*a* 和 *b* 的值不再是初始化的值，而变成 0 了。

3．已知有声明“int *n*; float *x*,*y*;”，则执行语句“*y*=*n*=*x*=3.89;”后，*y* 的值为（　　）。

A．3　　B．3.0　　C．3.89　　D．4.0

【答案】 B

【答案解析】 不同数据类型间的赋值。赋值运算符右结合。先将 3.89 赋给 *x*，表达式的值也为 3.89，再将 3.89 赋给 *n*，*n* 是 int 型，自动截取整数部分，将 3 赋给 *n*。最后将 3 赋给 *y*，*y* 是 float 型，将整数 3 转换成实数 3.0 后赋给 *y*，*y* 的值为 3.0。

4．若有声明“int *x*=2,*y*=1,*z*=0;”，则下列关系表达式中有语法错误的是（　　）。

A．*x*>*y*=2　　B．*z*>*y*>*x*

C．*x*>*y*= =1　　D．*x*= =(*x*=0,*y*=1,*z*=2)

【答案】 A

【答案解析】 赋值运算符有左值要求，赋值号左边必须是变量，不能是表达式，A 中赋值号左边 *x*>*y* 为表达式。B 没有语法错误，*z*>*y* 若成立结果为 1，不成立结果为 0，再将结果 1 或 0 与 *x* 比较，判断其是否成立。如果想表示数学中的“*z*>*y*>*x*”的意思的 C 语言表示方法是“*y*<*z* && *y*>*x*”。C 中“>”优先级高于“= =”，先判断 *x*>*y* 是否成立，得到 0 或 1 再与 1 比较是否相等，若相等结果为 1，不相等结果为 0。D 先计算括号中的逗号表达式，依次进行赋值，最后一个表达式的值 2 是整个逗号表达式的值，再将其与 *x* 的值进行是否相等的比较。

5．若有声明“int *x*=4,*y*=3;”，则表达式“*x*<*y*?*x*++:*y*++”的值是（　　）。

A．2　　B．3　　C．4　　D．5

【答案】 B

【答案解析】 *x*<*y* 不成立，结果为 *y*++，先用 *y* 的值 3 后 *y* 再增为 4。

6．以下选项中，不能表示函数 $sign(x)=\begin{cases}1 & x>0\\ 0 & x=0\\ -1 & x<0\end{cases}$ 功能的表达式是（　　）。

A．s=(x>0)?1:(x<0)?−1:0　　B．s=x<0?−1:(x>0?1:0)

C．s=x<=0?−1:(x= =0?0:1)　　D．s=x>0?1:x==0?0:−1

【答案】　C

【答案解析】　嵌套的条件表达式。仔细分析它们的逻辑关系，选项 C 的功能是当 $x\leqslant 0$ 时值为−1，否则即 $x>0$，再判断其中的 $x=0$ 是否成立，决定值为 0 还是 1，不合题意。

7．已知有声明“int x,y;”，若要求编写一段程序实现“当 x 大于等于 0 时 y 取值 1，否则 y 取值−1”，则以下程序段中错误的是（　　）。

A．`if(x>=0) y=1;else y=-1;`　　B．`y=x>=0?1:-1;`

C．
```
switch()
{  case x>=0: y=1;break;
   default:y=-1;
}
```
D．
```
switch(x-abs(x))
{  case 0:y=1;break;
   default:y=-1;
}
```

【答案】　C

【答案解析】　选项 A 用 if 语句表示，B 用条件表达式表示，C 和 D 用 switch 语句表示。switch 的括号中必须有一常量或表达式，不能为空。case 后是一个常量表达式，其中只能有常量和运算符，不能有变量。C 不符合 switch 的语法规则，D 中，当 $x\geqslant 0$ 时，x−abs(x)为 0，执行 y=1，否则执行 y=−1。

8．下面关于循环语句 for、while、do…while 的叙述中正确的是（　　）。

A．三种循环语句的循环体都必须放入一对花括号中

B．三种循环语句中都可以缺省循环终止条件表达式

C．三种循环语句的循环体都至少被无条件地执行一次

D．三种循环语句都可能出现无穷循环

【答案】　D

【答案解析】　对于 for 和 while 循环，当循环体只有一个语句时可以不用花括号。只有 for 循环可以缺省循环终止条件表达式，其余两种 while(表达式)中的表达式不能缺省。do…while 至少被无条件地执行一次，其余两种当型循环条件为 0 时一次也不执行。

三种循环语句的无穷循环形式如下：

```
while(1){…}
do{…}while(1);
for(; ; ){…}
```

9．程序段“int x=3; do{printf("%d",x--); }while(!x);”的执行结果是（　　）。

A．3 2 1　　B．2　　C．3　　D．死循环

【答案】　C

【答案解析】　先执行循环体内的输出语句，输出 x 的值 3，然后执行 x--，x 的值 3 减 1 后为 2。进行循环条件判断!x，看是否继续循环，x 为 2，非 0，!x 就为 0，循环结束。

10. 若有声明“int i,k=1;unsigned j;”，则下列语句执行时会出现无限循环的语句是（　　）。

A. `for(j=15;j>0;j-=2) k++;`　　B. `for(j=0;j<15;j+=2) k++;`

C. `for(i=0;i<15;i+=2) k++;`　　D. `for(i=15;i>0;i-=2) k++;`

【答案】 A

【答案解析】 for 循环的结束条件与无符号整数。*j* 是无符号整数，永远不会小于 0。选项 A 中，*j* 的初值为单数，每次减 2，还是单数，*j* 也不会等于 0，即 *j*>0 永远满足，无限循环。

11．设有变量声明“char *c*;”，执行“for(; *c*=(getchar()!='\n');) printf("%c",*c*);”时，从键盘上输入“ABCDEFG↵”之后，输出的结果是（　　）。

A．ABCDEFG　　B．AABBCCDDEEFFGG

C．非字母数字字符　　D．语句不能执行

【答案】 C

【答案解析】 for 语句中，先执行条件判断(getchar()!='\n')，若不是回车条件成立，结果为 1，将其赋给变量 *c*，输出 ASCII 码值为 1 的对应的字符，肯定不是字母或者数字。

12．若在一个 C 语言源程序中“el”和“e3”是表达式，“s;”是语句，则下列选项中与语句“for(el;;e3) s;”功能等同的语句是（　　）。

A. `el;while(10) s;e3;`　　B. `el;while(10){s;e3;}`

C. `el;while(10){e3;s;}`　　D. `while(10){el;s;e3}`

【答案】 B

【答案解析】 for 循环的执行过程，与 while 循环进行比较。对于 for，应先执行 e1，只执行一次，可以放在循环前面，不能放在循环体内。e3 和 s 的执行顺序是先执行循环体 s，再执行 e3，选项 C 先执行了 e3，所以错误。若将 e3 放在循环体内，循环体就有两个语句，必须用花括号括起来，A 中的 e3 语句与循环无关。D 依次执行循环体 el、s、e3。

13．若程序中已有相应的声明，下列语句错误的是（　　）。

A. `printf(i==4?"%6d\n":"%6d",i);`

B. `i==4?printf("%6d\n",i):printf("%6d",i);`

C. `for(i=10;;i--)if(i==1)break;`

D. `for(i=10;;)if(i--);break;`

【答案】 D

【答案解析】 选项 A 中输出函数的参数是一个条件运算符，当 *i* 为 4 时输出 *i* 值换行。选项 B 的功能与 A 相同。选项 C 是 for 循环，没有循环结束条件，跳出循环由 if 语句和 break 语句实现。选项 D 中的 if 语句只执行条件判断与循环变量减 1 的操作，后面是空语句，break 语句不在 for 循环中，是一个独立的语句，这在 C 语言中是不允许的。break 语句只能用在 switch 语句和循环语句中。去掉 if 语句与 break 之间的分号则正确。

14．若有定义语句“int *x*=3,*y*=2,*z*=1;”，则表达式 *z**=(*x*>*y* ? ++*x* :*y*++) 的值是（　　）。

A. 0　　B. 1　　C. 4　　D. 3

【答案】 C

15．有以下程序段，其中 *n* 为整型变量，执行后输出结果是（　　）。

```
n=20 ;
while(n--);  printf("%d",n);
```

A. 2　　B. 10　　C. −1　　D. 0

【答案】 C

16. 有以下程序段，其中 t 为整型变量，以下选项中叙述正确的是（　　）。

```
n=20 ;
t=1;
while (-1)
{ t--;
 if(t)  break;}
```

A. 循环一次也不执行

B. 循环执行一次

C. 循环控制表达式(−1)不合法

D. 循环执行 2 次

【答案】 D

17. 有以下程序段，其中 x 为整型变量，以下选项中叙述正确的是（　　）。

```
x=-1;
do
{;}
while (x++);
printf("x=%d",x);
```

A. 该循环没有循环体，程序错误

B. 输出 x=1

C. 输出 x=0

D. 输出 x=−1

【答案】 B

18. 以下程序段的输出结果是（　　）。

```
for (i=0;i<4;i++,i++)
for (k=1;k<3;k++) printf ("*") ;
```

A. ********

B. ****

C. **

D. *

【答案】 B

19. 设变量已正确定义，以下不能统计出一行中输入字符个数（不包含回车符）的程序段是（　　）。

A. `n=0;while ((ch=getchar ()) !='\n') n++;`

B. `n=0;while (getchar () !='\n') n++;`

C. `for (n=0; getchar () !='\n';n++) ;`

D. `n=0;for (ch=getchar () ;ch!='\n';n++) ;`

【答案】 D

三、读程序写结果

1. 以下程序运行时输出的结果是__________。

```
#include <stdio.h>
int main()
{  int a=1,b=2;
   a+=b;
   b=a-b;
   a-=b;
   printf("%d,%d\n",a,b);
   return 0;
}
```

【答案】　2,1

【答案解析】　不用临时变量，实现两个变量值的交换。计算过程如下：$a=a+b=1+2=3$，$b=a-b=3-2=1$，$a=a-b=3-1=2$。最后结果是 a 为 2，b 为 1。变量的值在程序运行过程中可能在不断地变化，每次计算都要用最新得到的值。

2. 以下程序运行时输出的结果是__________。

```
#include<stdio.h>
 int main()
  {  int i=1,m=0;
     switch(i)
     {  case 1:
        case 2:  m++;
        case 3:  m++;
    }
    printf("%d",m);
    return 0;
 }
```

【答案】　2

【答案解析】　因为 case 后无 break 语句，switch 中的 m++都要执行，m 的初值为 0，执行两次 m++后 m 的值为 2。

3. 以下程序运行时输出结果的最后一行是__________。

```
#include <stdio.h>
int main()
{  int a=1,b=1,i;
   for(i=1;i<=2;i++)
   {  a=a+b;
      printf("%d/%d,",b,a);
      b=a+b;
      printf("%d/%d\n",a,b);
```

```
    }
    printf("\n");
    return 0;
}
```

【答案】　3/5,5/8

【答案解析】　*a*=1,*b*=1，*i*=1 时，*a*=*a*+*b*=2，输出 1/2 和逗号，*b*=*a*+*b*=3，输出 2/3，换行；*i*=2 时，*a*=*a*+*b*=5，输出 3/5 和逗号，*b*=*a*+*b*=8，输出 5/8。

4．以下程序运行时输出的结果是__________。

```
#include<stdio.h>
int main()
{  int s=1,n=235;
   do
   {  s*=n%10;
      n/=10;
   }while(n);
   printf("%d\n",s);
   return 0;
}
```

【答案】　30

【答案解析】　求整数 *n* 的各位数字之乘积。*s* 的初值为 1，*s**=*n*%10 即 *s*=*s***n*%10，*n*%10 得到 *n* 的最低位，与原来的 *s* 相乘。*n*/=10 即 *n*=*n*/10，取整，去掉用过的最低位。这是典型的数字分离方法。若求 *n* 的各位数字之和，将 *s* 的初值置 0，并将乘号改为加号。

5．以下程序运行后，输出结果的第一行为__________，第二行为__________。

```
#include <stdio.h>
int main()
{  int w=0,i;
   for(i=0;i<3;i++)
     switch(w++)
     {  case 0:
        case 1:
        case 2:
        case 3:printf("%d\n",w++);
     }
     return 0;
}
```

【答案】　1，3

【答案解析】　*i*=0 时第 1 次循环，*w*=0，*w*++后先匹配然后 *w* 增 1，*w* 为 1，先输出 *w* 值 1 后 *w* 增 1 为 2，换行；*i*=1 时第 2 次循环，*w*++后先匹配然后 *w* 增 1，*w* 为 3，先输出 *w* 值 3 后 *w* 增 1 为 4。

6. 以下程序运行时输出结果是__________。

```
#include <stdio.h>
int main()
{  int i,sum=0;
   for(i=0;i<5;i++)
   {  switch(i)
      {  case 0:
         case 1:sum++;
         case 3:sum++; break;
         case 4:sum--;
      }
   }
   printf("%d\n",sum);
   return 0;
}
```

【答案】 4

【答案解析】 执行 switch 语句中的变量和 case 后常量匹配的语句，如果没有 break 则继续执行下面的语句，碰到 break 则跳出 switch 继续下次循环。

i=0 时执行 case 1 后的 sum++和 case 3 后的 sum++，sum 为 2；

i=1 时也是执行 case 1 后的 sum++和 case 3 后的 sum++，sum 为 4；

i=2 时无匹配的语句，不执行；

i=3 时执行 case 3 后的 sum++，sum 为 5；

i=4 时执行 case 4 后的 sum--，sum 为 4，然后循环结束。

7. 以下程序运行时输出的结果是__________。

```
#include<stdio.h>
int main()
{  int k=5,n=0;
   while(k>0)
   {  switch(k)
       {  case 1:
          case 3: n+=1;k--;break;
          default: n=0;k--;
          case 2:
          case 4: n+=2;k--;break;
       }
   printf("%3d",n);
   }
   return 0;
}
```

【答案】 2　3　5　6

【答案解析】 k 的初值为 5，满足>0 的条件，执行循环体中的语句。若无匹配的 case 语句，则执行 default 后面的语句，n=0，k=4，因为无 break，继续执行下面的 case 语句，n=0+2=2，k=3，输出 n 的值 2，占 3 位。

第 2 次循环：k=3，执行 n+=1; k--;后 n 为 3，k 为 2，有 break，跳出 switch，输出 n 的值 3。

第 3 次循环：k=2，执行 n+=2;k--;break;后 n 为 5，k 为 1，输出 5。

第 4 次循环：k=1，执行 n+=1;k--;break;后 n 为 6，k 为 0，输出 6。

此时，k=0，不再满足 k>0 的条件，循环结束。

8. 以下程序运行后输出结果的第一行是_________，第二行是_________。

```
#include <stdio.h>
 int main()
{ int i,a=0,c=2;
  for(i=0;i<2;i++)
  switch(++a,a*c)
  {   case 1: printf("1");
      case 2: printf("2");
      case 3: printf("3\n");break;
      default: printf("other\n");
  }
  return 0;
}
```

【答案】 第一行是 23，第二行是 other

【答案解析】 本题执行两次循环。switch 后的括号中是逗号表达式，依次执行，并将后面表达式的值与 case 后的常数进行匹配。

第 1 次循环：++a，值为 1，a 的值也为 1，a*c 为 2，与 case 2 匹配，输出 2，无 break，接着输出 3 并换行，遇 break，跳出 switch，进行下一次循环条件的判断。

第 2 次循环：++a，值为 2，a 的值也为 2，a*c 为 4，无匹配的 case，执行 default 后面的语句，输出 other。

9. 以下程序运行后输出结果中第一行为_________，第二行为_________。

```
#include "stdio.h"
int main()
 { int i=5;
   do
   { switch(i%2)
     { case 0: i--; break;
       case 1: i--; continue;
     }
     i--;
```

```
        printf("%d\n",i);
    }while(i>0);
    return 0;
}
```

【答案】 第一行为 2，第二行为 0

【答案解析】 do…while 为直到型循环，先执行循环体内 3 个语句：switch、*i*—、printf 输出，再进行是否继续循环的判断。

第 1 次循环：计算 switch 后括号中的 *i*%2，为 1，执行 case 1 后的 *i*—，*i* 变成 4，然后 continue 结束本次循环，继续下次循环。

第 2 次循环：再次计算 switch 后括号中的 *i*%2，为 0，执行 case 0 后的 *i*—，*i* 为 3，break 语句在 switch 中，跳出 switch，不是跳出循环。接着执行循环内 switch 下面的 *i*—，*i* 变成 2，输出 *i* 值，输出的第一行为 2。判断 *i*>0 是否成立，成立，继续下次循环。

第 3 次循环：计算 switch 后括号中的 *i*%2，为 0，执行 case 0 后的 *i*—，*i*=1，执行 break 后跳出 switch，执行 *i*—，*i* 为 0，输出 *i* 值，第二行输出 0。此时，不满足 *i*>0 的条件，循环结束。

10. 以下程序的运行结果是__________。

```
int main()
{
  int a=0,b=0,c;
  if(a>b)  c=1;
  else  if(a=b)  c=0;
        else  c=-1;
printf("%d\n",c);
return 0;
}
```

【答案】 −1

11. 以下程序运行时，输出到屏幕的结果是__________。

```
#include <stdio.h>
#include <math.h>
int main()
{
int a=10, b=20;
int n;
while(a!=b)
{  n=abs(a-b);
   a=(a>b)?b:a;
   b=n;
}
printf("a=%d\n",a);
```

```
return 0;
}
```

【答案】 a=10

12. 以下程序的输出结果是 ________。

```
#include <stdio.h>
int main( )
{
    int x,y;
    for(x=1, y=1; x<=50; x++)
    {
        if (y>=10) break;
        if (y%5==1) { y+=5; continue; }
        y-=3;
    }
    printf("x=%d\n",x);
    return 0;
}
```

【答案】 x=3

13. 以下程序的输出结果是________。

```
#include<stdio.h>
int main ()
{
  int k=3,n=0;
  while(k>0)
  {
    switch(k)
    {
    case 1:
    case 3: n+=1;k--;break;
    default: n=0;k--;
    case 2:
    case 4: n+=2;k--;break;
    }
    printf("%3d",n);
  }
  printf("\n");
  return 0;
}
```

【答案】 1 3 4

14. 以下程序的输出结果是__________。

```
int main()
{
      int a=5,b=4,c=6,d;
      printf("%d\n",d=a>b ?(a>c ? a:c): (b));
      return 0;
}
```

【答案】 6

15. 以下程序的输出结果是__________。

```
int main()
{
      int i,x=10;
      for(i=1;i<=x;i++)
        if(x%i==0)  printf("%d  ",i);
      return 0;
}
```

【答案】 1 2 5 10

16. 以下程序的运行结果是__________。

```
int main()
{
  int i=0;
  if(i==0) printf("**");
  else printf("$");
  printf("*\n");
  return 0;
}
```

【答案】 ***

17. 以下程序的输出结果是__________。

```
int main()
{  int a=2,b=1,c=2;
   if(b<a)
   if(b<0) c=0,c++;
   b++;
   printf("b=%d,c=%d\n",b,c);
   return 0;
}
```

【答案】 b=2,c=2

18. 以下程序的输出结果是 __________。

```
int main()
```

```
{  int x=0,y=0;
   while(x<5&&++y)  y--,x++;
   printf("%d,%d",y,x);
   return 0;
}
```

【答案】 0,5

19. 以下程序的输出结果是 ________ 。

```
int main()
{  int i=0;
   for(i+=3 ;i<=5 ;i=i+2)
   switch(i%5)
   { case 0: printf("*");
     case 1: printf("#"); break;
     case 2: printf("&");
     default: printf("!"); break;
   }
   return 0;
}
```

【答案】 !*#

四、完善程序

以下程序通过给出的公式计算π的近似值，计算过程在所加项的值小于 10^{-6} 时终止。

$$\frac{\pi}{6}=\frac{1}{2}+\left(\frac{1}{2}\right)\times\frac{1}{3}\times\left(\frac{1}{2}\right)^3+\left(\frac{1}{2}\times\frac{3}{4}\right)\times\frac{1}{5}\times\left(\frac{1}{2}\right)^5+\left(\frac{1}{2}\times\frac{3}{4}\times\frac{5}{6}\right)\times\frac{1}{7}\times\left(\frac{1}{2}\right)^7+\cdots$$

```
#include <stdio.h>
int main()
{  double sum=0.5,t,t1,t2,t3;
   int odd=1,even=2;
   t=t1=t2=1.0;t3=0.5;
   while(t>1e-10)
   {   t1=__________ ;
       odd+=2; even+=2;
       t2=1.0/odd;
       t3=____________;
       t=t1*t2*t3;
       sum+=t;
   }
   printf("\nPI=%.8lf",______________);
}
```

【答案】 第一空：t1*odd/even　第二空：t3*0.5*0.5　第三空：sum*6

【答案解析】　求级数主要考虑项的变化，项的变化与分子、分母等有关。*t* 为项，是 t1、t2、t3 的乘积。第一空为 t1 的变化，乘以分数，分子为 odd，分母为 even。第二空为 t3 的变化，乘以 1/2 的平方。sum 的值为π/6，第三空输出π的值，sum 乘以 6 才是π。

第 5 章　函数和模块化程序设计

5.1　本 章 导 学

（1）自定义函数的定义、声明、调用等语法规则。

（2）函数的形参、实参及其参数传递方式。

（3）递归函数。

（4）变量的作用域及生存期。

5.2　重点难点释疑

5.2.1　非递归函数的定义、声明、调用及执行过程

1. 函数分类

C 语言中函数从用户的角度分为标准函数和用户自定义函数。

标准函数：也叫库函数，由系统提供，用户无须定义，也不必作函数声明，只要在程序前用 include 将包含该函数的头文件包含进来，就可直接使用，如 printf 函数、sqrt 函数。

用户自定义函数：用户按需要编写的函数，分为函数定义和函数调用两部分。本节主要讨论用户自定义函数的定义、声明、调用及执行过程。

2. 函数定义

函数由两部分组成：函数首部和函数体。函数首部只有一行，包含函数类型、函数名和形参类型说明表。注意，函数首部没有分号“;”。函数体为包含在一对花括号中的说明部分和语句部分。

1）函数定义格式

```
函数类型　函数名(形参类型说明表)
{　说明部分
　　语句部分
}
```

函数名为 C 语言的合法标识符，尽量与库函数名不同。

2）函数类型

函数类型为函数返回值类型，可以为基本数据类型、结构体类型、指针类型、空类型。

函数返回值类型如果为 int，则可以缺省，若缺省则为 int 型。无返回值的函数，函数类型定义为 void。

3）函数形式参数的声明

函数参数定义形式如下：

(类型 形参 1, 类型 形参 2, …)

说明：

① 形参个数和类型的设计应根据具体应用需要。

② 每个形式参数名前都要有类型说明，参数与参数之间用逗号“,”隔开。

③ 无参函数没有参数，但括号“( )”必须有。也可以在括号里写 void，例如：

```
int f();
```

或者

```
int f(void);
```

无参函数不存在参数的传送，通常用来完成指定的功能。

4）函数体定义、函数返回值与 return 语句的使用

（1）函数体定义。

函数体由一对花括号括起来，由说明部分和语句部分组成，说明部分包含变量定义和函数声明，语句部分是函数执行的语句。

（2）函数返回值。

函数被调用之后，执行函数体中的程序段所取得的并返回给主调函数的值即函数返回值。

如果需要把被调函数的值带回主调函数，需要使用 return 语句。return 语句可以从函数返回一个常量的值、一个表达式的值、一个基本类型变量的值、一个数组元素的值、结构体变量中一个成员的值等，也可以从函数返回一个结构体变量全部成员的值。

函数是否需要返回值，由具体应用决定。

（3）return 语句的使用。

返回值由 return 语句实现。return 语句的一般形式如下：

```
return 表达式 ;
```

或者

```
return (表达式) ;
```

或者：

```
return ;
```

return 语句的功能为返回一个值，其中的表达式就是函数返回的值，无表达式表明返回到主调函数。

说明：

① 当执行 return 语句时，即使调用的函数中还有其他语句，函数执行也会停止。

② return 语句只能出现在函数体内，出现在其他地方都会造成语法错误。

③ 返回类型为 void 的函数，return 语句是可选的。可以无 return 语句或者在函数最后由 return 加分号“;”单独作为完整的语句使用。

④ 返回类型不是 void 的函数，必须至少包括一条明确的 return 语句。

⑤ 一个函数中可以包含多条 return 语句，但只会执行其中的一个 return 语句，只能返回一个值，如果需要返回多个值，借助指针或者外部变量实现。

⑥ 函数返回值的类型应该与函数定义时的类型保持一致，若不一致，自动转换为函数定

义时的类型。

3. 函数声明

函数要先定义后才能调用。若定义写在调用位置之后，必须在调用位置之前用函数原型声明。声明方式如下：

函数类型　　函数名(形参类型说明表)；

函数声明方式实际上就是将函数定义时函数的首部复制一下，后面加一个分号“;”，也可以在括号中只写形参类型，不写形参名。

以下 3 种情况可以不作函数声明，其他情况都必须进行函数声明。

（1）定义写在调用位置之前。

（2）函数返回值为 int 型。

（3）在所有函数之前已经声明过。

4. 函数调用及函数执行过程

所有的函数定义（包括主函数）都是平行的，即在一个函数体内，不能再定义另一个函数。但函数之间可以相互调用，也可以嵌套调用，即函数 A 调用函数 B，函数 B 又调用函数 C，还可以自己调用自己，即递归调用。main 函数可以调用其他函数，但不能被其他函数调用。

若在函数 A 中调用函数 B，则称 A 为主调函数，B 为被调函数。

1）函数调用形式

（1）对于没有返回值的函数，即函数类型为 void 的函数，调用形式如下：

函数名(实参 1,实参 2,…)；

（2）对于有返回值的函数，调用形式一般如下：

变量名=函数名(实参 1,实参 2,…)；

实参与形参个数相等，类型一致，按顺序一一对应，参数与参数之间用逗号隔开。

2）函数执行过程

C 程序必须有且只能有一个名为 main 的主函数，C 程序的执行总是从 main 函数开始，在 main 函数中结束。

当执行到 main 中的函数调用语句时，程序会跳转到被调用函数定义体内，同时将主调函数中的值通过参数传递给被调函数，当执行到被调函数的 return 语句时或者最后一个语句后返回主调函数。

3）函数调用方式

（1）函数语句，在函数调用后加一个分号构成函数语句。例如：

```
printstar();
printf("Hello,World!\n");
```

（2）函数表达式，将函数调用的返回值作为操作数使用，构成表达式。例如：

```
m=max(a,b)*2;
```

（3）函数实参，将函数调用的返回值作为另一个函数的实际参数。例如：

```
printf("%d",max(a,b));
```

```
m=max(a,max(b,c));
```

4）函数调用和函数声明的区别

（1）函数调用是函数的执行部分；函数声明是函数的说明部分。

（2）函数调用中使用的参数是实际参数，函数声明中的参数是形式参数，函数声明的括号中也可以只写参数类型。

（3）函数声明是为函数调用服务的，如果没有调用，就不需要声明。

5.2.2　函数调用时参数的传递

1. 形参与实参

形式参数简称形参，是定义函数时使用的变量名，等待接收从主调函数传来的实际参数值。形参变量只有在被调用时才分配内存，调用结束，释放内存，只在函数内部有效。

实际参数简称实参，是调用函数时用到的变量名，调用函数名后圆括号中的常量、变量名、表达式或者函数。当函数调用时，将主调函数中的该值传给被调函数，该值的类型已经在主调函数中定义过。

形参与实参类型一致，个数相同，按顺序一一对应。

2. 参数传递

形参与实参是数据传送的关系，是将实参传给形参。参数传递有两种形式：值传递和地址传递。

1）传数值

值传递只是将实参的数值传给形参，如以下参数传递都是值传递。

（1）将常量或表达式的值传递给被调函数。

（2）将基本类型变量的值传递给被调函数。

（3）将数组元素的值传递给被调函数，数组元素作为参数与普通变量是相同的。

（4）将结构体变量中一个成员的值传递给被调函数。

（5）将结构体变量全部成员的值传递给被调函数。

值传递是单向的，只能是实参传给形参，不能由形参传回实参，所以形参的值改变了不会影响实参的值。

2）传地址值

如果将实参的地址传给形参，那么可以在被调函数中改变主调函数中的变量值。地址传递主要有下面两种形式。

通过指针实现地址传递：将基本类型变量的地址、结构体变量的地址、数组元素的地址、结构体数组元素的地址传递给函数。这将在数组及指针部分详细讨论。

说明：地址传递是双向的，将实参的地址传给形参，形参值的改变会影响实参的值。

3. 函数调用时实际参数类型与形式参数类型的兼容

形参与实参类型一致，个数相同。若形参与实参类型不一致，自动按形参类型转换，这就是函数调用转换。

5.2.3　递归函数的定义、声明、调用及执行过程

1. 什么是递归函数

函数直接或间接地调用自身叫函数的递归调用。计算机等级考试的重点是直接调用。递归调用就是在函数执行的过程中不断反复地调用函数自己，每调用一次就进入一个新的层次，每次调用都要返回到调用的地方，执行函数中未执行完的语句。

（1）递归函数中每次调用都要从头执行到尾，被调函数执行完，返回调用点继续执行。

（2）在递归调用的过程中，最后调用的函数最先执行完，最先调用的函数最后执行完。

（3）在递归函数中，一般没有循环结构。

2. 函数的嵌套调用与递归调用的区别和联系

（1）函数嵌套允许在一个函数中调用另外一个函数，它是一个语言提供的程序设计的方法，也就是语言的特性。

（2）递归就是函数调用自身，是函数嵌套的一个特例。

① 递归函数，问题本身要有递归性，即能把问题分解成与原问题相似但层次较低的问题。

② 递归要有递归边界，必须要设定一个终止条件。到了边界，问题不再递归，可以直接得到结果，否则程序会不断递归下去直至崩溃。而嵌套函数就不用考虑这些。

③ 递归是一种思想，依靠函数嵌套这个特性来实现。

5.2.4　变量的作用域

变量的作用域是指变量的有效性范围，即在某区域内有效。从变量的作用域来分，可以把变量分为局部变量和全局变量。

1. 局部变量和全局变量

1）局部变量

局部变量也称内部变量，在函数内部定义，只在本函数内有效。

（1）main 函数中定义的变量只在 main 函数中有效，main 函数也不能使用其他函数中的局部变量。

（2）不同函数中的同名变量占用不同的内存单元。

（3）函数的形参属于被调函数的局部变量，只在被调函数中有效。实参属于主调函数的局部变量，只在主调函数中有效。

（4）可在复合语句中定义局部变量，只在该复合语句中有效。

2）全局变量

全局变量也称外部变量，定义在函数之外，不属于某个函数，属于整个程序。作用范围为从定义变量的位置开始到本源程序结束。

（1）若外部变量与内部变量同名，则外部变量被屏蔽，内部变量起作用。

（2）应尽量少使用外部变量，因为外部变量长期占用存储单元，还降低函数的通用性、可靠性、可移植性，容易出错。

2. 变量的属性

变量的作用域是指变量的作用范围，而变量的生存期是指变量的作用时间，即在某一时刻存在。变量的生存期与变量的存储属性有关。变量有两种属性：数据类型和存储类型。

数据类型：说明变量在内存中占用多少空间，如 int、char 等。

存储类型：说明变量在内存中的存储位置。这是本部分要讨论的内容。

变量的定义包含了以上两种属性，其定义格式如下：

[存储类型]　数据类型　变量表;

3. 变量的存储类型

变量有 4 种存储类型：auto、static、register、extern。

1）自动型变量（auto）

局部变量默认为 auto 型，没有存储类型的变量都是 auto 型。形式参数也属这一类型。

2）静态型变量（static）

静态外部变量的作用域被限制在本程序中。静态内部变量将该变量的值带到下次调用。

3）寄存器型变量（register）

将局部变量的值放在寄存器中，为寄存器变量，用 register 进行声明，提高执行效率。

（1）只有局部自动变量和形式参数可以作为寄存器变量，局部静态变量不能定义为寄存器变量。

（2）寄存器变量个数有限，且不能为 long、double、float 型。

（3）寄存器变量可以不用指定，系统会根据变量的使用频率来设置寄存器变量。

4）外部型变量（extern）

（1）extern 的作用。

extern 不是用作变量定义，而是用来扩展外部变量的作用域，主要有两种情况：

① 若变量先使用后定义，采用 extern 对变量进行声明，将变量的作用域扩大到声明处。

② 如果该变量在一个程序中已定义，在其他程序中使用，就用 extern 来说明该变量是一个定义过的外部变量。即将该变量的作用域扩大到其他源程序中。

（2）外部变量说明。

外部变量的说明格式如下：

extern　数据类型　变量表;

外部变量定义与外部变量说明是不同的。

次数不同：外部变量只能定义 1 次，但可说明多次。

位置不同：外部变量定义在所有函数之外，外部变量说明可在函数内或函数外。

分配内存情况不同：外部变量定义时系统为其分配内存，可初始化，若没有初始化，系统默认其初值为 0；外部变量说明不分配内存，不可初始化。

4. 变量的生存期

从变量的存在时间来说，即生存期来分，可以把变量分为静态存储方式和动态存储方式。

1）静态存储方式

静态存储方式是指在程序编译期间分配固定的存储空间的方式。

存放在静态存储区的变量有外部变量和静态内部变量。静态内部变量在定义的时候在数据类型前加关键字 static。

存放在静态存储区的变量，在程序编译时分配内存，赋初值，若没有初值，系统默认为 0 或空字符。函数调用结束，不释放内存，变量的值在下次调用时继续使用，一直延续到程序运行结束。

2）动态存储方式

动态存储方式是指在程序运行期间分配存储空间的方式。

存放在动态存储区的变量有内部自动变量和形式参数。未加 static 声明的局部变量都存放在动态存储区。

存放在动态存储区的变量，调用函数时分配内存，调用结束，释放内存。内部自动变量的关键字为 auto，可缺省。形式参数只能存放在动态存储区。

5. 各种类型的变量的作用域与生存期

1）外部变量

外部变量定义在函数外部，存放在静态存储区，生存期为从程序运行开始到程序运行结束。赋初值在编译时只有一次，若不赋初值，自动赋 0。

2）局部变量

局部变量可用的存储类型有：auto、register、static。局部变量默认为 auto 型。

（1）动态局部变量（auto）

定义在函数内部，存放在动态存储区，生存期为从函数调用开始到调用结束。

动态局部变量的赋初值在运行时进行，调用一次赋一次。若不赋初值，其值不确定。

（2）静态局部变量（static）

定义在函数内部，存放在静态存储区，生存期为从程序运行开始到程序运行结束，用 static 进行声明。

静态局部变量的赋初值在编译时只有一次。若不赋初值，自动赋 0。其值被保留到下次调用，直到程序运行结束。

3）形参变量

只在函数内部起作用，存放在动态存储区，生存期为从函数调用开始到调用结束。

5.3 习题解答

5.3.1 课后习题解答

一、选择题

1. 已知某函数定义：void f(){…} 正确的函数调用形式是（　　）。

A．f;　　　　B．f();　　　　C．f(void);　　　　D．f(1);

【答案】 B

【答案解析】 函数调用时要根据形参的个数和类型来决定实参，*f* 函数中形参个数为 0，因此实参个数也为 0。正确的调用方式为选项 B。

2. 以下函数定义中正确的是（　　）。

A. `int fun(int a,b){}`　　B. `int fun(int a[][]){}`

C. `int fun(void){}`　　D. `int fun(static int a,int b){}`

【答案】　C

【答案解析】　本题考查函数形参的定义。形参变量的类型必须单独给出，因此选项 A 错误。形参变量是二维数组时，只能省略数组的行的大小，因此选项 B 错误。形参变量都是 auto 类型的，不能是静态类型(static)，因此选项 D 错误。当形参为 void 类型时，表示形参为空，因此选项 C 正确。

3. 以下定义全局变量的语句正确的是（　　）。

A. `auto int i=1;`　　B. `char for=1;`

C. `float a=1, b=0.5,c=a+b;`　　D. `static char ch;`

【答案】　D

【答案解析】　全局变量存放在静态存储区，因此不能用 auto 修饰，选项 A 错误。for 是关键字，不能用作变量名，因此选项 B 错误。选项 C 中变量 *c* 的初值应该是常量而不是表达式，因此选项 C 错误。选项 D 是正确的，当全局变量为静态存储类型时，作用域限制在当前文件，不能被扩展到其他源文件。

二、读程序写结果

1. 以下程序的输出结果是__________。

```
#include <stdio.h>
int f(int a) { return a%2; }
int main()
{
    int s[8]={1,3,5,2,4,6},d=0,i;
    for(i=0; f(s[i]); i++)
         d+=s[i];
    printf("%d\n",d);
    return 0;
}
```

【答案】　9

【答案解析】　函数 *f* 的功能是判断参数 *a* 是否是奇数，如果是奇数则返回 1，否则返回 0。在 main 函数的 for 循环中，依次遍历数组 *s* 中的每一个元素，在 *f*(*s*[*i*])为 1,（即 *s*[*i*]为奇数）的情况下，把 *s*[*i*]的值累加到变量 *d* 中。也就是说，遇到第一个偶数循环即结束。因此循环进行三轮，*d*=1+3+5=9。最后程序输出 9。

2. 以下嵌套调用程序的输出结果是__________。

```
(1) #include <stdio.h>
(2) int f1(int x,int y){ return x>y?x:y; }
(3) int f2(int x,int y){ return x>y?y:x; }
(4) int main()
(5) {
```

```
（6）    int a=4,b=3,c=5,d=2,e,f,g;
（7）    e=f2(f1(a,b),f1(c,d));
（8）    f=f1(f2(a,b),f2(c,d));
（9）    g=a+b+c+d-e-f;
（10）   printf("%d,%d,%d\n",e,f,g);
（11）   return 0;
（12）}
```

【答案】 4,3,7

【答案解析】 本题考查函数的参数传递。函数 f1 的功能是求 x 和 y 的最大值，而函数 f2 的功能是求 x 和 y 的最小值。第 7 行中，e=f2(f1(a,b),f1(c,d)) = f2(f1(4,3),f1(5,2)) = f2(4,5)= 4。第 8 行中，f=f1(f2(4,3),f2(5,2)) = f1(3,2)=3。第 9 行中，$g=a+b+c+d-e-f$=4+3+5+2−4−3=7。因此程序输出为 4,3,7。

3. 以下程序的输出结果是__________（注意静态变量的用法）。

```
（1）#include <stdio.h>
（2）int fun(int a)
（3）{
（4）    int b=0;
（5）    static int c=3;
（6）    b++; c++;
（7）    return a+b+c;
（8）}
（9）int main()
（10）{
（11）   int i;
（12）   for(i=0; i<3; i++)
（13）       printf("%d %d\n",i,fun(5));
（14）   return 0;
（15）}
```

【答案】

```
0 10
1 11
2 12
```

【答案解析】 本题考查静态变量的用法。main 函数的第一轮循环中，i 的值为 0，调用函数 fun(5)，此时第一次进入 fun 函数。a=5，b=0，c=3。执行第 6 行的语句后，b=1，c=4；因此返回值 $a+b+c$=5+1+4=10。程序输出第一行 0 10。

第二轮循环中，i 的值为 1，调用函数 fun(5)，此时第一次进入 fun 函数。a=5,b=0，因为 c 为静态变量，在上一次被调用时并没有被释放，所以 c 的值被保留了下来，即 c=4。执行第 6 行的语句后，b=1，c=5；因此返回值 $a+b+c$=5+1+5=11。程序输出第二行 1 11。

同理，在第三轮循环中，i 的值为 2，调用函数 fun(5)，返回值 $a+b+c$=5+1+6=12。程序输出第三行 2 12。

4. 以下递归程序的输出结果是__________。

```
#include <stdio.h>
void printd(int n );
int main()
{
    printd(1234);
    return 0;
}
void printd(int n )
{
    if(n==0) return;
    printf("%d,",n%10);
    printd(n/10);
}
```

【答案】 4,3,2,1,

【答案解析】 printd 是一个递归函数，当函数参数为 0 时，递归调用结束。每一次递归调用前，先输出当前 *n* 的个位数，然后对 *n* 进行整除 10 的运算后作为 printd 的参数。当 *n*=1234 时，输出 4，然后调用 printd(1234/10)=printd(123)。因此，printd 函数的功能是把整数 *n* 进行分解后从低位到高位输出。所以输出结果是 4,3,2,1,。

5. 以下递归程序的输出结果是__________。

```
#include <stdio.h>
void fun(int a[],int i,int j)
{
    if(i<j)
    {
        int t=a[i]; a[i]=a[j];a[j]=t;
        i++; j--;
        fun(a,i,j);
    }
}
int main()
{
    int x[4]={2,6,1,8},i;
    fun(x,0,3);
    for(i=0; i<4; i++)
        printf("%d,",x[i]);
    return 0;
}
```

【答案】 8,1,6,2

【答案解析】　递归函数 fun 的功能是将数组 a 中 $a[i]$～$a[j]$区间的数逆序存放。数组 x 的首地址传递给 fun 函数的 a 数组。第一次调用 fun 函数时，参数为 fun(x,0,3)，i=0，j=3,a[0]与 a[3]交换后，调用 fun(a,1,2)，a[1]与 a[2]交换后，调用 fun(a,2,1)此时 i=2,j=1,i>j，所以函数 fun(a,2,1)返回主调函数 fun(a,1,2)，函数 fun(a,1,2)继续返回主调函数 fun(a,0,3)，函数 fun(a,0,3)继续返回 main 函数，输出数组 x。因为 x 与 a 共址，对 a 中元素的修改相当于对 x 的修改，因此输出结果为 8,1,6,2,。

6. 以下递归程序的输出结果是__________。

```
(1) #include <stdio.h>
(2) int f(int n);
(3) int main()
(4) {
(5)     int i;
(6)     for(i=1; i<=5; i++)
(7)             printf("f(%d)=%d\n",i,f(i));
(8)     return 0;
(9) }
(10) int f(int n)
(11) {
(12)    int s=0,i;
(13)    if(n==0||n==1) return 1;
(14)    for(i=n-1; i>=0; i--)
(15)            s += f(i) * f(n-1-i);
(16)    return s;
(17) }
```

【答案】

```
f(1)=1
f(2)=2
f(3)=5
f(4)=14
f(5)=42
```

【答案解析】　$f(n)$函数为递归函数，当 n==0||n==1 时，函数返回 1，所以 f(0)=1，f(1)=1。main 函数中 for 循环执行了 5 次：

第一次调用为 f(1)，函数 f(1)中第 13 行语句，执行 return 1。main 函数输出 f(1)=1。

第二次调用为 f(2)，进入 for 循环后，执行两轮 for 循环，在第一轮 i=1 累加操作 s+=f(i) * f(n-1-i)；相当于 s+=f(1)*f(0)，s=0+1*1=1。第二轮 i=0，s+=f(0)*f(1)，s=1+1*1=2。所以 f(2)返回 2。main 函数输出 f(2)=2。

第三次调用为 f(3)，第 14~15 行将执行 3 轮循环。第一轮 i=2，s+=f(2)*f(0)=0+2*1=2。第二轮 i=1，s+=f(1)*f(1)=2+1*1=3。第三轮 i=0，s+=f(0)*f(2)=3+1*2=5。所以 f(3)返回 5。main 函数输出 f(3)=5。

第四次调用为 f(4)，第 14~15 行将执行 4 轮循环。第一轮 i=3，s+=f(3)*f(0)=0+5*1=5。第

二轮 i=2，s+=f(2)*f(1)=5+2*1=7。第三轮 i=1，s+=f(1)*f(2)=7+1*2=9。第四轮 i=0，s+=f(0)*f(3)=9+1*5=14，所以 f(4)返回 14。main 函数输出 f(4)=14。

第五次调用为 f(5)，第 14~15 行将执行 5 轮循环。第一轮 i=4，s+=f(4)*f(0)=0+14*1=14。第二轮 i=3，s+=f(3)*f(1)=14+5*1=19。第三轮 i=2，s+=f(2)*f(2)=19+2*2=23。第四轮 i=1，s+=f(1)*f(3)=23+1*5=28。第五轮 i=0，s+=f(0)*f(4)=28+1*14=42，所以 f(5)返回 42。main 函数输出 f(5)=42。

5.3.2 过程性自测及解答

一、填空题

1．已知有函数定义“int fun() { return (3,4); }”，则调用 fun 后的函数返回值是__________。

【答案】 4

【答案解析】 返回语句中的表达式是逗号运算符，依次执行，最后的结果是整个表达式的值。

2．若有声明“double x=10,y=5;”，则计算 x^y 的库函数调用形式是__________。

【答案】 pow(x,y)或 pow(10,5)

3．数学式 $\sqrt[3]{x}$ 所对应的 C 语言表达式为 pow(x, __________)。

【答案】 1.0/3 或者 1/3.0 或者 (double)1/3

【答案解析】 pow(x,y)是求 x 的 y 次方的函数。$\sqrt[3]{x}$ 就是 x 的 1/3 次方。此处注意 1/3=0，要将其中一个转换为实型数据。

4．与数学式 $\frac{1}{2}\sqrt{a^2+b^2+4ac}$ 等价的 C 语言表达式是__________。

【答案】 1.0/2.0*sqrt(a*a+b*b–4*a*c)

5．数学表达式 $\sqrt{|x|} \neq \frac{4a}{bc}$ 所对应的 C 语言表达式为__________。

【答案】 sqrt(fabs(x)!=4*a/(b*c)或者 sqrt(fabs(x)!=4*a/b/c

【答案解析】 求平方根的函数为 sqrt，求整数的绝对值的函数为 abs，求实数的绝对值的函数为 fabs。“≠”用“!=”表示。4a 用 4*a 表示，*表示乘号，不能缺省。

6．声明局部变量时若缺省存储类别，则该变量的存储类别是__________。

【答案】 auto

【答案解析】 变量有 4 种存储类型：auto、static、register、extern。局部变量默认为 auto 型，没有存储类型的变量都是 auto 型。

7．在声明局部变量时，不能使用的存储类别标识符是__________。

【答案】 extern

【答案解析】 局部变量也称内部变量，在函数内部定义，只在本函数内有效。4 种存储类型中的外部变量 extern 是用来扩展外部变量的作用域的，不能用在局部变量上。

8．可以改变局部变量的生存期，但不能改变它的作用域的存储类别是__________。

【答案】 static

【答案解析】 变量的生存期指的是变量的生命的长短，分静态变量和动态变量，作用域指作用的范围，分内部变量和外部变量。

动态局部变量 auto 存放在动态存储区，调用时分配内存，调用结束释放内存，再次调用重新分配内存，只在本函数内起作用，默认为 auto 型。静态局部变量 static 只对本函数起作用，但生存期延长，调用结束不释放内存，其值保存到程序结束，影响下次调用。

9．C 语言中唯一一个不能被别的函数调用的函数是__________。

【答案】 main 函数

10．C 语言程序中，允许函数返回值类型缺省定义，此时该函数隐含的返回值类型是__________。

【答案】 int

11．在 C 语言中，形参的缺省存储类型是__________。

【答案】 auto

12．有如下函数调用语句：

```
func(rec1,rec2+rec3,(rec4,rec5);
```

该函数调用语句中含有的实参个数是__________。

【答案】 3

二、选择题

1．若已定义一个有返回值的函数，则以下关于调用该函数的叙述错误的是（　　）。

A．函数调用可以作为独立的语句存在

B．函数调用可以出现在表达式中

C．函数调用可以作为一个函数实参

D．函数调用可以作为一个函数形参

【答案】 D

【答案解析】 函数调用语句由函数名、实参加分号“;”组成，A 正确。函数有返回值，函数调用可以作为表达式的一部分，可以作为函数的实参但不能作为形参。

2．若函数调用时的实参为变量，则以下关于函数形参和实参的叙述中正确的是（　　）。

A．实参和其对应的形参占用同一存储单元

B．形参不占用存储单元

C．同名的实参和形参占用同一存储单元

D．形参和实参占用不同的存储单元

【答案】 D

【答案解析】 实参若为变量，传递的是值，与形参占用各自的内存空间。就是同名的实参与形参也占用不同的空间。形参在函数调用的时候给其分配内存，调用结束系统收回内存。实参若是数组，传递的是地址，实参和其对应的形参共享内存空间。

3．以下函数定义中正确的是（　　）。

A．`double fun(double x,double y){}`

B．`double fun(double x;double y){}`

C．`double fun(double x,double y);{}`

D．`double fun(double x,y){}`

【答案】 A

【答案解析】　函数首部的形式参数之间用逗号分隔，不是分号，B 错。函数首部末尾不能有分号，C 错。每个形参名前都要有类型说明，D 错。

4．数学公式 $\frac{\sqrt{a}}{2b}$ 在程序中正确的表示形式为（　　）。

A．`sqrt(a)/2*b`　　B．`sqrt(a)/2/b`

C．`sqrt(a)/2b`　　D．`sqrt a/(2*b)`

【答案】　B

【答案解析】　函数名后面跟括号。分母要加括号，若不加括号得用除“/”不是用乘“*”。

5．一个 C 语言程序是由（　　）组成的。

A. 一个主程序和若干子程序

B. 函数

C. 若干过程

D. 若干子程序

【答案】　B

6．一个 C 程序的执行是从（　　）。

A. 本程序的第一个函数开始，到本程序文件的最后一个函数结束

B. 本程序的 main()函数开始，到 main()函数结束

C. 本程序的 main()函数开始，到本程序文件的最后一个函数结束

D. 本程序的第一个函数开始，到本程序 main()函数结束

【答案】　B

7．以下描述正确的是（　　）。

A. 函数的定义可以嵌套，但函数的调用不可以嵌套

B. 函数的定义不可以嵌套，但函数的调用可以嵌套

C. 函数的定义和函数的调用均不可以嵌套

D. 函数的定义和函数的调用均可以嵌套

【答案】　B

8．以下正确的说法是（　　）。

A. 实参和与其对应的形参各自占用独立的存储单元

B. 实参和与其对应的形参共占用一个存储单元

C. 只有当实参和与其对应的形参同名时才共占用相同的存储单元

D. 形参是虚拟的，不占用存储单元

【答案】　A

9．以下说法不正确的是（　　）。

A. 实参可以是常量、变量或表达式

B. 形参可以是常量、变量或表达式

C. 实参可以为任意类型

D. 如果形参和实参的类型不一致，以形参类型为准

【答案】　B

10．以下描述不正确的是（　　）。

A. 不同函数中可以使用相同名字的变量

B. 形参是局部变量

C. 一个函数内部定义的变量只能在本函数范围内有效

D. 在一个内部的复合语句中定义的变量可以在本函数范围内有效

【答案】　D

11．已定义的函数有返回值，则以下关于该函数调用的叙述中错误的是（　　）。

A. 调用可以作为独立的语句存在

B. 调用可以作为一个函数的实参

C. 调用可以出现在表达式中

D. 调用可以作为一个函数的形参

【答案】　D

12．C 语言规定，函数返回值的类型是由（　　）决定的。

A. return 语句中的表达式类型

B. 调用该函数时的主调函数类型

C. 调用该函数时由系统临时

D. 在定义函数时所指定的函数类型

【答案】　D

13．以下正确的函数定义是（　　）。

A. `double fun(int x,int y){ z=x+y; return z; }`

B. `int fun(int x, y){ double z; z=x+y; return z; }`

C. `double fun(int x,int y){ double z; z=x+y; return z; }`

D. `int fun(int x, int y){ int x,y,z; z=x+y; return z; }`

【答案】　C

14．设函数 fun 的定义形式为 void fun (float *x*, char ch) {　}，则以下对函数 fun 的调用语句正确的是（　　）。

A. `fun(6.0, "abc");`

B. `t = fun(6.5,'D');`

C. `fun(42, 42);`

D. `fun(6.5,'65');`

【答案】　C

15．已知在函数 *f* 中声明了局部变量 *x*，如果希望 *f* 函数第一次被调用返回后变量 *x* 中存储的数据保持到下次 *f* 函数被调用时仍可以使用，则在声明 *x* 时必须指定其存储类型为（　　）。

A．auto　　B．register　　C．static　　D．extern

【答案】　C

【答案解析】　存放在静态存储区的变量其数据才会保持到下次调用仍可使用。存放在静态存储区的有 static 和 extern。extern 只能定义在函数外部，不能作为局部变量。auto 和 register 的值不能保持到下次调用。

16．设有下列程序段：

```
static char b=2;
```

```
void Y()
{  static float d=4;…}
int a=1;
void X ( )
{  int c=3; …}
```

关于程序段中各变量的属性，以下叙述错误的是（　　）。

A．*a*是全局变量，函数*X*可以访问，函数*Y*不能访问

B．*b*是全局变量，函数*X*和函数*Y*都可以访问

C．*c*是动态变量，函数*X*可访问，函数*Y*不可访问

D．*d*是静态变量，函数*X*和函数*Y*都可以访问

【答案】　D

【答案解析】　*a*定义在函数外部，是全局变量，从定义处起作用，只有*X*函数可以访问。*b*定义在函数外部，是全局变量，从定义处起作用，所以两个函数都可访问。*c*定义在函数*X*内部，只有*X*函数可以访问，缺省存储类别，是auto型，动态变量。*d*定义在*Y*函数的内部，只有*Y*函数可以访问，存储类别为static，属静态变量。

三、读程序写结果

1．以下程序运行时的输出结果是__________。

```
#include<stdio.h>
int f(int x,int y)
{  return x+y;  }
int main()
{  double a=5.5,b=2.5;
   printf("%d",f(a,b));
   return 0;
}
```

【答案】　7

【答案解析】　考查不同类型的参数传递。将实数5.5传给形参*x*，截取整数部分5，同样*y*为2，返回整数*x*、*y*的和，为7，主函数“%d”格式输出返回值，为整数7。如果要求按“%f”格式输出，则结果应为7.0。

2．以下程序运行时输出的结果是__________。

```
#include <stdio.h>
void swap(int a,int b)
{  int t;
   if(a>b)  t=a,a=b,b=t;
}
int main()
{  int x=13,y=11,z=12;
   if(x>y)swap(x,y);
   if(x>z)swap(x,z);
```

```
    if(y>z)swap(y,z);
    printf("%d\t%d\t%d\n",x,y,z);
    return 0;
}
```

【答案】 13　11 12

【答案解析】 函数 swap 的功能是当 *a*>*b* 时，实现两个变量的值的交换，if 后面是逗号表达式，尽管没有花括号，但认为是一个语句，依次执行每个赋值语句。因为没有返回语句，而且函数的值是单向传递的，主函数中的 *x*、*y*、*z* 的值没有交换。

3. 以下程序运行时输出结果为__________。

```
#include <stdio.h>
void func(int b)
{  int a;
   a=b;
   b=10;
}
int main()
{  int a=10,b=20;
   func(b);
   printf("%d,%d",a,b);
   return 0;
}
```

【答案】 10,20

【答案解析】 值单向传递，子函数的值改变与主函数的变量无关。

4. 以下程序运行后的输出结果为__________。

```
#include <stdio.h>
int b;
int fun(int a)
{   static int c=3;
    return((++a)+(++b)+(++c));
}
int main()
{  int i,a=2;
   for(i=0;i<2;i++)printf("%5d",fun(a));
    return 0;
}
```

【答案】 8　10

【答案解析】 本题的知识点有静态变量、外部变量、自增、for 循环、函数调用及参数传递。

b 是外部变量，存放在静态区，没有初始化初值，默认为 0。*c* 是静态变量，在静态区，*b*

和 *c* 的值都不会在调用结束后消失，会传给下次调用。

i=0 时，主函数中的实参 *a* 传给子函数中的形参 *a*。子函数中，*a*=2，*b*=0，*c*=3，自增运算前置，先加再用，*a*=3，*b*=1，*c*=4，返回值为 3+1+4=8。子函数中 *a* 值不会带到下次调用。

i=1 时，主函数中的 *a*=2 不变，再次传给子函数的 *a*。*b* 是外部变量，保留原值 1，*c* 是静态变量，为 4，执行++运算后，*a*=3，*b*=2，*c*=5，返回值为 3+2+5=10。

5．以下程序运行时输出结果的第一行为__________，第二行为__________。

```
#include <stdio.h>
int f1()
{  static int i=0,f=1;
   return f*=++i;
}
int f2()
{  int i=0,f=1;
   return f*=++i;
}
int main()
{  printf("%d\n",f1()+f1());
   printf("%d\n",f2()+f2());
   return 0;
}
```

【答案】　3，2

【答案解析】　函数 f1 中的 *i* 是静态变量，其值会保留到下次调用。f1 第一次调用 *i* 增 1，调用的结果为 1，*i* 增为 2，第 2 次调用时，*i* 为 1，*f* 重新初始化为 1，结果为 2，两次调用相加为 3。

函数 f2 中的 *i* 不是静态变量，每次调用都重新初始化。两次调用的结果是一样的，都是 1，相加后为 2。

6．以下程序运行时输出的结果是__________。

```
#include<stdio.h>
long f(int n)
{  static long s;
   if(n==1) return s=2;
   else return ++s;
}
int main()
{  long i,sum=0;
   for(i=1;i<4;i++) sum+=f(i);
   printf("%ld",sum);
   return 0;
}
```

【答案】　9

【答案解析】　子函数中，s 是静态变量，其值会保留下来。主函数中：

i=1 时，sum=0+f(1)，f 中的参数 1 传给子函数 n，返回 s=2，所以 sum=2。

i=2 时，s 是静态变量，上次循环时值为 2，保留下来，sum=sum+f(2)=2+(++s)=2+3=5。

i=3 时，s 上次循环时值为 3，sum=sum+f(3)=5+(++s)=5+4=9。

i=4 时，循环结束。

7. 以下程序运行时输出到屏幕的结果第一行是＿＿＿＿＿＿，第二行是＿＿＿＿＿＿，第三行是＿＿＿＿＿＿。

```
#include <stdio.h>
int g(int x,int y)
{  return x+y ;   }
int f(int x,int y)
{
    {  static int x=2;
       if(y>2)
        { x=x*x;    y=x;   }
       else y=x+1;
    }
    return x+y;
}
int main()
{  int a=3;
   printf("%d\n",g(a,2));
   printf("%d\n",f(a,3));
   printf("%d\n",f(a,2));
   return 0;
}
```

【答案】　第一行是 5，第二行是 7，第三行是 8

【答案解析】　局部静态变量只在局部范围内起作用，花括号外就不起作用了，但是它的值会保留到下次调用。

主函数中第 1 个输出语句中的函数 $g(a,2)$，a=3 传给 g 中 x，2 传给 y，返回 $x+y$=5。

主函数中第 2 个输出语句中的函数 $f(a,3)$，a=3 传给 f 中 x，3 传给 y，但该函数中 x 为局部静态变量，值为 2。y>2 成立，$x=x*x$=2*2=4 赋给 y，并保留到下次调用，此时 x 作用域结束，return $x+y$ 中的 x 为形参 x，值为 3，y 的作用域为该函数范围内，值为 4，返回 3+4=7。

主函数中第 3 个输出语句中的函数 $f(a,2)$，a=3 传给 f 中 x，2 传给 y，y>2 不成立，执行 else 后的 $y=x$+1，此语句中的 x 为局部静态变量，值为上次保留下来的 4，故 y=4+1=5。返回语句中的 x 为形参的值 3，最后结果为 3+5=8。

8. 以下程序运行时输出结果为＿＿＿＿＿＿。

```
#include<stdio.h>
```

```
int sum(int k)
{  static int x=0;
   return x+=k;
}
int main()
{  int s,i,sum(int);
   for(i=1; i<=5; i++) s=sum(i);
   printf("%d\n",s);
   return 0;
}
```

【答案】　15

【答案解析】　循环变量 i 的值传给形参 k，返回 $x+k$ 的值。x 是静态变量，初值为 0，改变后的值传给下次的函数调用。

i=1 时，k=1，x=x+k=1，s=1

i=2 时，k=2，x=x+k=3，s=3

i=3 时，k=3，x=x+k=6，s=6

i=4 时，k=4，x=x+k=10，s=10

i=5 时，k=5，x=x+k=15，s=15

9. 以下程序运行后输出结果为__________。

```
#include "stdio.h"
int m(int a)
{  static int s;
   return(++s)+(--a);
}
int main()
{  int a=2;
   printf("%d",m(m(a)));
   return 0;
}
```

【答案】　3

【答案解析】　首次调用 $m(a)$时，a=2，s 是静态变量，没有初始化，默认初值为 0，返回语句中 s 变为 1，a 变为 1，返回 $m(a)$的值为 1+1=2。再次调用，$m(a)$是函数 m 的参数，为上次调用的返回值 2，s 值为上次调用时的 1，返回语句中 s 变为 2，a 变为 1，返回值为 2+1=3。

10. 以下程序运行后的输出结果是__________。

```
#include <stdio.h>
int fun(int w1,int w2)
{  return w2-w1;  }
int main()
{  int w=1,k;
```

```
    k=fun(fun(w+1,w),w);
    printf("%d\n",k);
    return 0;
}
```

【答案】　2

【答案解析】　函数的嵌套调用，尽管调用了函数本身，但不能算递归。因为递归调用有一个递归结束终止条件的，本调用不存在该条件，只能算嵌套调用。

先计算主函数里 fun 函数的第一个参数，fun(w+1,w)即 fun(2,1)，将 2 传给 w1，1 传给 w2，返回 1−2=−1，所以外面的 fun 函数的第 1 个参数为−1，第 2 个参数 w 为 1。再次调用，即 fun(−1,1)，返回 1− (−1)=2。

11．以下程序运行后输出结果为__________。

```
#include "stdio.h"
int mystery(int a,int b)
{  if(b==1)  return a;
   else return a+mystery(a,b-1);
}
int main()
{  int x=5,y=3;
   printf("%d\n",mystery(x,y));
   return 0;
}
```

【答案】　15

【答案解析】　函数的递归调用。第 1 次调用，x=5 传给 a，y=3 传给 b，返回 a+ mystery(a,b−1)即 5+ mystery(5,2)；第 2 次调用，返回 5+5+ mystery(5,1)；第 3 次调用，此时 b=1，返回 a 的值 5。最后的结果为 5+5+5=15。

12．以下程序运行时输出的结果是__________。

```
#include <stdio.h>
void fun(int m,int n)
{  if(m>=n) printf("%d",m);
    else fun(m+1,n);
   printf("%d",m);
}
int main()
{  fun(1,2);
   return 0;
}
```

【答案】　221

【答案解析】　函数的递归调用。第 1 次调用 fun 函数，将 1 传给 m，2 传给 n。因 m>=n 不成立，执行 fun(2,2)。第 2 次调用 fun 函数，m 和 n 都为 2，m>=n 成立，输出 m 的值 2。继续执行 if 语句后的输出语句输出 *m* 值 2。第 2 次调用结束，返回第 1 次调用，执行调用后未执行完的语句，输出第 1 次调用时的 *m* 值 1。最先调用的最后执行完。

13．以下程序运行时输出结果为________。

```
#include<stdio.h>
int f(int a,int b)
{   if(a==b) return a;
    else
      if(a>b) return f(a-b,b);
      else return f(a,b-a);
}
int main()
{  printf("%d\n",f(21,35));
   return 0;
}
```

【答案】 7

【答案解析】 通过递归求两个整数的最大公约数。第 1 次递归，*a* 和 *b* 分别为 21 和 14，第 2 次递归为 7 和 14，第 3 次递归为 7 和 7，第 4 次递归，返回 *a* 的值 7。

14．以下程序运行时输出结果是________。

```
#include<stdio.h>
void f(long x)
{  if(x<100) printf("%d",x/10);
   else
   {  f(x/100);
      printf("%d",x%100/10);
   }
}
int main()
{  f(123456);
   return 0;
}
```

【答案】 135

【答案解析】 函数的递归调用。返回点在 else 后的两个语句中间。

第 1 次调用时 x=123456，执行 $f(x/100)$即调用本身，参数 x 为 123456/100=1234；第 2 次调用时的 x 为 1234，再执行 $f(x/100)$；第 3 次调用时 x 为 12，满足 x<100，输出 x/10 即 1。然后返回上一次的调用，即第 2 次的调用，执行 x 为 1234 时的 printf("%d",x%100/10)语句，输出 1234%100/10=3；再返回第 1 次调用，执行 x 为 123456 时的 printf("%d",x%100/10)语句，输出 123456%100/10=5。

f 函数调用了 3 次，有 3 个输出。先调用的后返回。

15．以下程序运行后的输出结果的第一行是________。

```
#include <stdio.h>
void print(int n);
void print_n(int n);
int main()
{  print(4);
   return 0;
}
void print(int n)
{   if(n==0)  return;
    print_n(n);
    if(n>0) print(n-1);
}
void print_n(int n)
{  if(n==0) return;
   printf("%d",n);
   if(n>1)  print_n(n-1);
   else printf("\n");
}
```

【答案】　4321

【答案解析】　函数的递归调用和嵌套调用。main 函数调用 print 函数，print 函数调用 print_n 函数，而对于两个子函数，又都存在递归调用，层次关系有些复杂。不过本题只要求输出第 1 行的结果。

将实参 4 传给 print 函数的 *n*，因为 *n*>0，调用 print_n(*n*)函数，输出 *n* 值 4，满足 *n*>1 的条件执行第 2 次调用 print_n(*n*)函数即 print_n(3)，输出 3，第 3 次调用 print_n(*n*)，输出 2，第 4 次调用，输出 1，并执行 else 后面的语句输出换行，第 1 行的输出为 4321。

第 2 行的输出为 321，第 3 行为 21，第 4 行为 1。print_n 函数没有执行 return 语句，在 print 函数中 *n* 的值还是 4，执行函数调用后面的语句 print(*n*–1)，得到第 2 行的输出结果 321。

16．以下程序的输出结果是__________。

```
#include <stdio.h>
fun(int a,int b, int c)
{
    c=a*b;
    return c;
}
int main( )
{
    int c=8;
    fun(2,3,c);
    printf("%d\n",c);
```

```
    return 0;
}
```

【答案】 8

17. 以下程序的执行结果是__________。

```
#include <stdio.h>
char fun(char x , char y)
{
    if(x<y)
       return x;
    return y;
}
int main( )
{
    int a='9',b='8',c='7';
    printf("%c\n",fun(fun(a,b),fun(b,c)));
    return 0;
}
```

【答案】 7

18. 以下程序运行时输出的第一行是__________，第二行是__________。

```
#include <stdio.h>
int a,b;
void f()
{   int b;
    b=a+20;
    printf("%d,%d\n",a,b);
}
int main()
{   int a;
    a=10;
    f();
    a=b+30;
    printf("%d,%d\n",a,b);
    return 0;
}
```

【答案】 第一行是：0,20
　　　　第二行是：30,00

19. 以下程序运行时输出的第一行是__________，第二行是__________。

```
#include <stdio.h>
int f(int x)
```

```
{   static int y=3;
    x=x+y+12;
    y++;
    return x;
}

int main()
{   int i=0;
    for(;i<2;i++)
        printf("%d\n",f(i));
    return 0;
}
```

【答案】 第一行是：15
　　　　第二行是：17

20. 以下程序运行时输出的是________。

```
#include <stdio.h>
int f(int n)
{
   if(n>1)    return f(n-2)+n;
   else       return n;
}
void main()
{
   printf("%d\n",f(8));
}
```

【答案】 20

21. 以下程序的输出结果是________。

```
int x=3;
int incre()
{
    static  int  x=1;
    x*=x+1;
    printf("%d",x);
    return 0;
}
int main()
{
    int i;
    for (i=1;i<x;i++)
```

```
        incre();
    }
```

【答案】 2　6

四、完善程序

1．以下程序中函数 float fun(int *n*)的功能是：根据下列公式计算并返回 *s* 的值（$n \geqslant 0$）。

$$\sum_{i=0}^{n} \frac{(-1)i}{2 \cdot i+1}$$

```
#include <stdio.h>
float fun(int n)
{  float s=0.0,w,f=-1.0;  int i;
   for(i=0;i<=n;i++)
   {  f= _______________;
      w=f/(2*i+1);
      ____________________ ; }
   return s;
}
int main( )
{   int n=5;  float  s;
    ____________________ ;
    printf("%f\n",s);
    return 0;
}
```

【答案】 第一空为-*f*，第二空为 *s*+=*w*，第三空为 *s*=fun(*n*)或 *s*=fun(5)

【答案解析】 求级数主要考虑项的变化，项的变化与分子、分母、符号等有关。第一空为分子的变化，是原来分数的负数。第二空，求和，和为原来的和加项 *w*。第三空，函数调用，实际参数为 *n* 或者 5，并将返回值赋给输出变量 *s*。

2．以下程序的功能是：根据公式和精度计算π的近似值。

$$\frac{\pi}{2}=1+\frac{1}{3}+\frac{1}{3}\times\frac{2}{5}+\frac{1}{3}\times\frac{2}{5}\times\frac{3}{7}+\frac{1}{3}\times\frac{2}{5}\times\frac{3}{7}\times\frac{4}{9}+\cdots$$

```
#include <stdio.h>
#include <math.h>
double  PI(double eps)
{  double s=0,t=1.0; int n;
   for(n=1;___________ ;n++)
   {  s+=t;
      t=t*___________ ;  }
   return 2.0*s;
}
int main()
```

```
{  double e=1e-6;
   // e是计算精度要求，这里表示允许运算结果值在小数点后第 6 位有误差
   printf("%f",__________);
   return 0;
}
```

【答案】　第一空为 fabs(*t*)>eps，第二空为 *n*/(2**n*+1)，第三空为 PI(*e*)

【答案解析】　循环结束条件为项 *t* 的绝对值大于形参 eps。项在前项基础上乘上一个分数，分数的分子为 *n*，分母为 2**n*+1。函数调用的实参是精度 *e*。

3．以下程序的功能是：输出小于 *M* 的所有可分解整数。

可分解整数是指这个整数的所有位上的数字之和等于该数的所有素数因子的各位数字之和。例如，9975 是一个可分解整数，该数的所有数位上的数字之和为 30（9+9+7+5=30）；该数的所有素数因子是 3、5、5、7、19（3×5×5×7×19=9975），所有素数因子的各位数字之和为 30（3+5+5+7+1+9=30）。

函数 int *f*(int *x*)的功能是：求出整数 *x* 的各位数字之和。函数 int *g*(int *x*)的功能是：求出整数 *x* 所有素数因子的各位数字之和。100 以内的可分解整数有：4、22、27、58、85、94。

```
#include <stdio.h>
int f(int x)
{  int k,n=x,s=0;
   do
   {  k=n/10;s=__________;n=k;
   }while(k!=0);
   return(s);
}
int g(int x)
{  int i=0,k=2,n=x,s=0;
   do
   {  if(n/k*k==n)
        {   s=__________;  i++;  n=n/k;   }
      else k=k+1;
   }while(k*k<=n);
   if(n!=1) s=s+f(n);
   if(i==0) return(0);
   else return(s);
}
int main()
{  int i,k,m;
   printf("INPUT INTEGER M,3<M<1000\n");
   scanf("%d",&m);
   k=0;
```

```
    for(i=4;i<m;i++)
      if (________________)
      {  k=k+1;
         printf("%6d",i);
         if(k==8)  {printf("\n");k=0;}
      }
      return 0;
}
```

【答案】　第一空为 $s+n\%10$，第二空为 $s+f(k)$，第三空为 $f(i)==g(i)$

【答案解析】　f 函数求整数 x 的各位数字之和，x 赋给 n 了，求 n 的余数，再加上 s 原来的值就得到 n 的各位数字之和。g 函数求 x 所有素数因子的各位数字之和，调用 f 函数。

在主函数中进行判断，如果 f 函数的结果与 g 函数的结果相等就是要求的可分解整数。

4．以下程序的功能是：用简单迭代法求方程 $\cos(x)-x=0$ 在区间(0,1)上的一个近似实根。迭代公式为 $x_{n+1}=\cos(x_n)$，（n=0,1,2,⋯），当 $|x_{n+1}-x_n|$ 小于 10^{-6} 时，x_{n+1} 就是方程 $\cos(x)-x=0$ 在 x_0 附近的一个误差小于 10^{-6} 的近似实根（此根的近似值是 0.7391）。

```
#include <stdio.h>
#include <math.h>
float root(float x0)
{  float x1;
   ________________;
   do
   {  x0=x1;
      x1=cos(x0);
   }while(________________);
   return x1;
}
int main()
{   float x;
    x=______________;
    printf("x=%f,cos(%f)-%f=%f",x,x,x,cos(x)-x);
    return 0;
}
```

【答案】　第一空为 x1=x0，或者 x1=1 或其他值；第二空为 fabs(x1-x0)>=1e-6；第三空为 root(0)或者 root(1)等

【答案解析】　x0 为形参，调用时用实参替代，相当于已有初值，第一空给 x1 赋初值，将 x0 的值赋给 x1，或赋一个 0～1 的常量，因为根在 0～1 范围内，离实际的根越近，迭代的次数就越少。第二空要填要求的精度，x1 与 x0 的差的绝对值不超过某范围，最后的结果可以是 x0，也可以是 x1，两者几乎相等，实数不能用等于表示。第三空是函数调用，实际参数为 0～1 的值都可以。

5．程序功能：用牛顿迭代法求方程 $3x^3-3x^2+x-1=0$ 在 2.0 附近的一个实根，精度要求为 10^{-5}。函数 F 求 $f(x)$的值，函数 F1 求 $f(x)$的一阶导数值。牛顿迭代公式如下：

$$x = x_0 - \frac{f(x_0)}{f'(x_0)}$$

```
#include<stdio.h>
#include<math.h>
float F(float x)
{  return x* (3*x*(x-1)+1)-1; }
float F1(float x)
{  return 9*x*x-6*x+1;  }
float newtoon(float x)
{  float f,f1,x0;
   do
   {  ________________    ;
      f=F(x0);
      f1=F1(x0);
      x= ________________ ;
   }while(fabs(x-x0)>1e-5);
   return x;
}
int main()
{  float x0;
   scanf("%f",&x0);
   prinff("The result=%.2f\n",newtoon(x0));
   return 0;
}
```

【答案】　第一空为 x0=x；第二空为 x0–f/f1 或 x0–F(x0)/F1(x0)

【答案解析】　函数 F 求想要求解的方程表达式的值，函数 F1 求想要求解的方程表达式的导数。第一空给 x0 赋初值，将 x 赋给它，或赋一个 2.0 附近的值。第二空填牛顿迭代公式。

6．以下程序求方程的一个近似根。root 函数采用二分法计算并返回方程 $f(x)=0$ 在$[a,b]$内的一个近似根，main 函数调用 root 函数求方程 cos(x)=0 在[0,3.14]内的一个近似根。试完善程序以达到要求的功能。

```
#include<stdio.h>
#include<math.h>
double root(double a,double b,double(*f)(double))
{  double x,y;
   if(________________)
   {  printf("There is no root between%f and%f",a,b);  return 0;  }
   do
```

```
    {  x=_______________;
       y=f(x);
       if(fabs(y)<1e-6 || fabs(b-a)<1e-6) break;
       if(_______________<0) b=x;
       else  a=x;
    }while(1);
    return x;
}
int main()
{
  printf("\n x=%f",root(0,3.14,______________)) ;
  return 0;
}
```

【答案】　第一空为 $f(a)*f(b)>0$；第二空为 $(a+b)/2$；第三空为 $y*f(a)$ 或 $f(x)*f(a)$；第四空为 cos

【答案解析】　二分法根据 $f(a)$ 与 $f(b)$ 是否同符号确定方程 $f(x)$ 在区间[a，b]是否有一个实根。第一空判断 $f(a)$ 与 $f(b)$ 是否同号。符号相同无实根，符号不同有一个实根，将区间缩小一半，第二空取 a、b 的中点。第三空判断中点取代 a 还是 b，a 与中点间有根还是 b 与中点间有根。x 取代 b 必须 $f(x)$ 与 $f(a)$ 异号。最后一空填实参，为函数名 cos，因为求的方程是 $\cos(x)=0$。

第6章 数　组

6.1 本 章 导 学

（1）一维数组、二维数组的声明及初始化。

（2）数组元素的引用。

（3）字符数组。

（4）数组名作为函数参数。

6.2 重点难点释疑

6.2.1 数组的声明及初始化

数组是同类数据的有序集合，数组中的每一个元素都属于同一个数据类型，用一个统一的数组名和不同的下标来表示。数组有一维数组和多维数组，一维数组带一个下标，二维数组带两个下标。

1. 数组的声明

数组的声明也叫数组的定义，需要说明数组的类型及数组元素的个数。

（1）一维数组的声明：

数据类型　数组名[常量表达式]；

其中：

① 数据类型为基本数据类型，如 int、float、char、long、double 等。

② 数组名是用户自定义标识符，与定义变量名一样。数组名表示该数组在内存的起始地址，是一个地址常量，其值不能被改变。

③ 方括号[ ]为下标运算符，与数组名及常量表达式连为一体，不能缺省。

④ 常量表达式表示元素个数，即数组长度，其值必须确定，不能为变量或不确定的值。

⑤ 分号（;）必须有，不能缺省。

例如，“int *a*[6];” 声明了一个一维数组，数组名为 *a*，数组长度为 6，即有 6 个元素，数组元素的下标从 0 开始，因此 6 个元素分别为 *a*[0]、*a*[1]、*a*[2]、*a*[3]、*a*[4]、*a*[5]，都是 int 类型。

（2）二维数组的声明：

数据类型　数组名[常量表达式][常量表达式]；

其中：

① 数据类型、数组名、方括号、分号的含义与一维数组相同。

② 第一个常量表达式表示行数，第二个常量表达式表示列数，该数组共有行数×列数个

元素。

例如，“float *b*[3][4];” 声明了一个二维数组，数组名为 *b*，该数组有 3 行 4 列共 3×4=12 个元素，都是 float 类型。

2. 数组的初始化

在数组声明的同时对数组元素赋初值，称为数组的初始化。

1）一维数组的初始化

（1）所有元素初始化，例如：

```
int a[5]={1,2,3,4,5};
```

（2）部分元素初始化，例如：

```
int a[5]={1,2,3};
```

说明：

① 数组元素赋初值将值放在一对花括号中，值与值之间用逗号隔开。

② 数组元素的初值是一个确定的值，不能为变量。

③ 只能给元素逐个赋值，不能给数组整体赋值。

④ 若为全部元素赋初值，可以不指定数组长度，系统会根据花括号中的数据个数定义数组的长度。例如：

```
int a[]={1,2,3,4,5};
```

⑤ 部分元素初始化，数组的长度为方括号中指定的长度，只给数组的前几个元素赋初值，其余没赋初值的元素值自动赋值为 0。

⑥ 数组不初始化，其元素值为随机数。

2）二维数组的初始化

（1）按行分段所有元素初始化，例如：

```
int a[2][3]={{1,2,3},{4,5,6}};
```

（2）按行连续所有元素初始化，例如：

```
int a[2][3]={1,2,3,4,5,6};
```

（3）分行进行部分元素初始化，例如：

```
int a[2][3]={{1,2},{3}};
```

（4）缺省第一维行数的值初始化，例如：

```
int a[][3]={1,2,3,4,5}; int a[][3]={{1},{4,5}};
```

说明：

① 按行分段赋值和按行连续赋值两种初始化方式的结果相同，初始化的 6 个元素的值分别为 *a*[0][0]=1、*a*[0][1]=2、*a*[0][2]=3、*a*[1][0]=4、*a*[1][1]=5、*a*[1][2]=6。

按行分段赋值，一行放在一个花括号内，外面再加一个花括号，直观、清楚。

按行连续赋值，系统会按照数组元素排列顺序对各元素赋初值。二维数组按行存储。

② 分行进行部分元素初始化，数组有 6 个元素，只初始化了 3 个元素，分别为第一行的前两个元素和第 2 行的第 1 个元素，即 *a*[0][0]=1、*a*[0][1]=2、*a*[1][0]=3，其余没有初始化的元素值为 0。本初始化方式内部的花括号不能缺省，若缺省为 int *a*[2][3]={1,2,3};，则初始化了二维数组第一行的 3 个元素，第二行的 3 个没有初始化元素的值为 0。

③ 缺省第一维行数的值进行初始化，系统会根据数据总个数分配存储空间。int *a*[][3] = {1,2,3,4,5}一共 5 个数据，每行 3 个，可确定为两行，有 6 个元素，*a*[1][2]为 0。

④ 二维数组赋初值，可缺省第一维的长度，但第二维的长度不能缺省。内部的花括号是否缺省根据情况决定，无把握时最好加上花括号。

6.2.2 数组元素的引用

数组元素的下标是从 0 开始的，数组各元素在内存中是连续存放的。对于二维数组，是按行存储的，即先存放第一行的元素，再存放第二行的元素，以此类推。

1. 一维数组元素的引用

访问某个一维数组元素的形式如下：

数组名[下标]

例如，若有声明“int *a*[5];”，则数组 *a* 的 5 个元素分别为 *a*[0]、*a*[1]、*a*[2]、*a*[3]、*a*[4]。下标表示该数组元素在数组中的顺序号，对数组元素的使用与普通变量相同。

特别需要注意的是，不存在 *a*[5]元素。若使用了 *a*[5]，则发生数组下标越界错误，但系统并不提示出错，所以一定要小心。

说明：

① 数组名为已经定义过的数组，下标可以是整型常量、整型变量或整型表达式，若为小数，系统自动取整。

② 在 C 语言中，数组下标从 0 开始。

③ 数组下标可以为表达式。

④ 每一个数组元素都可以作为一个普通变量来使用。

⑤ C 语言中对数组的使用只能通过逐个使用下标变量完成，不能一次引用整个数组。

⑥ 定义时的 *a*[10]中的 10 表示数组长度，使用时的 *a*[10]中的 10 表示数组元素下标。

⑦ 可采用循环语句实现数组的输入/输出。例如：

```
int a[5],i;
for(i=0;i<5;i++)  scanf("%d",&a[i]);
for(i=0;i<5;i++)  printf("%3d",a[i]);
```

2. 二维数组元素的引用

访问每个二维数组元素的形式如下：

数组名[行下标][列下标]

例如，若有声明“int *b*[2][3];”，则数组 *b* 的 6 个元素分别为 *b*[0][0]、*b*[0][1]、*b*[0][2]、*b*[1][0]、*b*[1][1]、*b*[1][2]。

可采用双重循环实现二维数组的输入/输出，外循环表示数组行下标的递增，内循环表示数组列下标的递增。例如：

```
int a[3][4],i,j;
for(i=0;i<3;i++)
  for(j=0;j<4;j++)
```

```
    scanf("%d",&a[i][j]);
for(i=0;i<3;i++)
{   for(j=0;j<4;j++)
      printf("%3d",a[i][j]);
    printf("\n");
}
```

外循环控制行号，内循环控制列号。内循环每执行一次，输出一个元素，外循环每执行一次，输出一行元素。输完一行换行，形成矩阵形式。

说明：

① 二维数组元素有两个下标：行下标和列下标，都是从 0 开始的。

② 与一维数组一样，要注意下标越界的问题。若有声明 int *a*[3][4]，则行下标最大为 2，列下标最大为 3，不存在 *a*[3][4]这样的元素。

6.2.3 字符数组

C 语言中无字符串变量，用字符数组处理字符串。字符数组用来存放字符数据，字符数组中一个元素存放一个字符。

1. 字符数组的声明

一维字符数组的声明与一维普通数组相同，只是数据类型为 char，一般形式如下：

```
char 数组名[常量表达式];
```

二维字符数组的声明形式如下：

```
char 数组名[常量表达式][常量表达式];
```

2. 字符数组的初始化

字符数组的初始化方式有两种：逐个字符赋初值和用字符串常量赋初值。

1）逐个字符赋初值

赋初值时将字符放在一对单引号中。

（1）一维字符数组的初始化。

给数组元素全部赋初值，例如：

```
char ch[5]={ 'H ', 'e ', 'l ', 'l ', 'o ' };
```

缺省数组的长度，例如：

```
char ch[]={ 'H ', 'e ', 'l ', 'l ', 'o ' };
```

给数组元素部分赋初值，例如：

```
char ch[5]={ 'B ', 'o ', 'y ' };
```

没有赋初值的元素的值为'\0'，其对应的 ASCII 码值为 0。

（2）二维字符数组初始化。

例如：

```
char d[][5]={{'x','y','z'},{'a','b','c','d'},{'A','B','C','D',
            'E'},{'a','b','c','d'},{'x','y','z'}};
```

这种初始化方式很麻烦，看起来也不直观，所以对于二维字符数组一般采用字符串常量的方式进行初始化。

2）用字符串常量赋初值

赋初值时将字符串放在一对双引号中。

（1）一维字符数组的初始化。

给数组元素全部赋初值，例如：

```
char ch[6]={"Hello"};
```

缺省数组长度，例如：

```
char ch[]={"Hello"};
```

缺省花括号，例如：

```
char ch[5]="Boy";
```

说明：

① 给数组元素全部赋初值将数组长度定义为6，这是因为字符串有一个结束标志'\0'，系统会自动在字符串的末尾加上该结束标志。

② 缺省数组长度系统会根据花括号中的字符个数确定数组长度，为字符个数加1。

③ 数组的长度大于字符串的实际长度，系统为该数组分配的空间为数组长度，其他空间存放'\0'，如 char ch[5]="Boy"存放'B ', 'o ', 'y ','\0','\0'五个字符。

（2）二维字符数组初始化：

```
char fruit[][10]={ "Apple","Orange","Grape","Pear","Peach"};
```

字符串一般采用这种初始化方式，直观、方便。二维字符数组相当于字符串数组。

3. 字符数组的使用

字符数组的使用与整型数组相同。字符数组的输入/输出可以与整型数组相同，使用循环来实现单个元素的输入/输出，也可以使用字符串专用的输入/输出函数。

（1）逐个字符输入/输出，采用循环和%c 格式，例如：

```
char str[5];int i;
for(i=0;i<5;i++) scanf("%c", &str[i]);
for(i=0;i<5;i++) printf("%c", str[i]);
```

（2）整个字符串输入/输出，用%s 格式，例如：

```
char str[20];
scanf("%s", str);
printf("%s", str);
```

（3）字符串专用的输入/输出函数，例如：

```
char string[80];
gets(string);
puts(string);
```

说明：

① scanf 函数用字符数组名，不要加“&”，因为数组名本身就表示地址。

② scanf 和 gets 两个输入函数的字符串长度小于数组长度，否则产生溢出。

③ scanf 函数输入时遇空格或回车符结束，系统自动在字符串末尾加结束标志'\0'。

④ gets 能输入空格，遇到回车符结束，系统自动在字符串末尾加结束标志'\0'。

⑤ printf 函数用“%s”输出时和 puts 函数遇到结束标志'\0'结束输出。数组中有多个'\0'时，遇到第一个结束。

4. 字符串处理函数

对字符串进行有关的操作需要使用专门的字符串处理函数，如字符串复制函数、字符串连接函数、字符串比较函数、字符串长度函数等。

使用字符串处理函数，用#include <string.h>编译预处理命令。

（1）字符串连接函数 strcat()：把字符串 str2 连到字符串 str1 后面。

格式：`strcat(str1,str2);`

返回 str1 的首地址。字符数组 str1 必须足够大。

（2）字符串复制函数 strcpy()：将 str2 复制到 str1 中。

格式：`strcpy(str1,str2);`

返回 str1 的首地址。str1 必须足够大。复制时'\0 '一同复制。不能使用赋值语句为一个字符数组赋值。

（3）求字符串长度函数 strlen()：返回字符串实际长度，不包括结束标志\0'。

格式：`strlen(字符数组)`

（4）字符串比较函数 strcmp()：比较两个字符串。

格式：`strcmp(字符串 1,字符串 2);`

对两个字符串从左向右逐个字符比较其 ASCII 码值，直到遇到不同字符或字符串结束标志'\0'。返回 int 型整数。

注意：字符串比较不能用“>”、“<”或“==”，必须用 strcmp。

6.2.4　数组名作为函数参数

数组名表示数组起始地址，当参数为数组时，传递的是数组的起始地址。

说明：

① 数组名作为函数参数，在主调函数（实参）与被调函数（形参）中要分别定义数组，且类型必须相同。

② 实参数组和形参数组大小可以不一致，编译时只是将实参的首地址传递给形参，这两个数组共享同一内存空间。在函数中对形参数组元素的操作就是对实参数组元素的操作。如果要求形参数组得到实参数组的全部元素值，则大小应一致。

③ 形参若是一维数组，其大小可不指定，若是二维数组，第一维可不指定，第二维必须指定。

6.3　习 题 解 答

6.3.1　课后习题解答

一、选择题

1. 以下数组声明语句中正确的是（　　）。

A. `int n, a[n];` B. `int a[];`

C. `int a[2][3]={{1}, {2}, {3}};` D. `int a[][3]={{1}, {2}, {3}};`

【答案】 D

【答案解析】 答案A中*n*是变量，定义数组时数组大小只能是常量，因此A是错误的。答案B中定义数组需要指定数组大小，因此B是错误的。答案C中数组有两行，但是初始化列表中却有三行，因此错误。答案D是正确的，定义二维数组可以省略行大小，此时根据初始化列表中的数据个数来得出行大小，在D中数组*a*为3行3列。

2. 已有声明“int *S*[2][3]”，以下选项中（ ）正确地引用了数组*S*中的基本元素。

A. *S*[1>2][!1] B. *S*[2][0] C. *S*[1] D. *S*

【答案】 A

【答案解析】 数组*S*是一个2行3列的二维数组，引用数组元素必须指定行下标和列下标，因此选项C和选项D都是错的。而*S*数组的最大行下标应该是1，最大列下标为2，因此选项B也是错的。选项A中，1>2的值为0，!1的值为0，因此引用的元素是*S*[0][0]。

3. 若有声明语句“char s1[10]={0}, s2[10]= "books";”，则能将字符串"books"赋给数组s1保存的表达式是（ ）。

A. `s1="books";` B. `strcpy(s2, s1);` C. `s1=s2;` D. `strcat(s1, s2);`

【答案】 D

【答案解析】 字符串存放在字符数组中，字符数组名是该字符串首地址，是一个常量，因此不能用赋值语句直接赋值，要想完成字符串之间的赋值可以使用字符串处理函数。在选项B中strcpy函数把字符串s1的内容复制到s2中，与题意不符。而在选项D中，strcat把s2中的字符串连接到s1字符串之后，因为s1中存放的是空串，因此操作后s1中的内容为s2字符串中的内容，符合题意。

4. 已知有声明语句"char s1[10]="12345", s2[10]="abcde", s3[10];"，以下语句中能将s1中存储的字符串和s2中存储的字符串正确交换的是（ ）。

A. `s3=s1, s1=s2, s2=s3;`

B. `s3[0]=s1[0] , s1[0]=s2[0] , s2[0]=s3[0];`

C. `strcpy(s3[0] ,s1[0]), strcpy(s1[0],s2[0]), strcpy(s2[0], s3[0]);`

D. `strcpy (s3, s1), strcpy (s1,s2) , strcpy (s2,s3);`

【答案】 D

【答案解析】 同上题解释，选项A是错误的。在选项B中只能完成s1和s2字符串中首字符的交换。而在选项C中，strcpy函数参数错误，选项D中先把s1复制到s3中，然后把s2复制到s1中，最后把s3中存放的原s1内容复制到s2中，因此满足题目要求。

二、读程序写结果

1. 执行以下程序段后*b*[0]、*b*[1]、*b*[2]的值为__________。

```
int b[3]={0, 1, 2}; b[2]=b[(b[0]=2)+b[1]-1]-2;
```

【答案】 2、1、0

【答案解析】 第一条语句结束后，*b*[0]、*b*[1]、*b*[2]的值分别是0、1、2。在第二条语句中*b*[0]=2，*b*[2]=*b*[*b*[0]+*b*[1]−1] −2=*b*[2+1−1] −2=*b*[2] −2=2−2=0。因此*b*[0]、*b*[1]、*b*[2]的值分

别是 2、1、0。

2. 执行以下程序，输出第一行是__________，第二行是__________。

```
(1) #include <stdio.h>
(2) int main( )
(3) {
(4)     int a[3][3]={1,2,3,4,5,6,7,8,9},m,k,t;
(5)     for(m=0;m<3;m++)
(6)         for(k=0;k<=m;k++)
(7)             if((m+k)%2)  t=a[m][k] ,a[m][k]=a[k][m] ,a[k][m]=t;
(8)     for (m=0;m<3;m++)
(9)     {
(10)        for(k=0;k<3;k++)
(11)            printf("%d  ",a[m][k]);
(12)            printf("\n");
(13)    }
(14)    return 0;
(15) }
```

【答案】 第一行是 1　4　3 ，第二行是 2　5　8

【答案解析】 第 4 行初始化二维数组后 a 数组为

1	2	3
4	5	6
7	8	9

第 4～7 行的功能是：当行下标 m 和列下标 k 的和为奇数,同时 $k<=m$ 时，交换 $a[m][k]$和 $a[k][m]$。因此以下几组元素需要交换 $a[1][0]$ 与 $a[0][1]$，$a[2][1]$与 $a[1][2]$。交换后数组 a 为

1	4	3
2	5	8
7	6	9

3. 执行以下程序：

```
#include <stdio.h>
int main()
{
    char  str[13];
    scanf("%s", str);
    printf("%s\n", str);
    return 0;
}
```

若输入数据为：

```
abcd1234  efgh
```

则程序的输出结果是__________。

【答案】 abcdl234

【答案解析】 scanf 函数中，输入数据之间用空白符（空格、回车、制表符），因此当输入的字符串中有空格时，本项输入结束，所以 str 中只读入了空格之间的字符。

4. 以下程序运行时输出__________。

```
（1）#include <stdio.h>
（2）#include <string.h>
（3）int main()
（4）{
（5）    char s[20]="acef",s1[]="bd";
（6）    int i,j,k;
（7）    for(k=0;s1[k]!='\0';k++)
（8）    {
（9）        j=0;
（10）       while(s1[k]>=s[j]&&s[j]!='\0')  j++;
（11）       for(i=strlen(s);i>=j;i--) s[i+1]=s[i];
（12）       s[j]=s1[k];
（13）    }
（14）    puts(s);
（15）    return 0;
（16）}
```

【答案】 abcdef

【答案解析】 这个程序的功能是把 s1 中的每个字符插入到 *s* 字符串中，保持 *s* 字符串中的字符按照升序排列。第 9～10 行用于查找 *s*[*k*]的插入位置。从 *s* 字符串的第一个字符开始遍历，直到 s1[*k*]<*s*[*j*]，此时 s1[*k*]需要插入到 *s*[*j*]所在位置。第 11 行用于把 *s*[*j*]开始的所有字符（包含结束符）向后移一位，用于把 *s*[*j*]所在的位置空出来。第 12 行的赋值语句完成了 s1[*k*]的插入任务。

5. 以下程序的输出结果是__________。

```
（1）#include <stdio.h>
（2）int f(int a) { return a%2; }
（3）int main()
（4）{
（5）    int s[8]={1,3,5,2,4,6},d=0,i;
（6）    for(i=0; f(s[i]); i++)
（7）        d+=s[i];
（8）    printf("%d\n",d);
（9）    return 0;
（10）}
```

【答案】 9

【答案解析】 函数 *f* 的功能是判断 *a* 是否为奇数，当是奇数时返回 1，否则返回 0。第 6

行 for 循环中循环进行条件为 *f*(*s*[*i*])，表明当 *s*[*i*]为奇数时循环继续进行，否则循环结束。第 7 行完成对 *s*[*i*]的累加。从数组 *s* 的初始化数据可以看到，当 *i*==3 时，*f*(*s*[*i*])为 0，结束循环，因此在循环中将 *s*[0]～*s*[2]的值进行了累加，所以结果是 9。

6. 以下程序的输出结果是__________。

```
(1) #include <stdio.h>
(2) void fun(int a[],int n,int k)
(3) {
(4)     int i;
(5)     for(i=k; i<n; i++)
(6)         a[i-1]=a[i];
(7) }
(8) int main()
(9) {
(10)    int a[6]={1,2,3,4,5,6},i;
(11)    fun(a,6,2);
(12)    for(i=0; i<6; i++)
(13)        printf("%d, ",a[i]);
(14)    return 0;
(15) }
```

【答案】 1, 3, 4, 5, 6, 6,

【答案解析】 由于 fun 函数中的数组 *a* 与 main 函数的数组 *a* 共址，因此在 fun 函数中对 *a* 数组的修改实际上就是对 main 函数中 *a* 数组的修改。从第 5～6 行可以看出，函数 fun 的功能是把数组 *a* 中 *a*[*k*]～*a*[*n*–1]的每一个元素依次向前移位。第 11 行函数调用 *k* 的值为 2，*n* 的值为 6，因此需要把 fun 函数数组 *a* 中 *a*[2]～*a*[5]的所有元素依次向前移一位。即 *a*[1]=*a*[2], *a*[2]=*a*[3],…,*a*[4]=*a*[5]。移位后数组元素依次为 1,3,4,5,6,6。

7. 以下程序的输出结果是__________。

```
(1) #include <stdio.h>
(2) void fun(int a[],int n,int k)
(3) {
(4)     int i;
(5)     for(i=n-2; i>=k; i--)
(6)         a[i+1]=a[i];
(7) }
(8) int main()
(9) {
(10)    int a[6]={1,2,3,4,5,6},i;
(11)    fun(a,6,2);
(12)    for(i=0; i<6; i++)
(13)        printf("%d, ",a[i]);
```

```
（14）   return 0;
（15）}
```

【答案】　1, 2, 3, 3, 4, 5,

【答案解析】　本题与第 6 题类似，fun 函数的功能是把数组 *a* 中 *a*[*n*–2]～*a*[*k*]即 *a*[4]～*a*[2]的每一个元素依次向后移位，为避免后面的元素被覆盖，因此需要从数组尾部元素开始移。

6.3.2　过程性自测及解答

一、填空题

1．若有声明“char *s*[10]="remind";”，执行“puts(*s*+2);”后的输出结果是__________。

【答案】　mind

【答案解析】　puts 函数的功能是输出一个字符串。*s* 表示数组的起始地址，*s*+2 表示数组第 2 个元素的地址，所以从 *s*[2]元素开始输出，结果为 mind。

2．若有数组 *A* 和 *B* 的声明“static char *A*[]="ABCDEF", *B*[]={'A','B','C','D','E','F'};”，则数组 *A* 和数组 *B* 的长度分别是__________。

A．7，6　　B．6，7　　C．6，6　　D．7，7

【答案】　A

【答案解析】　字符串都有结束标志'\0'，所以数组 *A* 的长度为字符个数加 1。

3．执行以下程序段后，number 的值是__________。

```
char str[]="Hello!";
int number;
number=sizeof(str);
```

【答案】　7

【答案解析】　采用字符串的方式对数组初始化，数组的默认长度为字符个数加 1。

4．若有声明“char s1[10]="ABCDE", s2[10]="A\\0";”，则语句“printf("%d",strlen(strcpy(s1,s2)));”的输出结果是__________。

【答案】　3

【答案解析】　函数的嵌套调用。先看最内部的函数 strcpy(s1,s2)，将 s2 中的字符串复制到 s1 中，s1 的内容为"A\\0"。再看 strlen 函数，计算 s1 字符串的长度。该字符串长度为 3，3 个字符分别为'A'、'\\'、'0'。两个反斜线表示一个反斜线，是转义字符，这样最后一个字符就是'0'了，不是'\0'。

5．在以下程序的 main 函数中，语句“fun(*x*,10);”内的实参 *x* 表示数组 *x* 的__________。

```
void fun(int a[10],int n)
{  int i;
   for(i=0;i<n;i++)  a[i]++;
}
main()
{  int x[10]={0};
   fun(x,10);
}
```

【答案】　起始地址

【答案解析】　数组名表示数组在内存中的起始地址。

6．若有声明“int *a*[][4]={1,2,3,4,5,6,7,8,9};”，则数组 *a* 第一维的大小是＿＿＿＿＿。

【答案】　3

【答案解析】　二维数组赋初值，第一维的大小可以缺省，第二维的大小不可缺省。第一维默认大小为数组元素个数除以第二维的大小后向上取整。

二、选择题

1．下列 C 语言源程序的错误中，通常不能在编译时发现的是（　　）。

A．括号不匹配　　B．非法标识符

C．数组元素下标值越界　　D．程序结构不完整

【答案】　C

【答案解析】　数组元素的下标越界，系统是不能发现的，编译时不提示错误，但运行结果会出错。其余 3 种情况在编译时系统会提示错误，等修改正确以后程序才能运行。

2．以下数组声明中错误的是（　　）。

A．int *a*[2]　　B．int *a*[]={0,1}　　C．int *a*[3]=0　　D．int *a*[3][4]={0}

【答案】　C

【答案解析】　A 定义了一个长度为 2 的数组 *a*；B 在定义数组 *a* 的同时进行了初始化，缺省长度系统默认为 2；C 在对数组初始化时没有花括号；D 定义了一个 3 行 4 列的二维数组，并且只对二维数组中的第一个元素 *a*[0][0]进行了初始化，其余元素的值默认都为 0。若数组没有初始化，数组元素的值是随机数。

3. 已知有声明“int *m*[]={5,4,3,2,1},*i*=0;”，下列对 *m* 数组元素的引用中，错误的是（　　）。

A．*m*[++*i*]　　B．*m*[5]　　C．*m*[2*2]　　D．*m*[*m*[4]]

【答案】　B

【答案解析】　定义数组 *m* 时进行初始化，大括号中有 5 个数据，数组长度为 5，其元素分别为 *m*[0]～*m*[4]，不存在 *m*[5]，*B* 的数组下标越界。选项 A 中的 *m*[++*i*]先将 *i* 加 1，*i* 为 1，即 *m*[1]，选项 C 指 *m*[4]。选项 D 中，*m*[4]的值为 1，*m*[*m*[4]]就是 *m*[1]。数组的下标可以为整型表达式，也可以为整型变量，但声明的时候方括号中的表达式不能为变量。

4．若有声明“int *i*;float *x*;char *a*[50];”，为使 *i* 得到值 1，*x* 得到值 3.1416，*a* 得到值 yz，当执行语句“scanf("%3d%f%2s",&*i*,&*x*,*a*);”时，正确的输入形式是（　　）。

A．`1,3.1416,yz`　　B．`13.1416yz`

C．`001 3.1416 yz`　　D．`i=001,x=3.1416,a=yz`

【答案】　C

【答案解析】　第一个输入格式“%3d”对应变量 *i*，要输入 3 位，而 *i* 值为 1，只占 1 位，补足 3 位，输入时在前面加 00，输完“001”后用空格或回车或 Tab 键分隔。第二个输入格式“%f”，对应的数为实数 3.1416，输完加分隔符。第三个输入格式“%2s”，是两个字符的字符串，*a* 为数组名，本身就已表示地址了，前面无“&”。选项 C 满足要求。

A 用逗号分隔，逗号不是有效的分隔符，只有当格式控制串中有原样字符逗号时才需输入逗号，而且 *i* 不足 3 位。B 在输入数据时没有分隔符，D 在输入时有“*i*=”等字符，不需要。

5. 已知有声明“char *s*[80];”，若需要将键盘输入的一个不含空格的字符串保存到 *s* 数组

中，则下列语句正确的是（　　）。

A．`scanf("%s",s);`　　B．`scanf("%s",s[0]);`

C．`s=gets();`　　D．`s=getchar();`

【答案】 A

【答案解析】 A 中的 scanf 函数中的 *s* 是数组名，本身就表示地址了，不用再加“&”。B 中的 *s*[0]表示一个元素，不是地址，C 中应该将 *s* 放入括号中作为 gets 函数的参数，D 中的 getchar 函数一次只能输入一个字符。

6. 若有声明“char ss[8]="Red";”，则 sizeof(ss)的值是（　　）。

A．8　　B.4　　C.3　　D.1

【答案】 A

【答案解析】 sizeof 是求字节数运算符，计算数组 ss 在内存中的字节数，数组在定义时长度为 8，所占内存为 8 字节，本题计算的不是字符串长度，而是数组长度。

7．以下程序运行后的输出结果是（　　）。

A．2　2　　B．7　2　　C．7　5　　D．6　2

```
main()
{  char a[7]= "a0\0a0\0";
   int i,j;
   i=sizeof(a);
   j=strlen(a);
   printf("%d  %d",i,j);
}
```

【答案】 B

【答案解析】 sizeof 是求字节数运算符，*i* 的值为数组 *a* 在内存中的字节数，*a* 在定义时规定其长度为 7，*i* 的值为 7。

strlen 是求字符串实际长度的函数，此处为 2，字符串是以结束标志'\0'为依据的，碰到'\0'就认为字符串结束了，字符串只有 2 个字符：'a'和'\0'。

8．已知有声明“char *s*[20]="Hello";”，在程序运行过程中，若要想使数组 *s* 中的内容修改为“Good”，则以下语句中能够实现此功能的是（　　）。

A．`s="Good";`　　B．`s[20]="Good";`

C．`strcat(s,"Good");`　　D．`strcpy(s,"Good");`

【答案】 D

【答案解析】 选项 A 中数组名 *s* 表示数组的起始地址，是常量，其值不能改变，不能对其赋值。选项 B 是一个赋值语句，在语句中，*s*[20]被认为是一个数组元素，而实际上没有 *s*[20]，只有 *s*[0]～*s*[19]，越界，而且数组元素只能存放一个字符，不能存放一个字符串。

选项 C 中 strcat 为连接两个字符串函数，结果是 *s* 数组为"HelloGood "，不满足题意。

选项 D 的 strcpy 为字符串复制函数，将字符串“Good”复制到数组 *s* 中，*s* 中的内容就变为“Good”。

9. 以下选项均为 fun 函数定义的头部，其中错误的是（　　）。

A．`int fun(int x,int y[])`　　B．`int fun(int x,int y[x])`

C. `int fun(int x,int y[3])`　　D. `int fun(int x,int *y)`

【答案】 B

【答案解析】 数组作为函数的参数时，可以只写数组名及中括号，中括号中的下标可以有也可以没有，还可以将数组表示成指针的形式，所以 A、C、D 都是正确的形式。B 的错误之处是 *y* 数组的下标用了动态的变量。

10. 设有声明“int *p*[10]={1,2},*i*=0;”,以下语句中与“*p*[*i*]=*p*[*i*+1],*i*++;”等价的是（　　）。

A. `p[i]=p[i++];`　　B. `p[++i]=p[i];`

C. `p[++i]=p[i+1];`　　D. `i++,p[i-1]=p[i];`

【答案】 D

【答案解析】 初始情况：*p*[0]=1、*p*[1]=2、*i*=0，语句“*p*[*i*]=*p*[*i*+1],*i*++;”是一个逗号表达式，依次执行，其中的赋值运算右结合，执行的结果是将 *p*[1]赋给 *p*[0]，为 2，然后 *i* 增 1 为 1。A 相当于将 *p*[0]赋给 *p*[0]，然后 *i* 增 1，B 将 *p*[0]赋给 *i* 增 1 后的 *p*[1]，C 将 *p*[1]赋给 *i* 增 1 后的 *p*[1]。D 先执行 *i*++后 *i* 值为 1，然后将 *p*[1]赋给 *p*[0]，满足题意。

11. 以下能将一维数组 *a*（含有 10 个元素）正确初始化为 0 的语句是（　　）。

A. `int a[10]=(0,0,0,0,0);`

B. `int a[10]={};`

C. `int a[10]={0};`

D. `int a[10]={10*1};`

【答案】 C

12. 以下能对二维数组 *a* 进行正确初始化的语句是（　　）。

A. `int a[2][]={{1,0,1},{5,2,3}};`

B. `int a[][3]={{1,2,1},{5,2,3}};`

C. `int a[2][4]={{1,2,1},{5,2},{6}};`

D. `int a[][3]={{1,0,1},{},{5,6}};`

【答案】 B

13. 若二维数组 *a* 有 *m* 列，则在 *a*[*i*][*j*]之前的元素个数为（　　）。

A. $j*m+i$

B. $i*m+j$

C. $i*m+j-1$

D. $i*m+j+1$

【答案】 B

14. 有如下程序段，执行该程序段后的输出是（　　）。

```
char p1[80]="NanJing",p2[20]="Young",p3[20]="Olympic";
strcpy(p1,strcat(p2,p3));
printf("%s\n",p1);
```

A. NanJingYoungOlympic

B. YoungOlympic

C. Olympic

D. NanJing

【答案】 B

15. 判断字符串 s1 是否大于字符串 s2，应当使用（ ）。

A. `if(s1>s2)`

B. `if(strcmp(s1,s2))`

C. `if(strcmp(s2,s1)>0)`

D. `if(strcmp(s1,s2)>0)`

【答案】 D

16. 对字符数组 *s* 赋值，不合法的一项是（ ）。

A. `char s[]="beijing";`

B. `char s[20]={"beijing"};`

C. `char s[20]; s="beijing";`

D. `char s[20]={'b','e','i','j','i','n','g'};`

【答案】 C

17. C 语言规定，简单变量作为实参时，它和对应形参之间的数据传递方式为（ ）。

A. 地址传递

B. 单向值传递

C. 由实参传给形参，再由形参传回给实参

D. 由用户指定传递方式

【答案】 B

18. 若数组名作为函数调用时的实参，则实际上传递给形参的是（ ）。

A. 数组的首地址

B. 数组的第一个元素值

C. 数组中全部元素的值

D. 数组元素的个数

【答案】 A

19. 对字符数组 str 赋初值，str 不能作为字符串使用的一项是（ ）。

A. `char str[]="shanghai";`

B. `char str[]={"shanghai"};`

C. `char str[9]={'s','h','a','n','g','h','a','i'};`

D. `char str[8]={'s','h','a','n','g','h','a','i'};`

【答案】 D

三、读程序写结果

1. 以下程序运行时的输出结果是_________。

```
#include <stdio.h>
#include <string.h>
int main()
{  char arr[2][4];
   strcpy(arr[0],"you");
   strcpy(arr[1],"me");
```

```
    arr[0][3]='&';
    printf("%s\n",arr[0]);
    return 0;
}
```

【答案】　you&me

【答案解析】　函数 strcpy(arr[0],"you")将“you”复制到二维数组的第一行中，函数 strcpy(arr[1],"me")将“me”复制到二维数组的第二行中。二维数组第一行为'y', 'o', 'u', '\0'，第二行为'm', 'e', '\0', '\0'。

将“&”赋给 arr[0][3]，则二维数组第一行为'y', 'o', 'u', '&'，第二行不变。

二维数组在内存按行存放，存完第一行存第二行，顺序如下：'y', 'o', 'u', '&','m', 'e', '\0', '\0'。printf 函数采用“%s”格式输出，遇到'\0'时才会停止输出，输出结果为“you&me”。

2. 以下程序运行时输出的结果是________。

```
#include <stdio.h>
int fun(int *x,int n)
{  if(n==0) return x[0];
   else return x[0]+fun(x+1,n-1);
}
int main()
{  int a[]={1,2,3,4,5,6,7};
   printf("%d\n",fun(a,2));
   return 0;
}
```

【答案】　6

【答案解析】　通过递归求数组的前 3 个元素之和。

3. 以下程序运行时，输出结果的第一行为__________，第三行为__________，第五行为__________。

```
#include <stdio.h>
#define N 8
int main()
{  int i,j,pa[N]={1};
   printf("%5d\n",pa[0]);
   for(i=1;i<N;i++)
   {   pa[i]=1;
       for(j=i-1;j>0;j--) pa[j]=pa[j]+pa[j-1];
       for(j=0;j<=i;j++) printf("%5d",pa[j]);
       printf("\n");
   }
  return 0;
}
```

【答案】 1，121，14641

【答案解析】 计算一维数组各元素的值，每一行的第1个元素和最后一个元素值为1，其他元素为上一行的左前元素和上方元素之和。

第一行输出pa[0]的值，为1。for循环中：

i=1时，pa[1]=1，j=i–1=0不执行循环体，第二行输出pa[0]、pa[1]的值1,1；

i=2时，pa[2]=1，j=2–1=1，pa[1]=pa[1]+pa[0]=2，

　　第三行输出pa[0]、pa[1]、pa[2]的值1,2,1；

i=3时，pa[3]=1，j=3–1=2，pa[2]=pa[2]+pa[1]=3，

　　　　j=1，pa[1]=pa[1]+pa[0]=3，

　　第四行输出pa[0]、pa[1]、pa[2]、pa[3]的值1,3,3,1；

i=4时，pa[4]=1，j=4–1=3，pa[3]=pa[3]+pa[2]=4，

　　　　j=2，pa[2]=pa[2]+pa[1]=6，

　　　　j=1，pa[1]=pa[1]+pa[0]=4，

　　第五行输出pa[0]、pa[1]、pa[2]、pa[3]、pa[4]的值1,4,6,4,1。

4. 以下程序运行后输出结果中第一行为__________，第二行为__________。

```
#include <stdio.h>
int fun(int a[],int n,int b[])
{  int i=0,j,m=0,c,x;
   for(i=0;i<n;i++)
    {  x=a[i]; c=1;
       for(j=i+1;j<n;j++)
         if(a[j]==x)  c++;
         else   {  i=j-1;  break;   }
       if(j>=n) i=j;
       if(c==1)  b[m++]=x;
       else  {  b[m++]=-c;  b[m++]=x;  }
    }
   return m;
}
int main()
{  int x[]={4,4,4,4,4,4,4,4,1,2},y[10],i,j,n=10;
   n=fun(x,n,y);
   for(i=0;i<n;i++)
   {  if(i%2==0)  printf("\n");
     printf("%5d",y[i]);
   }
    return 0;
}
```

【答案】 第一行为-8　4，第二行为1　2

【答案解析】 求数组 *y*，*y* 根据数组 *x* 的情况得到，返回 *y* 的元素个数。要注意的是 *i* 的变化，*i* 除了作为循环变量改变外还有在内循环中对 *i* 的赋值语句。

第 1 次外循环：*i*=0，*x*=*a*[0]=4，*c*=1。内循环是计算与 *a*[0]元素相等的元素的个数，共 8 个，*c*=8，*j*=8，接着的内循环因为执行 else 语句，*i* 变为 7，跳出内循环，执行外循环中的剩余语句，将–*c* 的值–8 赋给 *b*[0]，*x* 的值 4 赋给 *b*[1]，再执行 *i*++，*i* 为 8。

第 2 次外循环：*i*=8，*x*=*a*[8]=1，*c*=1，内循环因为 *a*[8]后面的 *a*[9]不为 1，所以执行 else 语句，*i*=*j*–1=8，跳出内循环。*c* 为 1，将 *x* 赋给 *b*[3]，*b*[3]为 1。再执行 *i*++，*i*=9，进行第 3 次循环是否执行的判断。

第 3 次外循环与第 2 次类似，将 *a*[9]的值 2 赋给 *b*[4]，循环结束。

主函数输出 *y* 数组各元素的值，输 2 个换行。

5．以下程序运行时输出结果的第一行为__________，第三行为__________。

```
#include <stdio.h>
int main()
{  int i,j,a[3][3];
   for (i=0;i<3;i++)
      for(j=0;j<3;j++)
         if(i<j) a[i][j]=1;
         else a[i][j]=i-j+1;
   for (i=0;i<3;i++)
      { for(j=0;j<3;j++)
           printf("%4d",a[i][j]);
        printf("\n");
      }
   return 0;
}
```

【答案】 1 1 1，3 2 1

【答案解析】 给数组元素赋值。

i=0 时，*j*=0，*a*[0][0]= *i*–*j*+1=1；*j*=1，*a*[0][1]= 1；*j*=2，*a*[0][2]= 1

i=1 时，*j*=0，*a*[1][0]= *i*–*j*+1=2；*j*=1，*a*[1][1]= *i*–*j*+1=1；*j*=2，*a*[1][2]= 1

i=2 时，*j*=0，*a*[2][0]= *i*–*j*+1=3；*j*=1，*a*[2][1]= *i*–*j*+1= 2；*j*=2，*a*[2][2]= *i*–*j*+1= 1

6．以下程序运行后输出结果中第一行为__________，第二行为__________，第三行为__________。

```
#include "stdio.h"
#define N 3
int main()
{  int a[N][N],b[N*N]={1,1},i,j;
   for(i=2;i<N*N;i++)  b[i]=b[i-1]+b[i-2];
   for(i=0;i<N;i++)
      for(j=0;j<N;j++)
```

```
        a[j][i]=b[i*N+j];
    for(i=0;i<N;i++)
    {  for(j=0;j<N;j++)  printf("%5d",a[i][j]);
       printf("\n");
    }
    return 0;
}
```

【答案】 第一行为 1 3 13，第二行为 1 5 21，第三行为 2 8 34

【答案解析】 第 1 个 for 循环生成数组 *b*。*b*[*i*]的值为前两个元素之和，得到 *b* 各元素的值为 1、1、2、3、5、8、13、21、34。其实就是斐波那契数列。

第 2 个 for 循环将 *b* 数组元素的值按列的顺序赋给数组 *a*，即矩阵转置。*b* 的前 3 个元素值 1、1、2 赋给 *a* 的第 0 列，接着的 3 个元素 3、5、8 赋给 *a* 的第 1 列，最后 3 个元素 13、21、34 赋给 *a* 的第 2 列，*a* 各元素值为 1、3、13、1、5、21、2、8、34。

$$b=\begin{bmatrix}1&1&2\\3&5&8\\13&21&34\end{bmatrix}\qquad a=\begin{bmatrix}1&3&13\\1&5&21\\2&8&34\end{bmatrix}$$

第 3 个 for 循环，按行输出数组 *a* 各元素的值。

7. 以下程序运行后的输出结果中的第一行是__________，第二行是__________，第三行是__________。

```
#include <stdio.h>
void sot(int a[3][3])
{  int i,j,i0,j1,min,max,temp;
   min=max=a[0][0];
   for(i=0;i<3;i++)
   {  for(j=0;j<3;j++)
      {  if(a[i][j]<=min)  { min=a[i][j];i0=i; }
         if(a[i][j]>=max)  { max=a[i][j];j1=i; }
      }
   }
   for(j=0;j<3;j++)
    {  temp=a[i0][j];  a[i0][j]=a[2][j];  a[2][j]=temp;  }
   for(i=0;i<3;i++)
    {  temp=a[i][j1];  a[i][j1]=a[i][2];  a[i][2]=temp;  }
   for(i=0;i<3;i++)
    {  for(j=0;j<3;j++) printf("%d  ",a[i][j]);
       printf("\n");
    }
```

```
}
int main()
{  int b[3][3]={{3,2,1},{6,5,4},{9,8,7}};
   sot(b);
   return 0;
}
```

【答案】　第一行为 7 8 9，第二行为 4 5 6，第三行为 1 2 3

【答案解析】　主函数给数组 *b* 初始化，然后进行函数调用，将实参 *b* 数组的起始地址传给形参 *a*，形参和实参共享内存空间，*b* 的内容就是 *a* 的内容。

子函数中，第 1 个 for 循环找最值，最小值 min=1，最小值所在的行 i0=0，最大值 max=9，最大值所在的列 j1=0。

第 2 个 for 循环是将最小值所在的行与最后一行交换，结果为 9 8 7，6 5 4，3 2 1。

第 3 个 for 循环是将最大值所在的列与最后一列交换，结果为 7 8 9，4 5 6，1 2 3。

最后一个 for 循环为输出数组元素的值，每输出一行换行输出。

8．以下程序运行时输出结果中第一行是__________，第二行是__________，第三行是__________。

```
#include<stdio.h>
int main()
{  int i,j,a[3][3]={0};
   for(i=0;i<3;i++)
     for(j=0;j<3;j++)
        switch(i-j+2)
        {  case 0:
           case 1:a[i][j]=1;break;
           case 2:a[i][j]=2;break;
           case 3:a[i][j]=3;break;
           case 4:a[i][j]=5;break;
        }
   for(i=0;i<3;i++)
   {  for(j=0;j<3;j++)
         printf("%4d",a[i][j]);
     printf("\n");
   }
   return 0;
}
```

【答案】　第一行是 2 1 1，第二行是 3 2 1 ，第三行是 5 3 2

【答案解析】　通过 switch 语句对二维数组赋值。对于二维数组要注意行号与列号的变化，一般外循环表示行号的变化，内循环表示列号的变化。每次循环要计算 switch 括号中表达式的值，根据该值决定执行哪个 case，得出数组元素的值。最后输出二维数组各元素值。

i=0：j=0，i–j+2=2，a[0][0]=2；j=1，i–j+2=1，a[0][1]=1；j=2，i–j+2=0，a[0][2]=1

i=1：j=0，i–j+2=3，a[1][0]=3；j=1，i–j+2=2，a[1][1]=2；j=2，i–j+2=1，a[1][2]=1

i=2：j=0，i–j+2=4，a[2][0]=5；j=1，i–j+2=3，a[2][1]=3；j=2，i–j+2=2，a[2][2]=2

9. 以下程序运行时输出到屏幕的结果第二行是__________，第四行是__________。

```
#include<stdio.h>
#define N 6
int main()
{  int i,j,a[N+1][N+1];
   for(i=1;i<=N;i++)
       { a[i][i]=1; a[i][1]=1;}
   for(i=3;i<=N;i++)
     for(j=2;j<i;j++)
        a[i][j]=a[i-1][j-1]+a[i-1][j];
   for(i=1;i<=N;i++)
   {  for(j=1;j<=i;j++)
        printf("%4d",a[i][j]);
     printf("\n");
   }
   return 0;
}
```

【答案】　第二行是1　1，第四行是1　3　3　1

【答案解析】　杨辉三角形。本题只考虑从1开始的下标，下标为0的不考虑，而且只求矩阵的一半，即斜三角形。

第1个for循环给数组每行的最后一个元素即对角线元素赋值1，给数组的每行的第一个元素赋值1。

第2个for循环从第三行起，除了第一个和最后一个元素，其余元素的值为上一行前一个元素和上一行同列元素之和。这是根据$a[i][j]=a[i-1][j-1]+a[i-1][j]$得出的。

第3个for循环输出杨辉三角形。根据上述规律，很快写出杨辉三角形的前四行：

```
1
1   1
1   2   1
1   3   3   1
```

10. 以下程序运行后，其输出结果是__________。

```
#include <stdio.h>
void sort(int a[],int n)
{  int i,j,p;int t;
   for(i=1;i<n-1;i+=2)
    {  p=i;
       for(j=i+2;j<n;j+=2)
```

```
            if(a[j]>a[p]) p=j;
          if(p!=i)
            {  t=a[i];a[i]=a[p];a[p]=t;  }
      }
  }
  int main()
  {  int s[ ]={8,1,4,3},n=4,k;
     sort(s,n);
     for(k=0;k<n;k++)  printf("%4d",s[k]);
     printf("\n");
     return 0;
  }
```

【答案】　8 3 4 1

【答案解析】　函数 sort 的功能是选择排序。主函数中的数组 *s* 和子函数中的数组 *a* 共享内存空间，对数组 *a* 中元素的排序就是对 *s* 的排序。if(*a*[*j*]>*a*[*p*]) *p*=*j*;表明若后面的数比前面的数大就交换，即从大到小排序。从 *i*=1，*j*=*i*+2 开始，循环变量每次增加 2，说明只对下标为奇数的元素进行排序，而且内循环只循环了一次，外循环也只循环了一次，只交换了 *a*[1]和 *a*[3]。

11. 以下程序运行时输出结果的第一行是__________，第二行是__________，第三行是 __________。

```
  #include <stdio.h>
  #define N 10
  int merge(int a[],int b[],int c[],int m[][N+1])
  {  int i=0,j,k;
     while((k=m[0][i])!=2)
      {  j=m[1][i];
         if(k==0)  c[i]=a[j];
         else  c[i]=b[j];
         i++;
      }
      return i;
  }
  int main()
  {  int a[N]={1,3,5},b[N]={2,4,6},c[2*N],i,n;
     int m[2][N+1]={{0,1,0,1,0,1,2},{0,0,1,2,2,1,-1}};
     n=merge(a,b,c,m);
     printf("%d\n",n);
     for(i=0;i<n;i++)
     {  printf("%d  ",c[i]);
        if((i+1)%3==0) printf("\n");
```

```
    }
    return 0;
}
```

【答案】 第一行是6，第二行是1 2 3，第三行是6 5 4

【答案解析】 本题参数为数组，共享内存空间。根据二维数组 *m* 的情况将 *a*、*b* 中的某一个元素赋给 *c*，通过 return 返回 *c* 元素的个数 *i*，赋给主函数中的 *n*，第一行输出 *c* 元素个数，第二、第三行输出 *c* 各元素的值，每输出 3 个换行。

子函数中 *k* 的值为 *m* 数组第 0 行对应元素的值，若为 0 则将 *a* 的元素赋给 *c*，若为 1 则将 *b* 的元素赋给 *c*；*j* 的值为 *m* 的第 1 行对应元素的值，是 *a* 或 *b* 的下标，*c* 的下标从 0 开始，每循环一次就加 1，*i* 的值就是 *c* 元素的个数。循环结束条件是 *m* 的第 0 行的值不为 2，即不是最后一个元素，循环 6 次。

12．以下程序运行时输出结果是__________。

```
#include<stdio.h>
#include<ctype.h>
int count(char s[])
{  int i=0;
   if(s[i]=='\0') return 0;
   while(isalpha(s[i])) i++;
   while(!isalpha(s[i])&&s[i]!='\0') i++;
   return 1+count(&s[i]);
}
int main()
{  char line[]="one world,one dream.";
   printf("%d",count(line));
   return 0;
}
```

【答案】 4

【答案解析】 用递归求单词个数。数组 line 的地址传给子函数的参数 *s*，数组 *s* 与 line 共享内存空间。isalpha 函数判断字符是否是字母。第一个 while 得到连续字母的个数，第 1 次函数调用 *i* 为 3，即“one”，空格不是字母。第 2 个 while 判断此处的字符如果不是字母也不是结束标志则 *i* 加 1，得 *i*=4，返回，&*s*[*i*]即 *s*[4]的地址，即 1+ count("world,one dream.")，第 2 次调用得 1+1+count("one dream.")，第 3 次为 3+count("dream.")，第 4 次调用为 4+count("\0")，第 5 次调用 *s*[*i*]为'\0'，返回 0，最后结果为 4。

13．以下程序运行时，若在键盘上输入 2<Enter>，则输出是__________，若在键盘输入 i<Enter>，则输出是__________。

```
#include <stdio.h>
#include <string.h>
int strch(char s[],char ch)
{  int i;
```

```
    for(i=strlen(s);i>=0;i--)
      if(s[i-1]==ch) return i;
     if(i<0) return 0;
  }
  int main()
  {  char ch,s1[]="as123d2nfghjkm";  int k;
     printf("input ch:");
     ch=getchar();
     k=strch(s1,ch);
     if(k!=0)  printf("k=%d\n",k);
     else  printf("not found\n");
     return 0;
  }
```

【答案】　输入 2<Enter>则输出 k=7；输入 i<Enter>则输出 not found。

【答案解析】　从字符串的末尾往前找某字符。如果键盘输入 2，将 2 与 s1 中的最后一个字符比较，不同，再同前面一个字符比较，直到找到相同的为止，返回的 i 是从后往前数的字符数，从 0 开始算，找到最后还是找不到返回 0。strlen 函数的功能是求字符串的实际长度。

14．以下程序运行后，输出结果的第一行为________，第二行为________。

```
#include <stdio.h>
int main()
{  char s[]="efgefgef",t[]="efg";int i,j,k;
   for(i=strlen(s)-strlen(t);i>=0;i--)
    {  for(j=i,k=0;s[j]==t[k] &&t[k]!='\0';j++,k++);
       if(t[k]=='\0')   printf("%d\n",i);
       return 0;
    }
}
```

【答案】　第一行为 3，第二行为 0

【答案解析】　从后往前找子串，输出母字符串的下标。函数 strlen 用于求字符串实际长度，s 长度为 8，t 长度为 3，i 初值为 8–3=5。从 s 的第 5 个字符开始，即倒数第 3 个开始，与 t 比较，若连续 3 个字符都相等，则输出 i 的值。执行下次循环，i 减 1，即 s 往前移一个字符，继续比较，找到相等的输出 s 下标 i。本题当 i=3 和 i=0 时 s 的连续 3 个字符与 t 的字符相等。

15．以下程序运行后，其输出结果的第一行是__________，第二行是__________。

```
#include<stdio.h>
#include<string.h>
void fun(char str[][20],int n)
{   int i,j,k;
    char s[20];
```

```
    for(i=0;i<n-1;i++)
    {  k=i;
       for(j=i+1;j<n;j++)
          if(strcmp(str[j],str[k])<0) k=j;
       strcpy(s,str[i]);
       strcpy(str[i],str[k]);
       strcpy(str[k],s);
    }
}
int main()
{    char str[6][20]={"PASCAL","BASIC","FORTRAN","C","COBOL",
                      "Smalltalk" };
     int i;
     fun(str,6);
     for(i=0;i<6;i++) printf("%s\n",str[i]);
     return 0;
}
```

【答案】 BASIC，C

【答案解析】 采用选择法将字符串从小到大进行排序。

16. 以下程序运行时输出结果中第一行是__________，第三行是__________。

```
#include<stdio.h>
define N 5
int main()
{  static char a[N][N];
   int i,j,t,start=0,end=N-1;
   char str[]="123",ch;
   for(t=0;t<=N/2;t++)
   {   ch=str[t];
       for(i=j=start;i<end;i++) a[i][j]=ch;
       for(j=start;j<end;j++) a[i][j]=ch;
       for(i=end;i>start;i--) a[i][j]=ch;
       for(j=end;j>start;j--) a[i][j]=ch;
       if(start==end) a[start][end]=ch;
       start++,end--;
   }
   for(i=0;i<N;i++)
   {  for(j=0;j<N;j++)  printf("%c",a[i][j]);
      printf("\n");
   }
```

```
    return 0;
  }
```

【答案】　第一行是 11111，第三行是 12321

【答案解析】　将一维数组 str 的三个元素值'1'、'2'、'3'中的一个赋给一个 5*5 的二维数组。最后输出的二维数组是%c 格式，字符'1'的输出就是 1。

第 1 个外循环是将外围元素置为'1'。

　　第 1 个内循环置 *a*[0][0],*a*[1][0],*a*[2][0],*a*[3][0]为'1'。

　　第 2 个内循环置 *a*[4][0],*a*[4][1],*a*[4][2],*a*[4][3]为'1'。

　　第 3 个内循环置 *a*[4][4],*a*[3][4],*a*[2][4],*a*[1][4]为'1'。

　　第 4 个内循环置 *a*[0][4],*a*[0][3],*a*[0][2],*a*[0][1]为'1'。

可见，是从 *a*[0][0]开始按逆时针方向进行赋值。

第 2 个外循环是将第二层元素置为'2'：从 *a*[1][1]开始也是按逆时针方向进行赋值。

第 3 个外循环只执行 if 语句，将最后一个中间的元素 *a*[2][2]置为'3'。

最后得到的数组为"11111"、"12221"、"12321"、"12221"、"11111"。

17. 以下程序执行时，输出结果的第一行为__________，第二行为__________，第三行为__________。

```
#include <stdio.h>
#define N 20
int main()
{  int i,j,k,n,arr[N][N];
   k=1; i=0; n=3;
   while (i<n/2)
   {  for(j=i;j<n-i;j++) arr[j][n-i-1]= k++;
      for(j=n-i-2; j>=i; j--) arr[n-i-1][j]= k++;
      for(j=n-i-2; j>=i;j--)  arr[j][i]= k++;
      for(j=i+1;j<=n-i-2;j++) arr[i][j]= k++;
      i++;
    }
   if(n%2) arr[i][i]=k;
   for(i=0;i<n;i++)
   {  for(j=0;j<n;j++ ) printf("%4d",arr[i][j]);
      printf("\n");
   }
  return 0;
}
```

【答案】　7 8 1，6 9 2，5 4 3

【答案解析】　从 arr[0][2]元素开始，顺时针方向给二维数组的元素赋 *k* 值，*k* 从 1 开始，每次增 1，先外围后中心，即

　　7　8　1

6 9 2

5 4 3

18. 以下程序运行时，输出结果的第一行是_________，第二行是_________。

```
#include <stdio.h>
void change(int x,int m)
{  char ch[]={'0','1','2','3','4','5','6','7','8','9'},b[80];
   int i=0,r;
   while(x)
    {  r=x%m;  x/=m;  b[i++]= ch[r];  }
   for(--i; i>=0; i--) printf("%c",b[i]);
}
int main()
{  int a,b;
   change (10,2);
   printf("\n");
   change (10,8);
   return 0;
}
```

【答案】 第一行为 1010，第二行为 12

【答案解析】 数制转换，第一个函数调用将 10 转换成二进制数，第二个函数调用将 10 转换成八进制数。函数调用时将主函数中的实参传递给子函数的形参，然后执行子函数，调用结束回到主函数继续执行下面的语句。将一个十进制数转换成其他进制数采用“短除法”：除以 2（或 8）取余数，倒排。

while 循环中，第一句取余数，第二句取整数，第三句将相应的字符赋给数组 *b*。

for 循环按逆序输出数字字符，即倒排。

19. 以下程序运行后，输出的结果中第一行是_________，第三行是_________。

```
#include<stdio.h>
int main()
{  int a[3][3]={{3,8,12},{4,7,10},{2,5,11}},i,j,k,t;
   for(j=0;j<3;j++)
     for(k=0;k<2;k++)
       for(i=0;i<2-k;i++)
          if(a[i][j]>a[i+1][j])
             t=a[i][j],a[i][j]=a[i+1][j],a[i+1][j]=t;
   for(i=0;i<3;i++)
   {   for(j=0;j<3;j++)
          printf("%3d",a[i][j]);
       printf("\n");
    }
```

```
    return 0;
}
```

【答案】 第一行是 2　5　10，第三行是 4　8　12

【答案解析】 本程序的功能是对二维数组进行排序，按列从小到大排，只排该列，其他列顺序不变。三重循环中 if 语句后是逗号表达式，没有花括号，但也依次执行。最后输出数组元素。

j=0 时，排第 0 列得到 2 8 12，3 7 10，4 5 11；

j=1 时，排第 1 列得到 2 5 12，3 7 10，4 8 11；

j=2 时，排第 2 列得到 2 5 10，3 7 11，4 8 12。

输出的第一行为每列中最小的数，第三行为每列中最大的数。在做二维数组的题目时，在草稿纸上写成矩阵的形式，看起来更直观。

20. 以下程序运行时若输入 8，则输出结果的第一行是__________，第二行是__________，第三行是__________。

```
#include <stdio.h>
int main()
{  int k,i,m,n,num[20];
   scanf("%d",&n);
   for(i=0;i<n;i++)  num[i]=i+1;
   i=k=m=0;
   while(m<n-1)
   {   if(num[i]!=0)  k++;
       if(k==3)
       {   printf("%4d",num[i]);
           num[i]=0;
           k=0; m++;
           if(m%3==0)   printf("\n");
       }
       i++;
       if(i==n) i=0;
    }
    i=0;
    while(num[i]==0)  i++;
    printf("%4d",num[i]);
    return 0;
}
```

【答案】 第一行是 3 6 1，第二行是 5 2 8，第三行是 4 7

【答案解析】 本题循环次数很多，达 30 次左右，不过，题目是有规律的，分析程序功能，用不着每次循环都算，否则花费时间很多。本题实际上是约瑟夫问题的变形，若懂得约瑟夫问题，则本题的结果很快就能猜出来。

首先输入 8，给数组的前 8 个元素赋值，num[0]～num [7]的值分别为 1,2,3,4,5,6,7,8。

接下来是输出这 8 个元素，不是按顺序输出的，while 循环条件为 $m<n-1$，循环 7 次，先输出 7 个数。

循环中主要有三个功能：一是数组元素不为 0 时 k 加 1；二是如果 k 为 3 就输出一个元素，输出的元素置为 0，并且输出 3 个换一行；三是 i 加 1，当 i 为 8 时重置 0。

数组不为 0，k 加 1，表明只对非 0 元素进行输出。

当 k=3 时就输出一个数并将 k 重置 0，第一次输出的是第 3 个数 num[2]，输出一个数 m 加 1，m 为输出数据的个数。m%3 为 0 换行，输出 3 个数换行。

当 i 为 8 时重置 0 表示用于只对前 8 个元素进行操作，将 1～8 首尾相连构成一个循环。

输出的 7 个数顺序为：先输出 3，接着是 3 往后数 3 个，为 6，再往后 3 个，为 7,8,1，输完 6 后就是 1，再往后 3 个，输出过的置 0 不算，为 2,4,5，输出 5，同理输出以下的 2,8,4。

程序的最后 3 行将数组中不为 0 的元素输出，只剩一个 7。

21．下列程序的输出结果是__________。

```
#include <stdio.h>
int main(){
    char  s[]="abcdef";
    s[3]='\0';
    printf("%s\n",s);
    return 0;
}
```

【答案】 abc

22. 下列程序第二行输出__________。

```
#include <stdio.h>
int main( void )
{
  int a[6][6],i,j;
  for(i=1;i<6;i++)
      for(j=1;j<6;j++)
          a[i][j]=(i/j)*(j/i);
  for(i=1;i<6;i++){
      for(j=1;j<6;j++)
          printf("%2d",a[i][j]);
      printf("\n");
  }
  return 0;
}
```

【答案】 0 1 0 0 0

23. 下列程序的输出是__________。

```
#include <stdio.h>
```

```
    void Func( int b[]){
        int j;
        for(j=0;j<4;j++)
            b[j]=j;
    }
    int main( void )
    {
        static int a[]={5,6,7,8},i;
        Func(a);
        for(i=0;i<4;i++)
            printf("%2d",a[i]);
        return 0;
    }
```

【答案】 0 1 2 3

24. 下列程序的运行结果是__________。

```
#include <stdio.h>
#define SIZE 3
int main( void )
{
    int a[SIZE][SIZE]={{1,2,3},{4,5,6},{7,8,9}},i,j,sum=0;
    long product=1;

    for(i=0;i<SIZE;i++)
        for(j=0;j<SIZE;j++){
            if(i==j||i+j==SIZE-1)
                sum+=a[i][j];
            if((i==j||i+j==SIZE-1)&&i%2==0&&j%2==0)
                product*=a[i][j];
        }
  printf("sum=%d,product=%d\n",sum,product);

  return 0;
}
```

【答案】 25,189

25. 以下程序运行时输出的结果中第二行是__________。

```
#include <stdio.h>
#define  M  3
#define  N  4
void fun(int a[M][N])
```

```
{   int i,j,p;
    for(i=0;i<M;i++)
    {  p=0;
       for(j=1;j<N;j++)
           if(a[i][p]>a[i][j])
               p=j;
       printf("%d\n",a[i][p]);
    }
}
int main()
{   int a[M][N]={{-1,5,7,4},{5,2,4,3},{8,2,3,0}};
    fun(a);
    return 0;
}
```

【答案】 2

四、完善程序

1. 以下程序的功能是：求 *a* 数组中前 4 个元素之和及后 6 个元素之和。试完善程序以达到要求的功能。

```
int fsum(int array[],int n)
{  int i,s;
   s=0;
   for(i=0;_________;i++)  s+=array[i];
   return(s);
}
int main(void)
{  int a[15]={1,2,3,4,5,6,7,8,9,10,11,12,13,14,15};
   int sumh,sumt;
   sumh=fsum(a,4);
   sumt=___________;
   printf("%d%d\n",sumh,sumt);
   return 0;
}
```

【答案】 第一空：*i*<*n*　第二空：fsum(&*a*[9],6)或 fsum(*a*+9,6)

【答案解析】 fsum 函数求数组元素之和，*n* 为元素个数，循环 *n* 次，第一空填 *i*<*n*。

第二空为函数调用，这是函数的第 2 次调用，求数组中后 6 个元素之和，第一个参数为后 6 个元素的第 1 个元素的地址，即 *a*[9]的地址，第二个参数是元素个数，为 6。

2. 以下程序对二维数组 *a* 中存储的 *N***N* 矩阵做如下操作：先将每一行中值最大的元素与该行位于主对角线处的元素交换值，然后对主对角线上的所有元素排序使其自左上角到右下角升序排列，最后输出排序后主对角线上各元素的值。试完善程序以达到要求的功能。

```
#include <stdio.h>
#define N 5
void fun(int x[][N],int n)
{   int i,j,t,arr,col;
    for(i=0;i<n;i++)
     {  arr=x[i][0];col=0;
        for(j=0;j<n;j++)
            if(x[i][j]>=arr)
            {  arr=x[i][j];
               ___________;
            }
        t=x[i][i];
        ______________;
        x[i][col]=t;
     }
    for(i=0;i<n-1;i++)
        for(j=i+1;j<n;j++)
          if(____________)
            {  t=x[i][i]; x[i][i]=x[j][j]; x[j][j]=t; }
}
int main()
{  int a[N][N]={{10,25,24,13,23},{11,22,12,21,14},{20,15,19,16,
                  18},{17,9,4,5,3},{2,1,6,7,8}},i;
    fun(a,N);
    for(i=0;i<N;i++)   printf("%3dn",a[i][i]);
    printf("\n");
    return 0;
}
```

【答案】　第一空：col=*j*　第二空：*x*[*i*][*i*]=*x*[*i*][col]　第三空：*x*[*i*][*i*]>*x*[*j*][*j*]

【答案解析】　fun 函数先找第 *i* 行的最大值，并把该行最大值存入变量 arr 中，最大值的下标 *j* 存入变量 col 中，第一空填 col=*j*。接下来的 3 个语句将刚才找到的最大值与主对角线处的元素交换。最后的双重 for 循环是冒泡法排序，将主对角线上的元素从左上到右下按升序排，if 条件比较 *x*[*i*][*i*]和 *x*[*j*][*j*]两个元素的大小，因为是升序，所以填 *x*[*i*][*i*]>*x*[*j*][*j*]。

3．下列程序中函数 find_replace 的功能是：在 s1 指向的字符串中查找 s2 指向的字符串，并用 s3 指向的字符串替换在 s1 中找到的所有 s2 字符串。若 sl 字符串中没有出现 s2 字符串，则不作替换并使函数返回 0，否则函数返回 1。试完善程序以达到要求的功能。

```
#include<stdio.h>
#include<string.h>
int find_replace(char s1[],char s2[],char s3[])
```

```
{   int i,j,k,t=0;
    char temp[80];
    if(s1[0]=='\0'||s2[0]=='\0') return t;
    for(i=0;s1[i]!='\0';i++)
    {   k=0;  j=i;
        while(s1[j]==s2[k]&&s2[k]!='\0')
        {  j++;
           ____________ ;
        }
        if(s2[k]=='\0')
        {   strcpy(temp,&s1[j]);
            __________________;
            i=i+strlen(s3);
            __________________;
            t=1;
        }
    }
    return t;
}
int main()
{  char line[80]="This is a test program and a test data.";
   char substr1[10]="test",substr2[10]="actual";
   int k;
   k=find_replace(line,substr1,substr2);
   if(_______________)    puts(line);
   else       printf("not found\n");
   return 0;
}
```

【答案】 第一空：*k*++ 第二空：strcpy(&s1[i],s3) 第三空：strcat(s1,temp) 第四空：*k*

【答案解析】 第一空所在的 while 循环是在 s1 中找 s2 子串，两个字符串的下标都要增 1，填 *k*++。第二空所在的 if 语句是若找到子串，则进行替换，替换时，先将 s1 中子串后的字符串放入临时字符数组 temp 中，再将 s2 字符串替换 s1 子串，最后将 temp 中的字符串连在 s1 后。第二空将 s3 中的字符串复制到 s1 的相应位置，第三空将 temp 中的字符串连到 s1 后面。第四空判断返回值 *k* 是否为 0，不为 0 则输出字符串。

4. 以下程序的功能是：首先对字符串 s1 和 s2 分别按字典顺序排序，然后将 s1 和 s2 有序合并为字符串 s3 并同时删除 s3 中重复出现的字符，最后输出字符串 s3。例如，当字符串 sl 和 s2 分别是“good”和“morning”时，程序应输出“dgimnor”。

```
#include <stdio.h>
#include <string.h>
```

```
void merge(char *x,char *y,char *z)
{  char t;  int i=0,j=0,k=-1;
   while( ______________)
   {  if(x[i]<y[j] ) t=x[i++];
      else t=y[j++];
      while(x[i]==t) i++;
      while(y[j]==t) j++;
      _____________ =t;
   }
   while(x[i])
      if(x[i]!=z[k])  z[++k]=x[i++];
      else  i++;
   while(y[j])
      if(y[j]!=z[k]) z[++k]= y[j++];
      else j++;
   z[++k]= '\0';
}
void sort(char s[])
{  int i,j,k,n;  char t;
   n=strlen(s);
   for(i=0; i<n-1; i++)
    {  __________________ ;
       for(j=i+1; j<n; j++)
          if(s[k]>s[j]) k=j;
       if (k!=i )
         {  t=s[k]; s[k]=s[i]; s[i]=t; }
    }
}
int main()
{  char s1[100]="good",s2[100]="morning",s3 [200];
   sort(s1);
   sort(s2);
   merge(s1,s2,s3);
   puts(s3);
   return 0;
}
```

【答案】　第一空：$x[i]\&\&y[i]$或 $x[i]!=$ '\0 '&&$y[i]$!= '\0 '　第二空：$z=[++k]$　第三空：$k=i$

【答案解析】　函数 merge 合并两个字符串。第一空为循环结束条件，当两个字符串不空时执行。第二空将 t 中存放的字符放入 z 指向的字符串 s3 中，即将 t 赋给数组 $z[k]$，同时下标

k 增 1，*k* 的初值为–1，应先增 1 后再用，故填 *z*[++*k*]。第三空所在的函数是选择排序，先将 *i* 的下标记录下来，存放在变量 *k* 中。

5. 以下程序的功能是：对于一个长度不超过 50 的字符串 s，按输入的命令进行删除、插入字符的操作。删除和插入命令的格式如下。

（1）删除命令格式：D　a　（a 表示被删除的字符）。

命令功能：从字符串 s 中删除字符 a，若 s 串中有多个 a，只删除第一个。

例如，s 字符串为“This is a book..”，执行命令“D s”后，s 字符串变为“Thi is a book.”。

（2）插入命令格式：I　a1　a2（a1 表示定位字符，a2 表示要插入的字符）。

命令功能：将字符 a2 插入到字符串 s 中最后一个出现的字符 a1 的前面。

例如，s 字符串为“This is a book.”，执行命令“I s d”后，s 字符串变为“This ids a book.”

```
#include <string.h>
#include <stdio.h>
void delete(char s[],char c);
void insert(char s[],char c1,char c2);
int main()
 {  char s[50]="This is a book.",op,c1[2],c2[2]; int i,p,k;
    printf ("\nInput command\n");
    scanf("%c", ________________ );
    switch(op)
     {  case  'D': scanf("%s",c1);delete(s,c1[0]); break;
        case  'I': scanf("%s%s",c1,c2); insert(s,c1[0],c2[0]);
        break;
        default: printf("\nCommand format error!\n");  return 1;
     }
    printf("%s\n",s);
    return 0;
 }
void delete(char s[],char c)
 {  int i,n=-1;
    for(i=0;s[i]!='\0';i++)
       if(s[i]==c)  { n=i;  break;  }
    if(n==-1)
    {  printf("\nThereis  no\'%c\'inthe\"%s\"\n",c,s);exit(1);}
    for(i=n; s[i]!='\0';i++)  s[i]= ____________________ ;
}
void insert(char s[],char c1,char c2)
  {  int i,n= -1,m;
     for(i=0; s[i]!= '\0';i++)
```

```
            if(s[i]==c1) n=i;
        if(n==-1)
          { printf("\nThere  is  no\'%c\'in  the\"%s\"\"n",c1,s);
          exit(0); }
        m=strlen(s);
        for(i=m; i>n;i--) s[i]=s[i-1];
        ______________________ ;
    }
```

【答案】　第一空：&op　第二空：*s*[*i*+1]　第三空：*s*[*n*]=*c*2 或者 *s*[*i*]=*c*2

【答案解析】　在字符串中删除一个字符和插入一个字符。

第一空输入一个字符，字符的变量名由下面的 switch 语句可知为 op，根据输入的 op 来决定执行删除命令还是插入命令。

第二空所在的函数功能是删除字符，只要在找到删除的位置后将后面的字符前移，即将 *s*[*i*+1]替代 *s*[*i*]。

第三空所在的函数是插入字符，在确定插入点 *n* 后从后往前将字符后移，最后将所插的字符放在该位置上，将插入的字符 c2 赋给 *s*[*n*]，即 *s*[*i*]。

6. 以下程序完成两个长正整数的加法运算并输出计算结果。函数 add 模拟手工加法运算的过程，将 *a* 和 *b* 指向的数组中存储的两个以字符串形式表示的 *n* 位正整数相加，并将运算结果以字符串形式保存到 *c* 指向的数组中。main 函数中 p1 和 p2 数组分别存放被加数字符串和加数字符串，p3 数组存放运算结果字符串。若 p1 中的字符串为"1000000001"，p2 中的字符串为"9000000009",调用 add 函数后 p3 得到的是以字符串表示的这两个整数相加的结果"10000000010"。试完善程序以达到要求的功能。

```
#include "stdio.h"
#include "string.h"
void add(char a[],char b[],char c[],____________)
{  int i,k;
   c[n]='\0';k=0;
   for(i=n-1;i>=0;i--)
   {  c[i]=(a[i]-'0')+(b[i]-'0')+k;
      k=____________________;
      c[i]=c[i]%10+'0';
   }
   if(k)
   {  for(i=n+1;i>0;i--)  c[i]=____________;
      c[i]=k+'0';
   }
}
int main()
{  char p1[80]="1000000001",p2[80]="9000000009",p3[80];
```

```
    int i,x=strlen(p1),y=strlen(p2);
    if(x<y)
    {  for(i=x;i>=0;i--)
        {  p1[i+y-x]=p1[i];p1[i]='0'; }
         ____________________;
        }
    if(x>y)
      for(i=y;i>=0;i--)
        {  p2[i+x-y]=p2[i]; p2[i]='0';  }
    add(p1,p2,p3,x);
    puts(p3);
    return 0;
}
```

【答案】 第一空：int *n* 第二空：*c*[*i*]/10 第三空：*c*[*i*–1] 第四空：*x*=*y* 或 *x*=strlen(p2)或 *x*=strlen(p1)

【答案解析】 进行数字字符与数的相互转换，并且用到字符串的移位。

主函数中 *x* 为字符串 p1 的长度，*y* 为字符串 p2 的长度，如果两个字符串长度不等，则长度小的字符串前面添 0。若 *x*<*y*，则 p1 前添 0，添 0 后 *x* 的值与 *y* 相等了，所以最后一空填 *x*=*y*，或者说 *x* 的值为新 p1 的长度。

函数调用语句中有 4 个实参，第 4 个实参 *x* 传递给子函数 add，第一空 add 函数的第四个形参为字符串长度 *n*，为整型，填 int *n*。

第二空填 *k* 的值，*k* 是 *a*[*i*]与 *b*[*i*]对应的数字相加后的进位，除以 10 取整数。

第三空若最高位有进位则从结束标志开始将各位往后移，并将进位 *k* 对应的数字字符赋给 *c*[0]。

7. 下列程序的功能是对 *a* 数组 *a*[0]～*a*[*n*–1]中存储的 *n* 个整数从小到大排序。排序算法是：第一趟通过比较将 *n* 个整数中的最小值放在 *a*[0]中，最大值放在 *a*[*n*–1]中；第二趟通过比较将 *n* 个整数中的次小值放在 *a*[1]中，次大值放在 *a*[*n*–2]中，以此类推，直到待排序序列为递增序列。试完善程序以达到要求的功能。

```
#include<stdio.h>
#define  N 7
void sort(int a[],int n)
{  int i,j,min,max,t;
   for(i=0;i<____________;i++)
   {   ________________ ;
       for(j=i+1;j<n-i;j++)
           if(a[j]<a[min]) min=j;
           else if(a[j]>a[max]) max=j;
       if(min!=i)
          {   t=a[min]; a[min]=a[i]; a[i]=t;  }
```

```
            if(max!=n-i-1)
                if(max==i)  { t=a[min];a[min]=a[n-i-1];a[n-i-1]=t;}
                else    { t=a[max];a[max]=a[n-i-1];a[n-i-1]=t;}
        }
}
int main()
{  int a[N]={8,4,9,3,2,1,5},i;
    sort(a,N);
    printf("sorted:\n");
    for(i=0;i<N;i++)  printf("%d\t",a[i]);
    printf("\n");
    return 0;
}
```

【答案】　第一空：$n/2$　第二空：min=max=i

【答案解析】　简单选择法排序的变形。第 1 趟比较将 n 个整数中最小的数放在 $a[0]$中，最大的数放在 $a[n-1]$中，比较一趟排了 2 个，即一个最小数、一个最大数，比较的趟次是经典排序算法的一半，即 $n/2$ 次。第一空填 $n/2$，为外循环次数。

第 i 趟排序先假定第 i 个元素为最小元素，也是最大元素，其他元素与之比较，找出最小元素下标和最大元素下标，再交换，将最小元素放在剩余元素的最前面，最大元素放在剩余元素的最后面。min 存放最小元素下标，max 存放最大元素下标，第二空将下标 i 赋给 min 和 max。

8. 以下程序在 3～50 范围内验证：大于等于 3 的两个相邻素数的平方之间至少有 4 个素数。例如，3 和 5 是相邻素数，3^2～5^2 有素数 11、13、17、19、23。试完善程序以达到要求的功能。

```
#include<stdio.h>
#include<stdlib.h>
#include<math.h>
int prime(int n)
{  int i;
   for(i=2;i<=sqrt(n);i++)
      if(_______________) return 0;
   return 1 ;
}
int main()
{  int i,j,k=0,m,n,c,a[30]={0};
   for(i=3;i<50;i++)
      if(prime(i))  _______________  ;
   for(i=0;i<k-1;i++)
   {  m=a[i]*a[i];
```

```
        n=a[i+1]*a[i+1];
        c= ______________ ;
        for(j=m+1;j<n;j++)
          if(______________) c++;
        if(c>=4)
          printf("\n %d*%d-%d*%d:%d",a[i],a[i],a[i+1],a[i+1],c);
        else  {printf("Error");exit(0) };
      }
      return 0;
    }
```

【答案】 第一空：*n*%*i*==0 或!(*n*%*i*) 第二空：*a*[*k*++]=*i* 第三空：0 第四空：prime(*j*)

【答案解析】 prime 函数是经典的求素数的算法，是素数返回 1，否返回 0。第一空判断 *n* 能否被 *i* 除尽，若能则 *n* 不是素数。主函数中的 *k* 为存放素数的数组 *a* 的下标。第二空若 *i* 是素数，则放入数组 *a* 中。下面的 for 循环开始验证，*m* 是一个素数的平方，*n* 是相邻素数的平方。第三空填 *n* 与 *m* 之间素数的个数 *c* 的初值，为 0。下面的 for 循环求 *m* 与 *n* 之间素数的个数，若 *j* 是素数，则 *c* 增 1。最后的 if 语句，如果至少有 4 个素数，则输出两个数平方之间的素数个数。

9. 以下程序求一组整数的最大公约数。试完善程序以达到要求的功能。

```
#include<stdio.h>
int gcd(int a,int b)                //求 a 和 b 的最大公约数
 {  int r;
    while(______________)
    {  r=a%b; a=b;  ______________; }
       return a;
    }
int main()
{   int x,i,a[6]={12,56,48,32,16,24};
    x= ______________ ;
    for(i=1;i<6;i++)
       x=gcd(______________,a[i]);
    printf("(%d,",a[0]);
    for(i=1;i<5;i++)  printf("%d,",a[i]);
    printf("%d)=%d\n",a[5],x);
    return 0;
}
```

【答案】 第一空：*b* 或 *b*!=0 第二空：*b*=*r* 第三空：*a*[0] 第四空：*x*

【答案解析】 子函数是经典的求两个整数的最大公约数。主函数求一组整数的最大公约数，先将数组的第一个元素赋给 *x*，然后将前两个数组元素的最大公约数赋给 *x*，再求 *x* 与下一个数组元素的最大公约数，最后得到的 *x* 就是一组整数的最大公约数。

10．程序功能：寻找具有下列特性的 4 位正整数，其百位数为 0，去掉百位数 0 可得到一个 3 位正整数，而该 3 位正整数乘以 9 等于原 4 位正整数。例如，6075=675×9，所以 6075 是具有上述特性的正整数。

```
#include<stdio.h>
int fun(int n)
{  int a[4],i,k;
   k=n;
   for(i=0;k>0;i++)
   {  a[i]=________________ ;
      k/=10;
   }
   if(______________ && (a[3]*100+a[1]*10+a[0])*9==n)  return 1;
   else    return 0;
}
int main()
{  int i,n=0;
   for(i=1000;i<10000;i++)
      if(fun(i)) printf("%4d\t",i);
   printf("\n");
   return 0;
}
```

【答案】　第一空：*k*%10　第二空：*a*[2]==0 或!*a*[2]

【答案解析】　整数拆分与拼接问题及求满足要求的数。先数字分离，再将满足要求的数字拼成整数，并进行条件判断后输出满足要求的数。

fun 函数中，首先将 *n* 保留下来，对 *k* 进行操作。然后数字分离，将 4 位正整数的每位放入数组 *a* 中。第一空求余数，最低位放入数组 *a* 中，个位放入 *a*[0]。语句 *k*/=10 是去掉最低位，再对剩余的位数进行操作。

第二空中，判断是否满足条件，若百位为 0 且其他 3 位拼起来乘以 9 以后等于原来的 *n*，则返回 1。要填的是百位为 0，百位是 *a*[2]。

11．以下程序的功能是找到具有这样特性的正整数 *A*：若将 *A* 的个位数 *p* 移到首位，所得到的数为原数的 *p* 倍。例如，将 102564 的个位数 4 移到首位得到 410256，而 410256=102564×4，因此数 102564 具有此特性。对于 *p*=2,3,4,5,6,7,8,9 均存在具有此特性的整数。但除本例外，其余数的位数均超过 12，不能用普通整型数表示，但可用类似手算的方法找到它们。

函数 int search(int *p*)的功能是：找到末位数是 *p* 且具有上述特性的正整数 *A*，以十进制形式将 *A* 保存到数组 *a* 中，每个数组元素保存 *A* 的一位数（个位数 *p* 保存在 *a*[0]中，十位数保存在 *a*[1]中，百位数保存在 *a*[2]中，其他位以此类推）。

算法提示：（1）将 *p* 保存到 *a*[0]，将 *a*[0]向 *a*[1]的进位值置为 0；

（2）对于 *i*=1,2,3,…,计算“*a*[*i*−1]**p*+*a*[*i*−1]向 *a*[*i*]的进位值”得到 *t*，若 *t*=*p* 则 *A* 已找到，

否则将 t 的个位数保存到 $a[i]$，t 的十位数作为 $a[i]$向 $a[i+1]$的进位值。

```
#include <stdio.h>
#define N 60
int a[N];
int search(int p)
{  int i,t,c=0;
   a[0]=______________;
   for(i=1; i++)
    {  t=____________________;
       if(t==p) break;
       a[i]=t%10; c=t/10;
    }
   return i;
}
int main()
{  int p,i,n;
   scanf("%d",&p);
   n=search(p);
   printf("p=%d; A=",p);
   for(i=______________;i>=0;i--)  printf("%d",a[i]);
   return 0;
}
```

【答案】　第一空：p　第二空：$a[i-1]*p+c$　第三空：$n-1$

【答案解析】　根据提示来填程序。算法提示（1）中将 p 保存到 $a[0]$，第一空填 p。算法提示（2）中计算"$a[i-1]*p+a[i-1]$向 $a[i]$的进位值"得到 t，第二空就与表达式有关，而且还可能有进位 c，将提示中的 $a[i-1]$改为 c。

第三空：输出数组 a 的每一个元素，共 n 位，循环 n 次，循环变量 i 的初值为 $n-1$。

12．以下程序在已知 n 个人原始排列顺序的情况下，计算它们按以下规则出列的顺序。

设有 n 个人站成一个队列，每人有一个唯一的编号 I（$1 \leqslant I \leqslant n$），从左往右"1,2,1,2,…"报数，报到"1"的出列，报到"2"的人立即站到队伍的最右端，报数过程反复进行，直到 n 个人都出列为止。例如，当 $n=8$ 时，若初始编号序列为 1,2,3,4,5,6,7,8，则出列顺序为 1,3,5,7,2,6,4,8。

算法提示：声明数组 $p[n+1]$将 n 个人的初始编号序列 1～n 依次存入 $p[1]$～$p[n]$中，这里把 $p[0]$～$p[n]$看作一个循环队列，$p[f]$为队首元素，$p[r]$为队尾元素，令队首初始下标 $f=1$，队尾初始下标 $r=0$。反复执行下列操作直到队列为空（$f=r$）：

（1）输出队首元素并删除队首元素；

（2）把队首元素插到队尾并删除队首元素。

```
#include <stdio.h>
#define n 8
```

```
int main()
{  int p[n+1];int f,r;
   for (f=1;f<=n;f++)  p[f]=f;      //1-n 存入 p 数组中
   f=1;r=0;                         //p[f]为队首，p[r]为队尾
   do
   {  printf("%3d",p[f]);           //打印队首元素
      f= __________;     //删除队首元素，p[f]的下一个为队首,即第 2 个为
                           队首
      p[r]=p[f];        //队首元素(报数为 2 的元素)移到队尾，p[r]指向队
                          首元素
      r= __________;     //队尾元素的下标为刚移到队尾的元素
      f=(f+1)%(n+1);     //p[f]的下一个为队首，即第 3 个元素
   }while(___________);//直到队列为空，即 f=r
   return 0;
}
```

【答案】　第一空：$(f+1)\%(n+1)$　第二空：$(r+1)\%(n+1)$　第三空：$f!=r$

【答案解析】　f 和 r 都是数组 p 的下标。具体解析见程序注释。

13. 下面程序模拟了骰子的 6000 次投掷，并输出骰子每一面出现的次数。试完善程序以达到要求的功能。

```
#include <stdio.h>
#include <time.h>
#include <stdlib.h>

int main( void )
{
   int face,roll,frequency[7]={0};
   srand(time(NULL));
   for(roll=1;roll<=6000;roll++){
       face=___________;
       ++___________;
   }
   printf("%4s%17s\n","Face","Frequency");
   for(face=1;face<6;face++)
       printf("%4d%17d\n",face,frequency[face]);
   return 0;
}
```

【答案】　第一空：rand()%6+1　第二空：frequency[face]

14. 下面程序的功能是：找出 10 个数中最大值、最小值以及其在数列中的下标位置。试完善程序以达到要求的功能。

```
#include <stdio.h>
int main( void )
{
   int a[10],i,minpos,maxpos;
   for(i=0;i<10;i++)
      scanf("%d",&a[i]);
   minpos=maxpos=0;
   for(i=1;i<10;i++){
      if(__________)
         minpos=i;
      else if(a[i]>a[maxpos])
         __________;
   }
   printf("max=%d,pos=%d\n",a[maxpos],maxpos);
   printf("min=%d,pos=%d\n",a[minpos],minpos);
   return 0;
}
```

【答案】 第一空：*a*[*i*]<*a*[minpos] 第二空：maxpos=*i*

15. 下面函数的功能是：删除字符串 *s* 中所出现的与变量 *c* 相同的字符。试完善程序以达到要求的功能。

```
void Squeeze( char s[],char c)
{
   int i,j;
   for(i=j=0;__________;i++)
      if(s[i]!=c){
         __________;
         j++;
      }
   s[j]='\0';
}
```

【答案】 第一空：*s*[*i*]!='\0' 第二空：*s*[*j*]=*s*[*i*]

16. 已知 find 函数的功能是在数组 *a* 中查找整型数 key。试完善程序以达到要求的功能。

```
#define N 10
int find(int a[N],int key)
{
    int m;
    p=0;q=N-1;
    while(__________)
    {
```

```
        m=(p+q)/2;
        If (a[m]==key)
        {
             return (m);
             break;
        } else if(key<a[m])
            ________
        else
            p=m+1;
    }
    if (p>q)
          return (-1);
}
```

【答案】 第一空：*p*<=*q*　第二空：*q*=*m*–1

第7章　指　　针

7.1　本章导学

（1）指针的概念。
（2）指向变量的指针。
（3）指向数组的指针。
（4）指针数组和指向指针的指针。
（5）指针与函数。

7.2　重点难点释疑

7.2.1　指针的概念

1. 地址

内存中每个字节都有一个编号，该编号称为地址。

2. 变量的地址

变量的地址即变量存放在内存的位置。

3. 指针变量

专门存放变量地址的变量叫指针变量。

（1）直接访问：按变量地址存取变量值，即直接用变量名访问变量，简单、方便。

（2）间接访问：通过存放变量地址的变量去访问变量，即采用指针的方式实现对变量的访问。

4. 指针变量的定义

格式：　数据类型　*指针变量名;

说明：

①“数据类型”是指针的目标变量的数据类型，即可以存放哪种类型变量的地址。

② 指针变量本身的类型是地址，占2字节，与它指向的目标变量的类型无关。

定义处的“*”表示定义指针变量，是类型说明符，不是“*”运算符。例如，声明 int *p1; 中，指针变量名是 p1 ，不是*p1。

7.2.2　指向变量的指针

1. 基本类型变量指针的获得

指针就是一个变量的地址。指针变量就是存放变量地址的变量。

指针变量的赋值通过取地址运算符“&”实现，间接访问运算通过“*”运算符实现。“&” 与“*”互为逆运算。

2. “&”与“*”运算符

（1）取地址运算符“&”：取变量的地址。

一般形式如下：

&变量名;

优先级：2。

结合性：自右向左。

目数：单目运算符。

例如：

```
int i=10, *pointer;
*pointer=&i;     //将整型变量 i 的地址赋值给指针变量 pointer，那么指针变量 pointer 指向变量 i
```

（2）间接访问运算符“*”：指针运算符，取指针变量所指向变量的内容。

一般形式如下：

*指针变量名;

优先级：2。结合性：自右向左。目数：单目运算符。

间接访问运算符“*”是指针最重要的运算符；在“*”运算符后面跟的变量必须是指针变量。指针指向该变量，对指针作间接访问运算，就表示该变量。

例如：

```
int i=10, *pointer;   *pointer=&i;
printf("i=%d\n", *pointer);  //将 i 的地址赋给 pointer，*pointer 就是 pointer 指向的 i 的内容，为 10
```

3. 指针变量的初始化、赋值

指针变量定义后，应用前必须先赋值，或者初始化。

一般形式如下：

数据类型　*指针名=初始地址值;

例如：

```
int i, *p=&i;     //相当于下列赋值的方式：int i, *p;  p=&i;
```

又如：

```
int i, *p=&i;   int   *q=p;     //此处用已初始化指针变量作初值，指针变量 p、q 都指向变量 i
```

4. 指针变量的基本类型

（1）指针变量的类型：指针变量声明中的“数据类型”是指针变量指向的变量的类型。

（2）指针变量与其指向的变量的数据类型：指针变量与其指向的变量的数据类型要一致。如果想让不同类型的指针变量相互赋值，必须进行强制类型转换

（3）零指针：空指针，指针变量值为零，表示指针变量值没有意义。常作状态比较，例如：while(p!=NULL)

（4）void 类型指针：不指定 *p* 是指向哪一种类型的变量，当指针变量指向的变量类型暂时未确定时使用，使用时要进行强制类型转换。表示形式如下：

```
void  *p;
```

7.2.3 指向数组的指针

1. 指针与一维数组

一个数组是存放在一块连续的内存中的，数组名就是这块连续内存的首地址。

对于一维数组，若有定义“int *a*[10];”，则数组名 *a* 表示数组的首地址，即 *a*[0]的地址。数组名 *a* 是地址常量，不能进行自增或自减运算，或者被赋值。

1）指向数组元素的指针变量的声明、初始化

若有声明“int *a*[10],**p*;”，则让指针变量 *p* 指向数组的第一个元素的方法为：

“*p*=&*a*[0];”或者“p=a;”，也可以在声明时进行初始化“int a[10], *p=a;”。

让指针变量指向其他的元素只要将该元素的地址赋值给指针变量即可。如指向 *a*[5]：“*p*=&*a*[5];”。

2）数组元素的表示方法

若有声明“int *a*[10], **p*=*a*;”，指针 *p* 指向数组 *a* 的第一个元素，要表示数组的第 *i* 个元素，可以采用以下形式。

（1）下标表示法：*a*[*i*]、*p*[*i*]。

（2）指针表示法：*(*a*+*i*)、*(*p*+*i*)。

说明：

① 数组名 *a* 表示数组的起始地址，是第一个元素 *a*[0]的地址，*a*+*i* 是元素 *a*[*i*]的地址。

② 如果指针变量 *p* 的初值为&*a*[0]，则 *p*+*i* 就是元素 *a*[*i*]的地址。

例如，下面的 for 语句都是输出数组元素：

```
int a[5]={1,2,3,4,5},*p,i;
for(i=0;i<5;i++)      printf("%d",a[i]);  printf("\n ");
                                              /*下标法*/
for(i=0;i<5;i++)    printf("%d ",*(a+i));  printf("\n ");
for(p=a,i=0; i<5; i++)   printf("%d ",*(p+i));  printf("\n");
for(p=a; p<a+5; p++)   printf("%d ",*p);  printf("\n ");
                                              /*指针法*/
for(p=a ,i=0;i<5;i++)   printf("%d",p[i]);
```

3）指针的运算及引用

（1）指针变量的赋值运算。

若有声明“int *x*, array[10], **p*, **p*1;”，则可以进行如下赋值运算：

p=&x;　p=array;　p=&array[i];　p1=p;　//不能把一个整数赋给 p，也不能把 p 的值赋给整型变量

（2）指针的算术运算。

指针的算术运算一般用于数组的操作中，对同一个数组而言，算术运算才有意义。

① 自增 *p*++或自减运算 *p*--：让指针指向下一个或上一个变量。

a. *p*++或者 *p*--是合法的，而 *a*++或 *a*--是非法的，因为 *p* 是指针变量，*a* 是指针常量。

b. **p*++相当于*(*p*++)，因为*与++优先级相同，结合方向为右结合。

c. **p*++与*++*p* 的区别：若 *p* 的初值为 *a*，则前者等价于 *a*[0]，后者等价于 *a*[1]。

d. (**p*)++表示将 *p* 指向的变量的值加 1。

② 加减运算：*p*+*i*, *p*–*i*, *p*+=*i*, *p*–=*i*：让指针往下移 *i* 个或者往上移 *i* 个变量。

如果 *p* 指向 float 型数组，则 *p*+1 即为 *p*+1 ×4，一个 float 数占 4 字节。

如果 *p* 指向 int 型数组，且 *p*=&*a*[0]，则 *p*+1 指向 *a*[1]。

③ 两个指针变量相减运算：两个指针变量相减所得之差是两个指针变量所指数组元素之间相差的元素个数。

例如：

int a[10],*p,*q;　p=a;q=&a[9];　//q-p 为 9。两个指针变量相加毫无意义

（3）指针变量的关系运算：指向同一数组的两个指针变量的关系运算表示它们所指数组元素之间的关系。

① 若 p1 和 p2 指向同一数组，则 p1<p2 表示 p1 指的元素在前，p1>p2 表示 p1 指的元素在后；p1==p2 表示 p1 与 p2 指向同一数组元素。

② 若 p1 与 p2 不指向同一数组，比较无意义。

③ 判断 *p* 是否为零指针：*p*==NULL 或 *p*!=NULL。指针变量为零指针与指针变量未赋值是不同的，指针变量未赋值时，可以为任意值，是不能使用的，指针变量为零指针表示它不指向任何变量，可以使用。

2. 指针与二维数组

（1）二维数组的含义：C 语言把二维数组分解成一维数组组成的一维数组。

若有二维数组的声明“int *a*[3][4];”是数组名，包含三个元素：*a*[0],*a*[1],*a*[2]。每个元素 *a*[*i*]又是一个一维数组，包含 4 个元素，例如，*a*[0]数组含有以下四个元素：*a*[0][0]、*a*[0][1]、*a*[0][2]、*a*[0][3]。

说明：

① *a* 是二维数组的首地址，即第 0 行的首地址，是指针常量，不能被赋值。

② *a*+*i* 是第 *i* 行的首地址，即&*a*[*i*]，指向行。

③ *a*[*i*]即*(*a*+*i*)，是第 *i* 行第 0 列的元素地址，即&*a*[*i*][0]，指向列。

④ *a*[*i*]+*j* 即*(*a*+*i*)+*j*，是第 *i* 行第 *j* 列的元素地址。

（2）二维数组元素的表示方法。

若有二维数组的声明“int a[3][4];”，要表示数组的第 *i* 行第 *j* 列元素，可以采用以下形式：

```
a[i][j]、 *(a[i]+j)、 *(*(a+i)+j)、 (*(a+i))[j]
```

（3）数组指针：把二维数组分解成一维数组以后，可以定义指向二维数组的指针变量，即数组指针。其定义形式如下：

数据类型　(*指针名)[一维数组维数];

例如：

```
int   (*p)[4];
```

① *p* 是一个指向二维数组的指针变量，它指向包含 4 个元素的一维数组。

② *p* 的值是一维数组的首地址，*p* 是行指针。

③ 括号( )不能少，int (**p*)[4]与 int **p*[4]不同，前者为数组指针，相当于二维数组，后者为指针数组。

④ 一维数组指针变量维数和二维数组列数必须相同，可让数组指针 *p* 指向一个二维数组。例如：

```
int   a[3][4],  (*p)[4]=a;     //数组a的列数为4，数组指针p的维数也为4
```

3. 指针与字符串

字符指针变量与字符数组：C 语言中，用字符数组存放字符串，也可用指针指向一个字符串常量。例如，把字符串的首地址赋给指针变量 string：

```
char  *string;      string="I love China! ";
```

或者采用初始化的方式：

```
char  *string="I love China! ";      //比较char  *cp;与 char str[20];
```

说明：

① 数组 str 由若干元素组成，每个元素存放一个字符；而指针变量 cp 中存放字符串首地址。

② str 是地址常量，cp 是地址变量，所以，“char　*cp;　cp="I love China! ";”是允许的；“char　str[20];　str="I love China! ";”是不允许的，改成“char　str[20]="I love China! ";”就可以了。

③ cp 接受键入字符串时，必须先开辟存储空间。下面的语句不能实现将字符串正确地保存到数组 *a* 中：

```
char a[30],*p=a;    p="This is a C program.";
```

7.2.4　指针数组和指向指针的指针

1. 指针数组

1）指针数组的声明

格式：

数据类型 *数组名[数组长度];

其中，数据类型为指针所指向变量的数据类型。

例如："int *p[4];" 表示 *p* 是有 4 个元素的数组，数组 *p* 的每个元素都是一个指针，分别指向一个整型数据。

2）指针数组赋值

（1）处理二维数组。

若有声明 "int *b*[2][3],*pb[2];"，则可以进行如下赋值：

```
pb[0]=b[0];        pb[1]=b[1];
```

或者：

```
for (i=0;i<2;i++)  pb[i]=b[i];
```

数组 pb 中的第一个元素 pb[0]指向数组 *b* 的第一行的第一个元素 *b*[0][0]，pb[1]指向 *b*[1][0]。

（2）处理字符串。例如：

```
char a[]="Fortran", b[]="Lisp", c[]="Basic";    char *p[4];
        p[0]=a;  p[1]=b;  p[2]=c;  p[3]=NULL;
```

或者

```
char *p[4];      p[0]= "Fortran";  p[1]= "Lisp";  p[2]= "Basic";
p[3]=NULL;
```

3）指针数组初始化

（1）处理二维数组，例如：

```
int b[2][3],*pb[ ]={b[0],b[1]};
```

（2）处理字符串，例如：

```
char *p[]={"Fortran", "Lisp", "Basic",NULL};
```

4）数组指针与指针数组的区别

数组指针是指向数组的指针，而指针数组则是元素为指针的数组。

例如，如何区分 int (*p)[4]与 int *p[4]?

（1）(*p)[4]为数组指针，是指向二维数组的指针变量，指向的二维数组的列数为 4；数组指针 *p* 与数组名 *a* 都指向二维数组 *a* 的第一行，*p*+1 指向二维数组 *a* 的第二行；*(*p*+0)指向二维数组 *a* 的第一行的第一个元素，可以用*(*(*p*+*i*)+*j*)表示 *a*[*i*][*j*]；可用 p 访问数组中的每一个元素，语法格式与数组名 *a* 访问数组元素相同，*a* 是常量，*p* 是变量。

（2）*p[4]为指针数组：*p[4]有 4 个下标变量 *p*[0]、*p*[1]、*p*[2]、*p*[3]均是指针变量。

2. 指向指针的指针

定义格式：

数据类型　**指针名;

例如：

```
char   **p;      //*p 是 p 间接指向对象的地址，**p 是 p 间接指向对象的值
int   **p1;    int  *p2;  int  i=3;   p2=&i;    p1=&p2;     **p1=5;
```

说明：指针数组名是二级指针常量。

例如，若有声明 int **p 与 int *q[10]，若 *p*=*q*，则 *p*+*i* 是 *q*[*i*]的地址。

指针数组作为形参，int *q[ ]与 int **q 完全等价；但作为变量定义两者不同，系统只给 *p* 分配能保存一个指针值的内存区；而给 *q* 分配 10 块内存区，每块可保存一个指针值。

7.2.5 指针与函数

1. 指针作为函数的参数

1）将基本类型变量的指针传递给函数

指针变量作为函数参数，进行地址传递。

2）数组名作为函数参数

数组名作为函数参数传递的是数组起始地址，属于地址传递。

数组名作为函数参数，实参与形参共享内存空间，形参既可以用数组名表示，也可以用指针表示。

若有一级指针变量 int *p ;与一维数组 int a[10]; 则它们的区别如下：

① 数组名 *a* 是地址常量，指针 *p* 是地址变量。

② 数组元素的表示方法：下标法和指针法。若 *p=a*，则以下表示法等价：*p[i]*、*a[i]*、*(p+i)*、*(a+i)*。

③ 形参数组实质上是指针变量，即 *f*(int a[ ]) 相当于 *f*(int *a)。

④ 系统只给 *p* 分配能保存一个指针值的内存区(一般 2 字节)；而给 *a* 分配 2×10 字节的内存区。

3）二维数组的指针作为函数参数

二维数组的指针作为函数的参数，形参和实参可以用下列几种形式：用指向变量的指针变量；用指向一维数组的指针变量；用二维数组名。

2. 指向函数的指针

1）指向函数的指针变量的声明

格式：

数据类型 (*指针变量名)();

例如：

```
int (*p)();
```

说明：

① 数据类型为被指向的函数返回值的数据类型。“*”后面的变量名 *p* 是定义的指针变量。

② *p 外的括号()不能省，int (*p) ( )与 int *p ( )不同：int (*p) ( )是指向函数的指针；int *p()为返回值为指针的函数。

③ *p 后的括号()不能省，表示指针变量指向的是一个函数。

④ 指针 *p* 专门存放函数入口地址，可指向返回值类型相同的不同函数。

2）指向函数的指针变量的赋值

定义了指向指针的函数后，可以将函数的入口地址赋给指向函数的指针变量。

例如：

```
int   (*p)();
p=f;                /*f 为函数名*/
```

注意：函数指针变量指向的函数必须有函数声明。

3）函数调用

一般形式如下：

```
(*指针变量名)(实参表);
```

4）函数指针变量形式调用函数的步骤

① 函数声明。

② 函数指针变量声明。

③ 函数指针变量赋值。

④ 用函数指针变量形式调用函数。

3. main 函数的参数

main 函数的参数只能有两个，习惯上这两个参数写为 argc 和 argv。带参数的 main 函数形式如下：

```
main(int  argc, char  *argv[ ])
{    …
}
```

第一个参数 argc 必须是整型变量，第二个参数 argv 必须是指向字符串的指针。

由于 main 函数只能调用别的函数，不能被其他函数调用，因此不可能在程序内部取得实际值，main 函数的实际参数是从操作系统命令行上获得的。

命令行是指在操作系统状态下，为执行某个程序而键入的一行字符。命令行形式如下：

```
可执行程序文件名    参数 1   参数 2 …参数 n ;
```

可执行程序文件名与参数之间、参数与参数之间用空格隔开。

假设有一个 C 语言源程序通过编译、链接后产生可执行文件名 file，两个参数为 China 和 Jingsu，则命令行写成如下形式：

```
file China Jingsu
```

1）形式参数 argc

命令行中参数个数，可执行文件名本身也算一个参数，argc 的值是在输入命令行时由系统根据实际参数的个数自动赋给的。命令行“file China Jingsu”中 argc 的值为 3。

2）形式参数*argv[]

数组元素指向命令行参数中各字符串首地址。第一个字符串为 main 的可执行文件名。例如，命令行“file China Jingsu”中有 3 个字符串，这些字符串的首地址构成一个指针数组，所以指针数组分别指向这 3 个字符串。

① 指针 argv[0]指向字符串"file"。

② 指针 argv[1]指向字符串"China"。

③ 指针 argv[2]指向字符串"Jingsu"。

命令行参数是在程序执行时，系统自动调用 main 函数时传递，即将命令行实参传给 main 函数的形参。

7.3 习题解答

7.3.1 课后习题解答

一、填空题

1. 若有以下定义和语句:

```
int a[4]={0,1,2,3},*p;
p=&a[2];
```

则*--p 的值是__________。

【答案】 1

【答案解析】 本题考查指向数组元素的指针的用法。整型指针 *p* 里存放了 *a*[2]的地址，即 *p* 指向 *a*[2]。*--*p* 表达式里，由于*和--都是单目运算符，所以从右至左计算，先算--*p*。执行完后 *p* 指向 *a*[1]，而--*p* 表达式的值和 *p*-1 之后的值相等，接下来执行*p*，此时 *p* 指向 *a*[1]，因此*p* 的值为 1。

2. 若有定义"int *a*[3][2]={2,4,6,8,10,12};"，则*(*a*[1]+1)的值是__________。

【答案】 8

【答案解析】 *a* 是一个 3 行 2 列的整型数组，*a*[1]+1 是 *a*[1][1]的地址，所以*(*a*[1]+1)为 *a*[1][1]。因此值为 8。

3. 设有以下定义的语句:

```
int a[3][2]={10,20,30,40,50,60}, (*p)[2];
p=a;
```

则 *(*(*p*+2)+1)值为__________。

【答案】 60

【答案解析】 *p* 为一个指向有两个整型元素的一维数组指针。*p*=*a*，则 *p* 指向了 *a* 的第 1 行，*p*+2 指向了第 3 行。*(*p*+2)是一个列指针，指向第 3 行第 0 个元素，即 *a*[2][0]。*(*p*+2)+1 则为 *a*[2][1]的地址。*(*(*p*+2)+1)为 *a*[2][1]的值，即 60。

4. 将函数 fun 的入口地址赋给指针变量 *p* 的语句是__________。

【答案】 *p*=fun

【答案解析】 函数名即为函数的入口地址，可以赋值给同类型的函数指针。因此，赋值语句为 *p*=fun。

5. 若有以下定义和语句:

```
int a[5]={1,3,5,7,9},*p;
p=&a[2];
```

则++(*p*)的值是__________。

【答案】 6

【答案解析】 本题中 *p*=&*a*[2]，则*p* 为 *a*[2]的值。++(*p*)相当于++*a*[2]，因此值为 5+1=6。

二、选择题

1. 若有语句"int *point,*a*=4;"和"point=&*a*;"，下面均代表地址的一个选项是（　　）。

A. *a*,point,*&*a*　B. &**a*,&*a*,*point　C. *&point,*point,&*a*　D. &*a*,&*point,point

【答案】 D

【答案解析】 选项 A 中*&*a* 相当于 *a*，是取 *a* 的值，不是地址。选项 B 中&**a* 是错的。*a* 是变量不是地址，因此不能使用*运算符取内容。选项 C 中*point 不是地址而是 *a* 的内容。只有选项 D 中三个表达式都代表地址。

2. 若有下列定义和语句，则对 *a* 数组元素的非法引用是（　　）。

```
int a[2][3], (*pt)[3]; pt=a;
```

A. pt[0][0]　B. *(pt+1)[2]　C. *(pt[1]+2)　D. *(*a*[0]+2)

【答案】 B

【答案解析】 pt 是一个指向一维数组的指针，本题中指向二维数组的首行。选项 B 中*(pt+1)[2]应该改为(*(pt+1))[2]。

3. 若有说明"int *i*, *j*=2,**p*=&*i*;"，则能完成 *i*=*j* 赋值功能的语句是（　　）。

A. *i*=**p*;　B. **p*=*&*j*;　C. *i*=&*j*;　D. *i*=***p*;

【答案】 B

【答案解析】 本题中 *p* 指向 *i*，因此选项 A 相当于 *i*=*i*。选项 B 中*&*j* 相当于 *j*。因此选项 B 正确。

4. 若有说明"int **p*,*m*=5,*n*;"，以下正确的程序段是（　　）。

A. `p=&n;scanf("%d",&p);`　B. `p=&n;scanf("%d",*p)`

C. `scanf("%d",&n);*p=n;`　D. `p=&n;*p=m;`

【答案】 D

【答案解析】 选项 A 中指针 *p* 里存放的是 *n* 的地址，scanf 函数的输入地址列表里&*p* 是指针变量 *p* 的地址，指针 *p* 里只能存放变量的地址，把数据输入到指针变量里是错误的。选项 B 中**p* 指的是 *n* 的内容，而 scanf 地址列表里需要 *n* 的地址。选项 C 中 *p* 指针并没有赋初值，因此**p*=*n* 是一个非法访问。选项 D 中 *p* 指向 *n*，然后把 *m* 的值赋值给**p*，相当于 *n*=*m*。

5. 下列选项中正确的语句组是（　　）。

A. `char s[8]; s={"Beijing"};`　B. `char *s; s={"Beijing"};`

C. `char s[8]; s="Beijing";`　D. `char *s; s="Beijing";`

【答案】 D

【答案解析】 选项 A 和 B 中，初始化列表只能用于对字符数组或字符指针进行初始化，不能用于赋值。选项 C 中，不能把地址赋值给数组名 *s*，因为 *s* 是指针常量。

6. 若有定义"int **p*[3];"，则以下叙述正确的是（　　）。

A. 定义了一个基类型为 int 的指针变量 *p*，该变量具有三个指针

B. 定义了一个指针数组 *p*，该数组含有三个元素，每个元素都是基类型为 int 的指针

C. 定义了一个名为**p* 的整型数组，该数组含有三个 int 类型元素

D. 定义了一个可指向一维数组的指针变量 *p*，所指一维数组应具有三个 int 类型元素

【答案】 B

7. 下面说明不正确的是（　　）。

A. `char a[10]="china";` B. `char a[10],*p=a;p="china"`

C. `char *a;a="china";` D. `char a[10],*p;p=a="china"`

【答案】 D

【答案解析】 选项D中，不能把地址赋值给字符数组名*a*，因为*a*是一个指针常量。

8. 若有“int *i*=3,**p*;*p*=&*i*;”，下列语句中输出结果为3的是（ ）。

A. `printf("%d",&p);` B. `printf("%d",*i);`

C. `printf("%d",*p);` D. `printf("%d",p);`

【答案】 C

【答案解析】 本题中指针*p*指向整型变量*i*；选项A输出的是指针变量的地址，选项B中*i*是普通变量，**i*是错误的；选项D中输出的是指针*p*的内容，即*i*的地址。选项C输出的是指针*p*的内容，即*i*，因此选项C是正确的。

9. 设有说明“int (*ptr)[*M*];”，其中标识符ptr是（ ）。

A. *M*个指向整型变量的指针

B. 指向*M*个整型变量的函数指针

C. 一个指向具有*M*个整型元素的一维数组的指针

D. 具有*M*个指针元素的一维指针数组，每个元素都只能指向整型量

【答案】 C

10. 程序段 char **p*[]={"ABC","DEF","GHI"}; int *j*; puts(*p*[1]); 的输出结果是（ ）。

A. A B. B C. D D. DEF

【答案】 D

【答案解析】 本题中，*p*是一个指针数组，*p*[1]是该数组的第二个元素，里面存放“DEF”的地址，因此puts(*p*[1])输出字符串“DEF”。

7.3.2 过程性自测及解答

一、填空题

1. 已知有声明“int *a*[3][2]={{1,2},{3,4},{5,6}},**p*=*a*[0];”，则执行语句“printf ("%d\n", *(*p*+4));”后的输出结果为__________。

【答案】 5

【答案解析】 数组在内存中按行存储，即存完第0行存第1行，该二维数组在内存中的存放顺序依次为1，2，3，4，5，6。*p*指向第0行第0列元素的地址，*p*+4为往后第四个元素的地址即*a*[2][0]的地址，*(*p*+4)为*a*[2][0]的值5。

2. 若有声明“char *a*[3]="AB";char **p*=*a*;”，执行语句“printf("%d",*p*[2]);”后输出的结果是__________。

【答案】 0

【答案解析】 指针*p*指向*a*，*p*为地址，加一个中括号表示元素，*p*[2]就是*a*[2]。数组元素*a*[2]为字符串"AB"的结束标志'\0'，输出格式“%d”要求输出字符'\0'的ASCII码值为0。

3. 若要使表达式 *p*="jiangsu"无任何错误（包括语法错误和警告错误），*p* 的声明形式应为__________。

【答案】 `char *p;`

【答案解析】　将一个字符串的地址赋给 *p*，只有当 *p* 为指针类型时才不会出错。表示地址的一是指针，二是数组名，数组名表示数组起始地址，是常量，其值不能改变。而指针是用来存放地址的变量，应该将 *p* 定义成指针，因为指向字符串，*p* 的基类型为 char。

4. 若有声明“char　*p="%d,%d\n";int　a=1,b=2;”，则执行语句“printf(p,a,b);”时输出__________。

【答案】　1,2

【答案解析】　*p* 指向字符串"%d,%d\n"，将 printf 语句中的 *p* 用该字符串替代，为“printf("%d,%d\n",a,b);”，输出对应的 *a* 和 *b* 的值。

5. 若有函数声明“int sub(int(*x1)(),int *x2);”，则形式参数 x1 是指向__________的指针变量。

【答案】　函数

【答案解析】　有关函数指针的问题。函数指针把指针作为参数传递到其他函数。

6. 下面程序段执行后，a 的值是__________。

```
int *p,a=10,b=1;
p=&a;
a=*p+b;
```

【答案】　11

7. 有定义“int a=7；int *point=&a;”，执行 point++后，变量 *a* 的值为__________。

【答案】　7

8. 若有以下定义，int a[ ]={2,5,9,16,20,18,3}, *p=a；则不移动指针 *p*，且通过指针 *p* 引用值为 18 的数组元素的表达式是__________。

【答案】　*(p+5)

9. 已知“int m[10]={9,4,12,8,2,10,7,5,1,3};”，则数组元素 m[m[4]+m[8]]的值是__________，*m+m[9]的值是__________。

【答案】　第一空：8　第二空：12

二、选择题

1. 若有声明“double x=3,c,*a=&x,*b=&c;”，则下列语句错误的是（　　）。

A. a=b=0;　　B. a=&c,b=a;　　C. &a=&b;　　D. *b=*a;

【答案】　C

【答案解析】　A 中将指针赋值 0，即什么都不指，合法。B 中让 *a* 指向变量 *c*，再把 *a* 赋给 *b*，即 *b* 也指向 *c*。C 中，*a* 与 *b* 本身是指针，已经表示地址了，再加&就表示地址的地址，这样赋值不妥当。D 中将 *a* 指针指向的变量值赋给 *b* 指针指向的变量，相当于 c=x。

2. 设指针变量占 2 字节的内存空间，若有声明“char *p="123";int c;”，则执行语句“c=sizeof(p);”后，*c* 的值为（　　）。

A. 1　　B. 2　　C. 3　　D. 4

【答案】　B

【答案解析】　题目告诉我们指针变量占 2 字节，而 sizeof 的功能就是计算变量在内存中所占的字节数，*c* 的值为指针变量 *p* 在内存中占用的字节数，为 2。

3．已知有声明“int *i*,*a*[10],**p*=*a*;”，现需要将 1,2,⋯,10 保存到 *a*[0]～*a*[9]中，以下程序段中不能实现这一功能的是（　　）。

A. `for(i=0;i<10;i++) a[i]=i+1;` B. `for(i=0;i<10;i++) p[i]=i+1;`

C. `i=1;while(p<a+10) *p++=i++;` D. `i=1;while(p<a+10) *a++=i++;`

【答案】 D

【答案解析】 A 是数组的下标表示法，直观，*p* 指向 *a* 的起始地址，B 中的 *p*[*i*]相当于 *a*[*i*]。C 中第 1 次循环将 *i* 初值 1 赋给 *p* 指向的元素，即 *a*[0]，然后 *i* 值加 1，指针移到下一元素，循环 10 次，能实现该功能。D 中 *a* 是数组起始地址，是常量，不能执行++操作。

4．若有声明“char *a*[5]={'A','B','C','D','E'},**p*=*a*,*i*;”，则以下语句中不能正确输出 *a* 数组全部元素值的是（　　）。

A. `for(i=0;i<5;i++) printf("%c",a[i]);`

B. `for(i=0;i<5;i++) printf("%c",*(a+i));`

C. `for(i=0;i<5;i++) printf("%c",*p++);`

D. `for(i=0;i<5;i++) printf("%c",*a++);`

【答案】 D

【答案解析】 数组名表示数组在内存中的起始地址，是常量，不能执行++操作。

5. 若有声明“int *x*[10]={0,1,2,3,4,5,6,7,8,9},**p*;”，则值不为 4 的表达式是（　　）。

A. `p=x,*(p+4)` B. `p=x+4,*p++`

C. `p=x+3,*(p++)` D. `p=x+3,*++p`

【答案】 C

【答案解析】A 中 *p* 指向 *x*[0]，*p*+4 下移四个元素，*(*p*+4)即 *x*[4]的值 4。B 中 *p* 指向 *x*[4]，**p*++先用 *p* 再移 *p*，结果为 *x*[4]的值 4。C 中 *p* 指向 *x*[3]，*(*p*++)同**p*++，先用 *p*，再移指针，为 *x*[3]的值 3。D 中 *p* 指向 *x*[3]，*++*p* 先移指针，*p* 指向 *x*[4]，值为 4。

6. 若有声明“int *a*[ ]={1,2,3,4},**p*,*i*;”，则以下程序段中不能输出 13 的是（　　）。

A. `for(i=0;i<4;i+=2) printf("%d",a[i]);`

B. `for(p=0;p<4;p+=2) printf("%d",a[p]);`

C. `for(p=a;p<a+4;p+=2) printf("%d",*p);`

D. `for(p=a,i=0;i<4;i+=2) printf("%d",p[i]);`

【答案】 B

【答案解析】 A 输出 *a*[0]、*a*[3]的值为 1、3，B 中指针 *p* 初值为 0 没指向数组。输出的不是数组的内容。C 是指针表示法，D 和 A 都是下标表示法。

7．设已有声明“char *x*[]={1,2,3,4,5,6},**p*=&*x*[2];”，则值为 3 的表达式是（　　）。

A．*++*p*　　B．*(*p*++)　　C．++**p*　　D．(*++*p*)++

【答案】 B

【答案解析】 指针 *p* 指向的元素是 *x*[2]，值为 3。*++*p* 是指针往下移一个的元素值，即 *x*[3]的值为 4。*(*p*++)是 *p* 指针指向的元素值，然后指针下移。++**p* 是 *p* 指针指向的元素值加 1，为 3+1=4。(*++*p*)++是 *p* 指针下移一个的元素值，再加 1。

8．已知有声明“int *a*[4][4]={{1,2,3,4},{5,6,7,8},{9,10,11,12},{13,14,15,16}};”，若需要引用值为 12 的数组元素，则下列选项中错误的是（　　）。

A．*(*a*+2)+3　　B．*(*(*a*+2)+3)　　C．*(*a*[2]+3)　　D．*a*[2][3]

【答案】 A

【答案解析】 A 表示数组元素 *a*[2][3]的地址，不是元素，二维数组要用到“*”号与中括号中的 2 个符号才表示元素，B、C、D 选项中的“*”号与中括号个数加起来为 2，表示元素。

9．对应 main 函数中的 fun 函数调用语句，以下 4 个 fun 函数首部中错误的是（　　）。

```
main()
{  int a[50], n;
   fun(n, &a[9]);
}
```

A．`void fun(int m,int x[])`　　B．`void fun(int s,int h[41])`

C．`void fun(int p,int *s)`　　D．`void fun(int n,int a)`

【答案】 D

【答案解析】 D 中 *a* 是普通整型变量，不表示地址，跟 main 函数中的实际参数的类型不一致，改成*a 或者 *a*[]即可。

10．已知有声明“int *a*[3][3]={0},*p1=*a*[1],(*p2)[3]=*a*;”，以下表达式中与“*a*[1][1]=1”不等价的表达式是（　　）。

A．`*(p1+1)=1`　　B．`p1[1][1]=1`

C．`*(*(p2+1)+1)=1`　　D．`p2[1][1]=1`

【答案】 B

【答案解析】 *a*[1]即*(*a*+1)，是二维数组第 1 行第 0 列元素地址，即&*a*[1][0]，p1 指向它，可见 p1 指向的是数组元素，p1+1 表示 p1 指向下一个元素，为 *a*[1][1]，即 p1+1 等价于&*a*[1][1]，那么*(p1+1)等价于 *a*[1][1]，A 正确。

p1 指向二维数组元素，p1[*i*]表示二维数组元素，选项 B 中 p1[1][1]就不是元素。

p2 是指向具有 3 个元素的一维数组的指针，(*p2)[3]等价于二维数组，p2 指向二维数组 *a*，选项 D 中的 p2[1][1]等价于 *a*[1][1]。

p2 指向二维数组 *a*，*(p2+*i*)就是 *a*[*i*]，*(p2+*i*)+*j* 就是 *a*[*i*]+*j*，即 *a*[*i*][*j*]的地址，选项 C 中的*(*(p2+1)+1)表示第 1 行第 1 列的元素值，即 *a*[1][1]。

11．假设已有声明“char *a*[30],**p*=*a*;”，则下列语句中能将字符串"This is a C program."正确地保存到数组 *a* 中的语句是（　　）。

A．`a[30]="This is a C program.";`

B．`a="This is a C program.";`

C．`p="This is a C program.";`

D．`strcpy(p,"This is a C program.");`

【答案】 D

【答案解析】 在定义数组时可以对数组进行初始化，将一个字符串赋给字符数组，但不能定义后用赋值语句将字符串赋给字符数组，且 *a*[30]是一个不存在的数组元素，越界，A 错。

选项 B 将一个字符串的地址赋给 *a*，*a* 是数组名，是常量，不能对它进行赋值。

选项 C 将指针 *p* 指向此字符串，或者说将字符串的地址赋给指针变量 *p*，*p* 就不再指向数

组 *a* 了，因为指针本身无空间，此操作实现不了将字符串保存到数组 *a* 中。

选项 D 采用字符串复制函数，将一个字符串复制到 *p* 指针指向的 *a* 数组中。

12．已知有声明“char *a*[]="It is mine",**p*="It is mine";”，下列叙述错误的是（　　）。

A．strcpy(*a*,"yes")和 strcpy(*p*,"yes")都是正确的　B．*a*="yes"和 *p*="yes"都是正确的

C．**a* 等于**p*　D．sizeof(*a*)不等于 sizeof(*p*)

【答案】　B

【答案解析】　选项 A 的前者将字符串"yes"复制到数组 *a* 中，字符串不能用赋值语句，要用字符串复制函数 strcpy，后者将字符串"yes"复制到指针 *P* 指向的地址中。选项 B 中 *a* 表示数组名，是数组起始地址为常量，值不能改变，不能赋值。选项 C 都是指该字符串的第 1 个字符'I'，选项 D 求字节数，sizeof(*a*)的值为字符数目加 1，为 11 字节，sizeof(*p*)的值只为 2 字节，是 *p* 在内存中的字节数。

13．设有如下程序：

```
#include <stdio.h>
int main( )
{   char s[128]={'\0'},*p=s;
    while(strcmp(s,"END"))
     {  gets(s);
        while(*p) putchar(*p++);
     }
     return 0;
}
```

gets 函数每次输入一个字符串，以下关于该程序运行时输出结果的叙述中正确的是（　　）。

A．所有输入的字符串都能被完整输出

B．所有输入的字符串都不能被完整输出

C．只能完整输出第一个字符串

D．只能完整输出最后一个字符串

【答案】　C

【答案解析】　考虑 *p* 在一个外循环结束后指向哪儿？strcmp 为字符串比较函数，初始情况 *s* 为空，满足与“END”不等的条件，从键盘输入一个字符串，内循环输出该字符串，输完字符串后 *p* 指针已经指向字符串末尾，再次外循环，尽管可以继续输入字符串，但 *p* 指针不指向输入字符串的起始地址，不能再输出字符串。若想输出所有字符串，必须让 *p* 重新指向 *s*。

14．以下语句或语句组中，能正确进行字符串赋值的是（　　）。

A．`char *sp;  *sp="right!";`　B．`chars[10]; s="right!";`

C．`char s[10]; *s="right!";`　D．`char *sp="right!";`

【答案】　D

【答案解析】　选项 A、B、C 的前一句是类型说明，后一句是赋值语句。A 中的*sp 表示指针 sp 指向的内容，为一个字符，不能把一个字符串赋值给它。B 中的 *s* 是数组名，是常量，

其值不能改变，不能赋值。C 中*s 为常量，是字符数组中的第一个字符。D 在定义一个指针变量 sp 的时候让指针指向一个字符串常量。

15. 若有声明“long fun(int *x,int n,long *s);int a[4]={1,2,3,4};long b,c;”，则以下函数调用形式正确的是（　　）。

A. `c=fun(a,4,b);`　　B. `c=fun(a[],4,&b);`

C. `c=fun(a[4],4,b);`　　D. `c=fun(a,4,&b);`

【答案】 D

【答案解析】 函数的参数问题。函数的形参中第一个和第三个是指针，传递的是地址，第二个是变量，传递的是值。实参的类型应与形参一致。

选项 A 中的 b 是变量，不是地址，B 中的 a[]语法错误，C 中的 a[4]是一个越界的数组元素。D 中 a 是数组名，表示地址，4 是值，&b 是取 b 的地址，与形参一致，正确。

16. 以下程序段中有语法错误的是（　　）。

A.
```
fun(char aa[10])
{  while(*aa) printf("%c",*aa++);  }
```
B.
```
fun( char *aa)
{  while(aa[0]) printf("%c",*aa++);  }
```
C.
```
main()
{  char *aa="Hello! ";
   while(*aa) printf("%c",*aa++);
}
```
D.
```
main()
{  char aa[10]= "Hello! ";
   while(*aa) printf("%c",*aa++);
}
```

【答案】 D

【答案解析】 数组作为函数的参数及数组与指针的区别。*aa++中的“++”运算与“*”都是单目运算符，优先级相同，右结合，先执行“++”。选项 A 中的数组名 aa 是形参，表示地址，相当于指针，可以执行“++”。选项 B 和 C 中的 aa 都是指针，可以执行“++”。选项 D 中的 aa 是数组名，为常量，不能进行“++”操作。

17. 已知有如下程序段：

```
char str[][10]={"Aoyun","Beijing"}, *p=&str[0][0];
printf("%s\n",p+10);
```

则执行 printf 语句后输出的结果为（　　）。

A. Beijing　　B. Aoyun　　C. ing　　D. ng

【答案】 A

【答案解析】 二维数组一行 10 个元素，指针 p 的初值为 str 起始地址，p+10 指向下一行第一个元素，输出二维数组的第 2 行。

18. 若有如下声明和语句：

```
int t[3][3],*pt[3],k;
```

```
for(k=0;k<3;k++) pt[k]=&t[k][0];
```

则表达式*(*(pt+1)+2)所引用的是（　　）。

A. *t*[2][0]　　B. &*t*[2][0]　　C. *t*[1][2]　　D. &*t*[1][2]

【答案】 C

【答案解析】 *pt[3]是指针数组，pt[0]指向数组 *t* 的第 0 行第 0 列，pt[1]指向数组 *t* 的第 1 行第 0 列。所以*(*(pt+1)+2)就相当于 *t*[1][2]。

19. 若有声明“int *a*[3][4],**p*=*a*[0],(**q*)[4]=*a*;”，则下列叙述错误的是（　　）。

A. *a*[2][3]与 *q*[2][3]等价　　B. *a*[2][3]与 *p*[2][3]等价

C. *a*[2][3]与*(*p*+11)等价　　D. *a*[2][3]与 *p*=*p*+11,**p* 等价

【答案】 B

【答案解析】 二维数组 *a*[0]表示第 0 行第 0 列元素地址，*p*+1 指向下一个元素。

20. 若需要通过调用 *f* 函数得到一个数的平方值，以下 *f* 函数定义中不能实现该功能的是（　　）。

A. `void f(double *a) {*a=(*a)*(*a);}`

B. `void f(double a,double *b) {*b=a*a;}`

C. `void f(double a,double b) {b=a*a;}`

D. `double f(double a) {return a*a;}`

【答案】 C

【答案解析】 A 中的参数 *a* 是指针，*a* 指向的地址单元中的变量的值改变，主函数中的变量也改变，地址传递双向。B 中的 *b* 是指针，双向传递。D 通过返回语句将 *a* 的平方值传回主函数。C 中的参数是变量，值传递，没有返回语句，*b* 值的改变不会影响主函数中变量的值。

21. 设有定义“double *a*[10],**s*=*a*;”，以下能够代表数组元素 *a*[3]的是（　　）。

A. *(*s*+3)

B. (**s*)[3]

C. **s*[3]

D. **s*+3

【答案】 A

三、读程序写结果

1. 以下程序运行时输出结果是__________。

```
#include<stdio.h>
void change(int x,int y,int *z)
{  int t;
   t=x;x=y;y=*z;*z=t;
}
int main()
{  int x=18,y=27,z=63;
   change(x,y,&z);
   printf("x=%d,y=%d,z=%d\n",x,y,z);
   return 0;
```

```
}
```

【答案】 x=18,y=27,z=18

【答案解析】 *x* 和 *y* 传递给子函数的是值，不管子函数中 *x* 和 *y* 怎样改变都不影响主函数中 *x* 和 *y* 的值，因为形参和实参占用不同的内存单元，只能主函数将值传给子函数，没有返回语句不传回主函数。*z* 传给子函数的是地址，当子函数中 *z* 指向的单元的值改变时，影响主函数中 *z* 的值。本题的子函数中，通过四个语句：*t*=18，*x*=27，*y*=64，**z*=18，*z* 指向的单元的值变为 18，主函数中，*z* 值为 18。注意：主函数中的 *z* 是变量，子函数中的 *z* 是指针，地址传递是双向的。

2. 以下程序运行后的输出结果是__________。

```
#include <stdio.h>
void fun(int x,int y,int *z)
{  y=x*x; *z=x*x*x;  }
int main()
{  int a=2,b=0,c=0;
   fun(a,b,&c);
   printf("%d  %d  %d",a,b,c);
   return 0;
}
```

【答案】 2 0 8

【答案解析】 主函数中的实参 *a* 和 *b* 的值传给子函数中的形参 *x* 和 *y*，值传递，单向，*x* 和 *y* 的值改变了，不影响主函数中 *a* 和 *b* 的值，它们分别占用各自的内存空间，所以 *a* 和 *b* 的值不变。而 *c* 传给 *z* 的是地址，双向的，*z* 指向的地址单元的值改变，*c* 也跟着改变，*z* 为 *x***x***x*=2*2*2=8，*c* 是 8。

3. 以下程序运行时，输出结果的第一行是__________，第二行是__________。

```
#include <stdio.h>
int t(int x,int y,int *cp,int *dp)
{  x=x*x;
   y=y*y;
   *cp=x+y;
   *dp=x-y;
}
int main()
{  int a=4,b=3,c=5,d=6;
   t(a,b,&c,&d);
   printf("%d,%d\n%d,%d",a,b,c,d);
   return 0;
}
```

【答案】 第一行：4,3　第二行：25,7

【答案解析】 *a* 与 *b* 是值传递，单向不返回。*c* 与 *d* 是地址传递，双向，cp 指针指向的值变为25，主函数中c的值就是25。

4. 以下程序运行后的输出结果是__________。

```
int main()
 {   int a[]={5,8,7,6,2,7,3};
     int y,*p=&a[1];
     y=(*--p)++;
     printf("%d  ",y);
     printf("%d  ",a[0]);
     return 0;
 }
```

【答案】 5 6

【答案解析】 *p*初值指向*a*[1]，*y*=(*--p)++先将指针*p*往前移一个元素，指向*a*[0]，将*a*[0]的值赋给*y*，*y*的值为5，再让*p*指向的元素*a*[0]的值增1，为6。

5. 以下程序运行时输出结果的第一行是__________，第二行是__________。

```
#include<stdio.h>
int fun(int *x,int n)
{  int i,j;
   for(i=j=0;i<n;i++)
        if(*(x+i)%2)  *(x+j++)=*(x+i);
   return j;
}
int main()
{  int a[10]={1,5,2,3,8,3,9,7,4,10},n,i;
   n=fun(a,10);
   for(i=0;i<n;i++)
   {  printf("%5d",a[i]);
      if((i+1)%3==0)printf("\n");
   }
   return 0;
}
```

【答案】 第一行：1 5 3 第二行：3 9 7

【答案解析】 函数fun的功能是将能被2整除的数即偶数去掉，剩余的数组元素就是1，5，3，3，9，7。*(*x*+*i*)表示*x*[*i*]，*(*x*+*j*++)=*(*x*+*i*)即*x*[*j*++]=*x*[*i*]。

6. 以下程序运行时输出的结果中第一行是__________，第二行是__________。

```
#include<stdio.h>
void fun(int a[],int b[],int *x)
{  int i,j=0;
   for(i=0;a[i];i++)
   {  if(i%2==0) continue;
```

```
        if(a[i]>10)  b[j++]=a[i];
    }
    *x=j;
}
int main()
{  int a[10]={3,15,32,23,11,4,5,9},b[10];
   int i=0,x=0;
   fun(a,b,&x);
   for(i=0;i<x;i++)  printf("%d\t",b[i]);
   printf("\n%d",x);
   return 0;
}
```

【答案】　第一行：15　23　第二行：2

【答案解析】　本题传递了 3 个参数：数组 *a*、*b* 的地址和变量 *x* 的地址。fun 函数将数组 *a* 中下标为单数的且大于 10 的元素放入数组 *b* 中，并将 *b* 数组中元素个数 *j* 存放到 *x* 指向的地址单元中传回 main 函数。最后 main 函数输出数组 *b* 的各个元素值及 *b* 的元素个数 *x* 的值。

7. 以下程序运行时输出的结果第一行是__________，第二行是__________。

```
#include<stdio.h>
void fun(char *p1,char *p2);
int main()
{   int i;  char a[]="54321";
    puts(a+2);
    fun(a,a+4);
    puts(a);
    return 0;
}
void fun(char *p1,char *p2)
{  char t;
   while(p1<p2)
   {  t=*p1;*p1=*p2;*p2=t;
      p1+=2,p2-=2;
   }
}
```

【答案】　第一行：321　第二行：14325

【答案解析】　字符数组 *a* 的内容为“54321”，puts(*a*+2)就是从 *a*[2]开始输出，所以输出的第一行为“321”。fun 函数将第 1 个元素与最后一个元素进行交换，只循环一次，总共就 5 个元素，而指针移 2 个位置，就不满足循环条件了。第二行的输出是“14325”。

8. 以下程序运行后的输出结果是__________。

```
#include <stdio.h>
```

```
int main()
{  char a[]="369",*p=a; int s=0,t=1;
   while(*++p)  t*=10;
   p--;
   while(t)
   {  s+=(*p-'0')*t;
      p--;
      t/=10;
   }
   printf("%d\n",s);
   return 0;
}
```

【答案】　963

【答案解析】　逆序将一个字符串转换成整数。第 1 个 while 求得 t=100，指针指向结束标志，然后 p--，指针指向最后一个字符“9”，就是从后往前进行。第 2 个 while 将数字拼成整数，将 p 指向的字符转换成数字乘上 t 的值再加上 s，然后 p 往前移，t 除以 10，再拼倒数第 2 位，一直到循环结束。

9．以下程序运行时输出的结果是__________。

```
#include<stdio.h>
#include<string.h>
int main()
{  int i=0,n=0;char s[80],*p;
   strcpy(s,"It is a book.");
   for(p=s;p!='\0';p++)
      if(*p==' ')  i=0;
      else  if(i==0) { n++;i=1; }
   printf("%d\n",n);
   return 0;
}
```

【答案】　4

【答案解析】　统计单词个数。s 中存放一个字符串，从字符串的第 1 个字符开始，若是空格，i 为 0，若不是空格且 i=0，表明当前字符不是空格但前面是空格，就是一个新单词的开始，计数器 n 加 1，i 赋值为 1，让下次判断知道前面不是空格就不是一个新单词的开始。最后输出单词的个数 n 的值。

10．以下程序运行时输出的结果是__________。

```
#include <stdio.h>
#include <string.h>
void sf(char *s1,char *s2)
{  if (*s1=*s2)   sf(s1+1,s2+1);  }
```

```
int main()
{  char a[20]="ABC",b[20]="xyz";
   sf(a+strlen(a),b);
   puts(a);
   return 0;
}
```

【答案】　ABCxyz

【答案解析】　用递归实现两个字符串的连接。strlen(*a*)求 *a* 的实际长度，初始为 3，*a*+strlen(*a*)为 *a*+3，将 *a*[3]的地址传给 s1，即子函数中的 s1 指针指向第 1 个字符串的末尾。if (*s1=*s2)意思是若 s2 指向的字符不是结束标志，则将 s2 指向的字符赋给 s1 指向的地址单元，即将 *b*[0]赋给 *a*[3]，为"x"，然后指针 s1 和 s2 都往下移一个，再调用自己，将 *b*[1]赋给 *a*[4]，一直调用下去，直到 *b* 结束为止。最后 *b* 数组中的字符连接到 *a* 数组的后面。

11．以下程序运行时输出结果中的第一行是__________，第二行是__________。

```
#include<stdio.h>
int fun(char *a,char *b)
{  int m=0,n=0;
   while(*(a+m)!='\0') m++;
   while(b[n])
     {  *(a+m)=b[n]; m++; n++;  }
   *(a+m)='\0';
   return m;
}
int main()
{  char s1[20]="yes",s2[5]="no";
   printf("%d\n",fun(s1,s2));
   puts(s1);
   return 0;
}
```

【答案】　5，yesno

【答案解析】　连接两个字符串。第 1 个 while 循环计算第一个字符串的长度，第 2 个 while 循环将第二个字符串连到第一个字符串中，返回连接后的第一个字符串长度。最后输出连接后的字符串长度及字符串。

12．以下程序运行后的输出结果为__________。

```
#include <stdio.h>
#include <string.h>
void print(char *p)
{  static int len,offset;
   offset=strlen(p)-len;
   if(offset==0)   return;
```

```
        else printf("%c",*(p+offset-1));
      len++;
      print(p);
    }
    int main()
    {   char str[]="dog";
        print(str);
        return 0;
    }
```

【答案】 god

【答案解析】 用递归实现字符串的逆序输出。len 是静态变量，若无初始化，默认初值为 0。

13．以下程序运行时输出结果中第一行是__________，第二行是__________。

```
#include<stdio.h>
void fun(int x,int p[],int *n)
{ int i,j=0;
  for(i=1;i<=x/2;i++)
     if(x%i==0)p[j++]=i;
  *n=j;
}
int main()
{ int x,a[10],n,i;
  fun(27,a,&n);
  for(i=0;i<n;i++)  printf("%5d",a[i]);
  printf("\n%5d",n);
  return 0;
}
```

【答案】 第一行：1 3 9　第二行：3

【答案解析】 函数 fun 的功能是求 x 的因子，x 能被 i 整除，将 i 放入数组中。子函数中 x 为 27，j 为数组 p 的下标，最后的 j 值即为数组元素的个数。循环结束条件是 $i<=x/2$ 即 13。

i=1 时，27%1==0，$p[0]$=1。

i=2 时，27%2!=0，不执行。

i=3 时，27%3==0，$p[1]$=3。

i=4、5、6、7、8，都不能整除。

i=9 时整除，所以 $p[2]$=9。

i=10、11、12、13 时都不整除，循环结束。

将数组 p 的元素个数通过指针 n 带回主函数，主函数的第一行输出数组元素，即因子，第二行输出因子个数。

14．以下程序运行时输出结果是__________。

```
#include<stdio.h>
int t;
int sub(int *s)
{  *s+=1;
   t+=*s;
   return t;
 }
int main()
{  int i;
   for(i=1;i<4;i++)  printf("%4d",sub(&i));
   return 0;
}
```

【答案】　2　6

【答案解析】　本题重点是地址传递：&*i* 传给 sub 函数中的 *s*，当子函数中**s* 的值改变时，主函数中的 *i* 也跟着改变。*t* 是外部变量，初值默认为 0。

i=1 时，**s*=1，执行**s*+=1 即**s*=2，执行 *t*+=**s* 即 *t*=2，返回 *t* 值 2，输出结果 2。这是第一次循环。此时，*i* 已经为 2 了，因为**s* 为 2，*i* 的值也为 2。循环体执行完，执行 *i*++，*i*=3，子函数中的**s* 也为 3，执行两个语句后**s*=4，*t*=2+4=6，返回 6，第二次输出 6。此时**s*=4 故 *i* 也为 4，增 1 后为 5，循环结束。

15. 以下程序的输出结果是__________。

```
#include<stdio.h>
void sub(int *x,int y,int z)
{ *x=y-z;}
int main()
{
    int a,b,c;
    sub(&a,10,5);
    sub(&b,a,7);
    sub(&c,a,b);
    printf("%d,%d,%d\n",a,b,c);
    return 0;
}
```

【答案】　5,–2,7

16. 以下程序的输出结果是__________。

```
#include<stdio.h>
int main()
{  int a[][3]={{1,2,3},{4,5,0}};
   int (*pa)[3],i;
   pa=a;
```

```
    for(i=0;i<3;i++)
      if(i<2) pa[1][i]=pa[1][i]-1;
      else pa[1][i]=1;
    printf("%d\n",a[0][1]+a[1][1]+a[1][2]);
    return 0;
  }
```

【答案】 7

17. 以下程序的输出结果是__________。

```
void swap1(int c[])
{
  int t;
  t=*c;  *c=*(c+1);  *(c+1)=t;
}
void swap2(int a, int b)
{
     int t;
     t=a; a=b; b=t;
 }
 int main( )
 {
   int a[2]={1, 3}, b[2]={1, 3};
   swap1(a);
   swap2(b[0], b[1]);
   printf("%2d%2d%2d%2d\n",a[0],a[1], b[0], b[1]);
   return 0;
 }
```

【答案】 3 1 1 3

四、完善程序

1. 以下程序的功能是：main 函数通过调用 fun1 函数将数组 *S* 的 4 个元素中大于等于平均值的那些数保存到 *a* 数组，小于平均值的那些数保存到 *b* 数组，变量 *n*、*m* 分别保存 *a* 数组和 *b* 数组中数据的个数。输出数组 *S* 中数据的平均值和 *a*、*b* 数组中的数据。

```
#include "stdio.h"
#define N 4
double fun1(int *x,int *y,int *z,int *n,int *m)
{  int i; double av=0;
   ____________________;
   for(i=0;i<N;i++)  ______________________;
   av/=N;
   for(i=0;i<N;i++)
```

```
        if(__________) {y[*n]=x[i];  (*n)++;  }
        else { z[*m]=x[i]; (*m)++;  }
    return av;
}
int main()
{  int S[N]={60,80,50,90},a[N]={0},b[N]={0},t,i,j,m,n;
   double ave;
   ave=fun1(S,a,b,&n,&m);  printf("%f\n",ave);
   for(i=0;i<n;i++) printf("%3d",a[i]);
   printf("\n");
   for(i=0;i<m;i++) printf("%3d",b[i]);
   return 0;
}
```

【答案】　第一空：*n=*m=0　第二空：av+=x[i]　第三空：x[i]>=av

【答案解析】　求数组的平均值，并将一个数组变成两个。函数 fun1 的形参用指针，可以传递多个值。

主函数中的 *n* 是数组 *a* 的元素个数，*m* 是数组 *b* 的元素个数。形参*n 指向实参 *n*，表示形参 *y* 数组的元素个数，*m 指向实参 *m*，表示形参 *z* 数组的元素个数，初始情况，*y*、*z* 数组都是空的，元素个数为 0，所以第一空给*n 和*m 赋初值 0。

第二空求 *x* 数组的元素和 av，循环一次就在原来的 av 上加一个元素，此处 av 表示和。下一个语句是求数组的平均值，av 在下面的语句都表示平均值。

第三空判断 *x* 数组中的元素是否大于平均值 av，若大于等于平均值，则将该元素放入 *y* 数组中，对应的数组元素个数增加 1，否则放入 *z* 数组。

2. 以下程序中函数 long fun(char *str)的功能是：自左至右取出非空字符串 str 中的所有数字字符，将这些数字字符组成一个不超过 8 位的十进制整数并输出。

例如，字符串 str 为"efg32gh76.jbejing08t5y4u2"，程序输出：32760854。

```
#include <stdio.h>
long fun(char *str)
{  int i=0;long k=0;
   char *p=str;
   while(*p!='\0' && __________)
    {  if(*p>='0' && *p<='9')
          {  k=___________ +*p-'0'; ++i; }
       ______________ ;
    }
   return k;
}
int main()
{  char x[]="efg32gh76.jbejing08t5y4u2";
```

```
  printf("%ld\n",fun(x));
  return 0;
}
```

【答案】　第一空：i<8　第二空：k*10　第三空：p++

【答案解析】　取出数字字符拼成整数。要求数字字符组成的十进制整数不超过 8 位，故循环次数不超过 8，第一空填循环结束条件 i<8。第二空将数字字符转化成数字并拼成整数，将 k 乘以 10 再加上新得到的数字。第三空指针往下移看下一个字符是否是数字。

3．以下程序的功能是：统计一个字符串中数字字符“0”～“9”各自出现的次数，将统计结果保存在数组 count 中。例如，如果字符串为"lenterschar4543123564879ffgh"，则统计结果为：1:2 2:1 3:2 4:3 5:2 6:1 7:1 8:1 9:1。试完善程序以达到要求的功能。

```
#include<stdio.h>
void fun(char *t,int count[])
{   char *p=t;
    while( ______________ )
    {   if(*p>='0' && *p<='9')  count[ ______ ]++;
        p++;
    }
}
int main()
{  char s[80]="1enterschar4543123564879ffgh";
   int count[10]={0},i;
    fun(s,count);
    for(i=0;i<10;i++)
       if(count[i])  printf("%d:%d  ",i,count[i]);
   return 0;
}
```

【答案】　第一空：*p　第二空：*p–48 或者*p–'0'

【答案解析】　第一空是循环结束条件，若字符串还没结束执行下面的统计，指针 p 指向字符串的起始地址，第一空填*p!= '\0'或者*p。

第二空是数组 count 的下标，对应的数字保存在对应的 count 中，p 指向的数字作为 count 的下标，因为字符串以 ASCII 码存放，其下标为数字，要将字符转换成数字，必须减去字符 0 的 ASCII 码值 48。第二空填*p–48 或者*p–'0'。

4．以下程序中函数 replace 的功能是：将字符串 s 中所有属于字符串 s1 中的字符都用 s2 中的对应位置的字符替换。假如 s 为"ABCBA"，s1 为"AC"，s2 为"ac"，则调用 replace 函数后，字符串 s 的内容将变换为"aBcBa"。试完善程序以达到要求的功能。

```
void replace(char *s,char *s1,char *s2)  //用 s2 串替换 s 中的 s1 串
{  char *p;
   for( ; *s; s++)
   {  p=s1;
```

```
        while(*p && ______________ )  p++;
        if(*p)  *s=_______________;
    }
 }
int main()
{  char s[20]="abcabc",s1[10]="ab",s2[10]="AB";int k;
   printf("\ns=");puts(s);
   printf("\ns1=");puts(s1);
   printf("\ns2=");puts(s2);
   ______________________;
   printf("\nAfter  s=");puts(s);
   return 0;
}
```

【答案】　第一空：*p!=*s　第二空：*(s2−s1+p)　第三空：replace(s,s1,s2)

【答案解析】　第一空找要替换的字符，指针 p 指向的字符串 s1 没有结束而且 p 指向的字符不等于 s 字符串中的字符，指针 p 往下移，就是要让 p 指到要替换的字符上。

第二空进行替换，将 s 中与 p 指向的字符相同的字符用 s2 中对应的字符替换，关键是求对应字符的位置，这要看 p 指针在 s1 中移动了多少位置，移动的位置为 p−s1。所以 s2 中对应的字符也在此位置上，为*(s2−s1+p)。第三空是函数调用。

5．以下程序的功能是：输入一行字符，求字符个数。试完善程序以达到要求的功能。

```
#include<stdio.h>
int getlen(char ps[])
{
     char *p=ps;
     __________;
     while(__________)
       {  n++;
          p++;
       }
      return n;
}
int main()
{
     char str[80];
     gets(str);
     printf("%d"___________);
     return 0;
}
```

【答案】　第一空：int n=0　　第二空：*p!=0　　第三空：getlen(str)

第 8 章　自定义数据类型与链表

8.1　本 章 导 学

（1）结构体类型。
（2）单向链表。
（3）共用体类型。
（4）枚举类型。

8.2　重点难点释疑

8.2.1　结构体类型

结构体与数组都是构造数据类型，不同的是数组将相同类型的数据集合在一起，而结构体是将不同类型的数据组合成一个整体。

1. 结构体数据类型的定义

结构体是自定义类型，首先要定义结构体类型，然后才能定义结构体变量。

1）结构体类型的定义

结构体类型的定义格式如下：

```
struct  [结构体类型名]
{    类型标识符 1   成员名 1;
     类型标识符 2   成员名 2;
       …
};
```

说明：

① struct 是关键字，不能省略。

② 结构体类型名为合法标识符，可缺省，缺省情况为无名结构体。

③ 成员类型可以是基本型或构造型。

④ 注意最后的大括号外有分号“;”。

⑤ 结构体类型定义描述结构的组织形式，不分配内存，结构体类型名不能进行赋值、运算等操作。而结构体变量在定义的时候分配内存，可进行赋值、运算等操作。

2）用 typedef 定义类型

typedef 的功能是用自定义名字为已有数据类型命名，相当于给已有的类型取别名。

类型定义简单形式如下：

```
typedef  type  name;
```

其中，typedef 为类型定义语句关键字，type 为已有数据类型名，name 为用户定义的类型名，最后加上分号。

例如：

```
typedef  int  INTEGER;
```

其含义是将 int 型定义为 INTEGER 型，int 是已经存在的类型，INTEGER 是新的类型名，是一个合法的标识符。新的类型定义后，与已有类型一样使用。如果有类型说明：

```
INTEGER a,b,c;
```

等价于：

```
int a,b,c;
```

说明：

① typedef 没有创造新数据类型。

② typedef 只是定义类型，不能定义变量。

③ typedef 与 define 不同：

a. define 在预编译时处理，进行简单字符置换，末尾没有分号；

b. typedef 在编译时处理，为已有类型命名，末尾有分号。

2. 结构体变量和结构体数组的声明

结构体变量的声明就是结构体变量的定义。结构体变量的定义有 3 种方式。

1）先定义结构体类型，再定义结构体变量

结构体变量在结构体类型定义完成以后才能定义。假设结构体类型名已定义，结构体变量的定义形式与普通变量的定义形式类似：

```
struct 结构体类型名 变量名表列;
```

2）在定义结构体类型的同时定义结构体变量

定义结构体类型的同时定义结构体变量的形式如下：

```
struct  [结构体类型名]
{  类型标识符 1   成员名 1;
   类型标识符 2   成员名 2;
    ...
}变量名表列;
```

例如：

```
struct student
{  int num;
   char name[20];
   char sex;
   float score;
}pers ,stu[3] ;
```

说明：

① student 为结构体类型名，pers 为结构体变量名，stu[3]为结构体数组名。

② 将上例中的结构体类型名 student 省略，就是无名结构体。无名结构体只能采用在定义结构体类型的同时定义结构体变量，只能定义变量一次，不提倡采用。

③ 结构体成员名与程序中变量名可相同，不会混淆。

④ 结构体可嵌套定义。例如：

```
struct date
{  int month; int day; int year; };
struct student
{  int num;
   char name[20];
   struct date birthday;
}stu;
```

3）用 typedef 说明结构体类型

结构体类型定义后其类型比较长，可以用关键字 typedef 来说明结构体类型。例如：

```
struct student
{  int num;
   char name[20];
   char sex;
   float score;
} ;
typedef struct student STU;
stu pers ,stu[3] ;
```

此时，struct student 和 STU 等价，STU 是 struct student 类型的别名，使用更方便。也可以直接用 typedef 说明结构体的新类型名。以下声明方式与上面的声明方式含义相同：

```
typedef struct student
{  int num;
   char name[20];
   char sex;
   float score;
}stu;
stu pers,stu[3] ;
```

还可以用符号常量来表示一个结构体类型，例如，#define STU struct student，在程序中，凡是“struct student”的地方都可以写成“STU”。

3. 结构体变量的初始化

结构体变量的初始化有 3 种情况。

（1）定义时赋初值。例如：

```
struct student
{  int num;
   char name[20];
```

```
   char sex;
   float score;
}stu={112,"Wang Lin",'M',90.0 };
```

如果是数组也可用同样的方法：

```
struct student
{   int num;
    char name[20];
}stu[3]={{110, "Wang Lin"},{111, "LiPing"},{112, "ZhangSan"}};
```

（2）相同结构体变量之间整体赋值。例如：

```
struct student
{  char name[20];
   int age;
}stu1={"Wang Lin",19},stu2;
stu2=stu1;
```

对于结构体而言，若两个变量类型相同，允许整体赋值，而数组是不允许的。

（3）对结构体成员单个赋值。

结构体中的成员可以作为普通变量使用，可以像普通变量一样给结构体中的成员逐个赋值。具体赋值方法见下面的结构体变量的引用部分。

4. 结构体变量的引用

结构体变量是通过运算符“.”来引用的。运算符“.”的优先级和结合性如下。

优先级：1 级，最高。

结合方向：从左到右。

结构体变量的引用规则：不能整体引用，只能引用变量成员。

结构体变量的引用方式：

结构体变量名.成员名

例如：

```
stu1.score=85.5;
stu1.age++;
```

结构体数组的引用方式：

结构体数组名[下标].成员名

例如：

```
stu[1].age++;
```

结构体嵌套时要逐级引用，例如：

```
stu1.birthday.month=12;
```

5. 指向结构体的指针

当指针变量指向结构体变量时，称为结构体指针变量，指向结构体数组时，称为结构体数组指针。

1）结构体指针的声明

格式：struct　结构体名　　*结构体指针变量名；

例如，“struct　student　*p;”定义了一个指向结构体变量的指针 *p*，struct　student 是已定义过的类型名。

2）结构体指针变量的赋值

赋值是把结构体变量的首地址赋给指针变量，不能把结构名赋给指针变量。

3）使用结构体指针变量引用成员形式

“.”为结构体成员运算符，“->”为指向结构体成员运算符，优先级都为 1 级，结合方向为从左向右。

结构体指针变量引用成员的形式有以下三种：

① 结构体变量名.成员名

② (*结构体指针变量名).成员名

③ 结构体指针变量名->成员名

例如，若有下列声明：struct　student　stu1, *p=&stu1;

三种引用方式分别为：stu1.num=101;　　(*p).num=101;　　p->num=101;

4）指向结构体数组的指针变量

引用成员的形式有以下三种：

① 结构体数组元素名.成员名

② (*结构体指针变量名).成员名

③ 指向数组元素的指针变量名->成员名

例如，若有下列声明：

struct　student　stu[3], *p=stu;　/*数组名本身表示地址，赋给 p 时 stu 前无&*/

三种引用方式分别为：stu[0].num=101;　　(*p).num=101;　　p->num=101;

8.2.2　单向链表

1. 单向链表的基本概念

1）节点的数据类型定义

单向链表由节点组成，每个节点由若干数据域和一个指向自身结构体的指针组成，该指针用来指向下一个节点，链表的最后一个节点为表尾，表尾的指针为空（NULL，NULL 在 stdio.h 中定义为 0，语句“int *p=0;”表示指针 *p* 不指向任何空间）。

单向链表节点用结构体来定义，例如：

```
struct  stud      /*定义结构体类型*/
{
  int no;
  float score;
  struct stud  *next;  /* next 指向下一个节点*/
};
```

```
struct  stud  student, *p;  /* 定义一个结构体变量和指针*/
```

2）动态申请和释放节点存储区

需要头文件 stdlib.h 或者 malloc.h，常用函数如下。

（1）malloc()函数：动态内存分配函数，用于动态申请内存空间。

（2）free()函数：释放内存空间。例如，“free(*p*);” 表示释放 *p* 指针指向节点的内存空间。

2. 单向链表的基本操作

1）建立一个新链表

（1）头插法建立链表：指新生成的节点插在链表的头部。

例如，从键盘输入一系列正整数，遇负数结束。

```
#include <malloc.h>
struct intr
{int data;
  struct intr *next;
};
struct intr  *creat( )
{  struct intr *head,*p;    /*head 为链表头指针,
                               始终指向链表的第一个节点*/
   int x;
   head=0;                    /*建立空表*/
   printf("input data:\n");    scanf("%d",&x);
   while  (x>0)
   {  p=(struct  intr*)malloc(sizeof(struct  intr));
                              /*p 指向新建的节点*/
      p->data=x;               /*给数据域赋值*/
      p->next=head;             /*将已有节点连在新节点 p 后*/
      head=p;                   /*新节点作为链表的头部*/
      scanf("%d",&x);
   }
  return head;
}      /*返回头指针*/
```

说明：插入过程中，不断调整 head，让新节点为头节点，即将已有节点连在新节点之后，并把新节点赋给 head。

（2）尾插法建立链表：指新生成的节点插在链表的尾部。

例如，从键盘输入一系列正整数，遇负数结束。

```
struct intr  *creat( )
{  struct intr *head,*p,*t;    /* head 始终为头节点,
                                   t 始终为尾节点*/
   int x;
```

```
    head=t=0;
    printf("input data:\n");    scanf("%d",&x);
    while (x>0)
    {
        p=(struct intr*) malloc(sizeof(struct intr));
                                  /*p 指向新建的节点*/
        p->data=x;
        if(t==0)  head=p;         /*链表为空,新建的节点 p 为头节点*/
        else  t->next=p;          /*链表不空, p 连在 t 的后面*/
        t=p;                      /* t 后移, t 始终为链表的最后一
                                     个节点*/
        scanf("%d",&x);
     }
    if(t!=NULL)  t->next=0;       /*置链表结束标记*/
    return head;                  /*返回头指针*/
}
```

说明：插入过程中，将新的节点 p 连在 t 的后面，新节点为尾节点，让 t 指向它，保证 t 始终是最后一个节点。

2）遍历单向链表

遍历单向链表就是输出链表节点数据域的过程。首先让 p 指向头节点，输出节点的数据，然后让 p 指向下一个节点，输出节点数据，如此循环，直到链表结束为止。例如：

```
void printlist(struct intr *head )
 { struct intr  *p;   p=head;       /*p 指向头节点*/
   while (p!=NULL)                  /*链表未结束*/
    { printf("%d %f\n",p->no,p->score);  p = p->next ;   }
                                    /*输出数据后指向下一个节点*/
 }
```

3）插入新节点

（1）插在链表首部：将原来的头节点连在新节点 p 的后面，新的节点 p 作为头节点。

```
p->next=head; head=p; //顺序不能颠倒，否则会丢失原 head 节点后的节点
```

（2）插在已知节点 u 之后：将 u 后面的一个节点连在新节点 p 的后面，新的节点 p 连在 u 节点的后面。

```
p->next = u->next;    u->next = p;
```

（3）在值为 m 的节点前插入一个新节点 p：先从头节点开始找值为 m 的节点前面的一个节点 v。若值为 m 的节点是头节点，将 p 插在链表首部，否则将 p 插在 v 之后，u 之前。

```
u=v=head;
while(u!=NULL && u->data!=m) { v=u;u=u->next;} /*找当前节点的前一节点，v 永远是 u 的前一节点*/
if(head==u)  {p->next=u;head=p;}        /*插在表首*/
```

```
else   {p->next=u; v->next=p;}          /*p 插在 v 之后，u 之前*/
```

（4）插在链表末尾：让 *u* 指向最后一个节点。先让 *u* 指向头节点，*u* 往下移，直到 *u* 为最后一个节点（*u* 的 next 不为空），将新节点连在 *u* 的后面，*p* 为链表尾节点。

```
u=head; while(u->next!=NULL )u = u->next ; /*u 为最后一个节点*/
u->next=p;   p->next=NULL; /*将 p 连在 u 的后面，再置 p 为链尾*/
```

4）删除节点

（1）删除首节点：首先让指针 *p* 指向头节点，，然后让头节点的下一个节点成为头节点，最后将 *p* 删除。

```
P=head;   if (p!=NULL) head=p->next;    free(p);
```

（2）删除值为 *m* 的节点：首先从头指针开始查找值为 *m* 的节点和它的前一个节点。当指针 *p* 指向值为 *m* 的节点时，将 *q* 节点后的节点 *p* 删除。

```
p=q=head;           /*p 指向欲删除的值为 m 的节点，q 指向它的前一个节点*/
while(p->date!=m &&p!=NULL)  {q=p; p=p->next;}
                    /*记录当前节点的前一节点 q*/
if(head==p) head=head->next;  /*删除头节点*/
else q->next=p->next;         /*删除节点 p，将 p 的下一个节点连在 q
                                的后面*/
free(p);
```

（3）删除已知节点 *u* 的后继节点：先让一指针 *p* 指向欲删的节点，即 *u* 后面的一个节点，然后将 *p* 删除。

```
p=u->next;                  /*p 指向欲删除的节点*/
if (p!=NULL)  u->next=p->next;     /*若 p 不为空，p 的下一个节点连在
u 的后面，即删除了 p*/
free(p);
```

8.2.3　共用体类型

共用体也叫联合体，主要用途是使几个不同类型的变量共占一段内存。共用体数据类型的定义与结构体相同，只是将结构体的关键字 struct 改为 union。

共用体变量声明的形式也与结构体相同。

共用体与结构体的最大区别就是它们的存储方式不同：共用体变量中的各成员是共用一块存储空间，几个成员是相互覆盖的，任何时刻都只有一个成员起作用；结构体变量中每个成员都占用自己的内存空间，变量的各成员是同时存在的。

一个共用体变量在内存中占用的空间为所有成员中占用内存最长的成员所占的字节数。

若有如下共用体类型定义：

```
union data
{ int i;
  char ch;
  float f;
};
```

现在定义变量 *a* 属于该共用体类型：

```
union data  a;
```

则变量 *a* 在内存中占用的字节数为 4。联合体变量 *a* 有 3 个成员，即 *a*.i、*a*.ch、*a*.f，它们在内存中分别占用的字节数为 2、1、4，这 3 个成员占用共同的空间，所以取它们需要的内存的最大值 4。而结构体变量在内存中占用的空间为全部成员所在内存长度之和。

说明：

① 不能引用共用体变量，只能引用其成员。

② 共用体变量中起作用的成员是最后一次存放的成员。

③ 不能在定义共用体变量时初始化。

④ 可以用一个共用体变量为另一个共用体变量赋值。

⑤ 结构体与共用体可相互嵌套，结构体中嵌套共用体，共用体中嵌套结构体。

8.2.4　枚举类型

1. 枚举类型定义

定义格式：

```
enum  枚举类型名 {枚举值 1,枚举值 2，…};
```

例如：

```
enum weekday{sun,mon,tue,wed,thu,fri,sat};
```

其中，enum 为关键字，weekday 为枚举类型名，大括号中的数据称为枚举元素或者枚举常量。枚举类型定义不分配内存。

2. 枚举变量的命名、声明

枚举类型的功能是将变量可能的值一一列举出来，变量的值只能取列举出来的值之一。

1）先定义枚举类型，再声明枚举变量

定义格式：

```
enum  枚举类型名  枚举变量名列表;
```

例如：

```
enum weekday {sun,mon,tue,wed,thu,fri,sat}; //先定义枚举类型
enum weekday  workday,week_end;  //再声明枚举变量枚举变量 workday 和
week_end 的值只能是 sun～sat 中的一个
```

2）在定义枚举类型的同时声明枚举变量

例如：

```
enum weekday{sun,mon,tue,wed,thu,fri,sat}workday,week_end;
```

或者缺省枚举类型名：

```
enum {sun,mon,tue,wed,thu,fri,sat}workday,week_end;
```

此处，weekday 为类型名，workday 和 week_end 为变量名，类型名与变量名一定要分清。

3）用 typedef 说明枚举类型

例如：

```
typedef enum weekday{ sun,mon,tue,wed,thu,fri,sat } WEEK;
WEEK workday,week_end;
```

3. 枚举常量的使用

枚举元素的值均为常量，枚举元素也叫枚举常量，其值不能改变，不能被赋值。

在没有指定的情况下，枚举类型定义中第一个枚举元素的值为 0，其后的顺序加 1。

定义枚举类型时也可指定枚举元素的值，例如：

```
enum weekday{sun=7,mon=1,tue,wed,thu,fri,sat}workday,week_end;
```

若没有指定，则后一个枚举元素的值为前一个枚举元素的值加 1。因此可以得到 tue 的值为 2，wed 的值为 3，以此类推。例如：

```
week_end=sat; printf("%d",week_end);  //输出整数 6
```

4. 枚举变量的赋值及使用

枚举变量的值只能为规定的枚举元素，不能为其他的值。例如：

```
week_end=sat; //将变量 week_end 赋值为 sat
```

枚举类型与整型是不同的数据类型，要进行强制类型转换才可以进行赋值。枚举类型可以进行判断。

8.3　习 题 解 答

8.3.1　课后习题解答

一、选择题

1. 设有说明：

```
struct{int x, y;} s[2]={{1, 2}, {3, 4}}, *p=s, *q=s;
```

则表达式++*p*->*x* 和表达式(++*q*)->*x* 的值分别为（　　）。

A．1、1　　B．1、3　　C．2、3　　D．3、3

【答案】　C

【答案解析】 ++*p*->*x* 表达式中先求 *p*->*x* 的值再加 1，*p* 指向 *s*[0]，因此运算结果为 1+1=2。(++*q*)->*x* 先对 *q*++，此时 *q* 指向 *s*[1]，再取 *q*->*x* 的值，即 *s*[1].*x* 的值，因此计算结果为 3。

2. 以下说法正确的是（　　）。

A．一个结构只能包含一种数据类型

B．不同结构中的成员不能有相同的成员名

C．两个结构变量不可以进行比较

D．关键字 typedef 用于定义新的数据类型

【答案】　C

【答案解析】　一个结构体的成员可以是不同数据类型的，在不同结构体中，成员的作用域不相同，因此可以有相同的成员名。关键字 typedef 并没有定义新的数据类型，而只是为已知类型添加了一个别名。因此选项 A、B、D 都是错误的。只能对两个结构体变量的成员进行

比较，不能对结构体变量进行比较，因此选项 C 是正确的。

3. 设有以下说明语句，则值为 210 的表达式是（　　）。

```
struct s
{int a; int *b;};
int x0[]={110, 120}, x1[]={210, 220};
struct s x[]={{100}, {200}}, *p=x;
x[0].b=x0;x[1].b=x1;
```

A. *p->b　　B. (++p)->a　　C. *(p++)->b　　D. *(++p)->b

【答案】 D

【答案解析】 在本题中结构体指针 *p* 指向了 x 数组的首元素，即 x[0]。根据定义，*p*->*a*=*x*[0].*a*=100,*p*->*b*=*x*[0].*b*=*x*0=&x0[0]。*x*[1].*a*=200, *x*[1].*b*=x1=&x1[0]。因此选项 A 中*p->b =*x0=x0[0]=110; 选项 B 中(++*p*)->*a*=*x*[1].*a*=200；选项 C 中*(*p*++)->*b* =**p*->*b*=*x0=x0[0]=110; 选项 D 中*(++*p*)->*b*=**x*[1]->*b*=*(*p*+1)->*b*=*x1=x1[0]=210。因此答案 D 是正确的。

4. 设有定义“struct {int *x*, *y*; }*c*[3]={{1, 2}, {2, 3}};”，以下语句正确的是（　　）。

A. `c[2]={3, 4};`　　B. `c[2]=c[1];`

C. `c[2]=c[1] -c[0];`　D. `if(c[1]>c[0]) c[2]=c[1];else c[2]=c[0];`

【答案】 B

【答案解析】 初始化列表只能用于结构体变量的初始化，在选项 A 中使用初始化列表对结构体数组元素赋值是错误的。在选项 C、D 中结构体变量直接进行算术运算、关系运算是错误的。而选项 B 中结构体变量直接赋值是正确的。

5. 设有以下定义和声明语句，则下列表达式中值为 3 的是（　　）。

```
struct s
{int d;
 struct s*next;};
static struct s a[3]={1, &a[1], 2, &a[2], 3, NULL}, *ptr=&a[0];
```

A. `ptr->d`　　B. `(ptr->next)->d`

C. `(ptr+1)->next->d`　D. `(ptr+2)->next->d`

【答案】 C

【答案解析】 本题中结构体指针 ptr 指向结构体数组的第一个元素，因此选项 A 中，ptr->*d*=*a*[0].*d*=1；选项 B 中，(ptr->next)->*d*=(*a*[0].next)->*d*=*a*[1]->*d*=2；选项 C 中，(ptr+1)->next->*d*=*a*[1]->next->*d*=*a*[2].*d*=3；选项 D 中(ptr+2)->next->*d*，*a*[2]->next->*d*，由于 *a*[2]->next=NULL，所以这个表达式有误。因此答案是 C。

6. 设有如下定义，正确的操作语句是（　　）。

```
typedef struct{int x,y;}POINT;
typedef enum{RED,TELLOW,BLUE,GREEN}COLOR;
struct
{ POINT xy;
  COLOR c;
}pixel, *p=&pixel;
```

A. `pixel={1,2,BLUE};`

B. `p->xy.x=1;p->xy.y=2;p->c=BLUE;`

C. `scanf("%d%d%d",p->xy.x, p->xy.y, &pixel.c);`

D. `scanf("%d%d",&pixel.xy); pixel.color=2;`

【答案】 B

【答案解析】 在本题中结构体变量 pixel 的两个成员分别是结构体类型的变量 xy 和枚举类型变量 *c*。结构体指针 *p* 指向结构体变量 pixel。选项 A 中使用初始化列表来给结构体变量赋值是错误的。选项 C 中，p->xy->*x* 是变量，而 scanf 函数需要提供该变量的地址。选项 D 中想要输入结构体变量 pixel.xy，必须分别提供该变量的两个成员的地址。因此也是错误的。选项 B 是正确的。

7. 已有数据类型定义和变量声明如下：

```
struct person
{  int  num;
    char name[20], sex;
    struct{int class; char prof[20]; }in;
}a={20, "Li ning", 'M', { 5,  "computer"}}, *p=&a;
```

下列语句正确的是（　　）。

A. `printf ("%s", a->name);`　　B. `printf ("%s", p->in.prof )`

C. `printf ("%s", *p.name);`　　D. `printf ("%c", p->in->prof );`

【答案】 B

【答案解析】 选项 A 中 *a* 是结构体变量，访问其成员不能用“->”运算符。选项 C 中，正确的语句应该是“printf ("%s",(*p).name);”。选项 D 中 *p*->in 是结构体变量，因此访问其成员 prof 需要用“.”运算符而不是“->”运算符。

8. 已知数据类型定义和变量声明如下：

```
struct  sk
{ int a; float b; }data[2], *p;
```

若有 *p*=data，则以下对 data[0]中成员 *a* 的引用错误的是（　　）。

A. data[0]->*a*　　B. data->*a*　　C. *p*->*a*　　D. (**p*).*a*

【答案】 A

【答案解析】 选项 A 中，data 是结构体数组，data[0]是结构体变量，因此访问成员不能用“-”运算符，而是应该用“.”运算符。

9. 一些定义变量的函数片段及其功能描述如下，（　　）含有错误。

A. 定义整型变量 *x*，*s* 和 *b*

```
typedef int  INT;
INT  x;
int  a,b;
```

B. 定义整型变量 *a* 和 *b*

```
#define  INTEGER  int
INTEGER  a,b;
```

C. 定义字符类型的指针变量 *x* 和 *y*

```
typedef char *CP;
CP  *x,*y;
```

D. 定义结构体变量 *a* 和 *b*

```
typedef struct
{     int x,y;
```

```
        char cx[10];
    } st;
    st  a,b;
```

【答案】　C

【答案解析】　在选项 C 中 CP 为 char *类型的别名，使用它来定义 char *类型变量的正确做法应该是“CP *x*,*y*;”。

二、完善程序

1. 填空，完成针对链表的相应操作语句。

```
struct  link
{  int data;
  ___①___  next;
}___②___;
p= ______③______; //生成节点空间
______④______; //释放节点空间
```

【答案】　①struct link *　② **p*　③ malloc(sizeof (struct link))　④ free(*p*)

2. 填空，完成单向链表的建立。

函数 creat 按输入元素次序建立一个链表并返回表头指针，输入元素个数不定，输入–1 表示结束。

```
#include <stdlib.h>
#include <stdio.h>
typedef  struct  node
{
    int data;
    struct node   * next;
}NODE;

NODE* creat(void)
{
    int begin=1;
    NODE* head=NULL, *newn, * end;
    while(1)
    {
        newn=(NODE* )malloc(sizeof(NODE));
        scanf("%d",&newn->data);
        if(_____①_____)
            break;
        newn->next=NULL;
        if(_____②_____)
        {
```

```
            head=end=newn;
            begin=0;
        }
        else
        {
            end->next=newn;
            _____③_____;
        }
    }
    free(_____④_____);
    return  head;
}
```

【答案】　① newn->data== −1　② head==NULL　③ end =newn　④ newn

【答案解析】　第①空，根据题意和上下文，这里应该是循环的结束条件，即当输入−1时跳出循环。而新输入的数据是放在 newn->data 里。所以此处应填写 newn->data== −1。第②空，此处需要判断当前要加入链表的节点是不是头节点，因此应填写 head==NULL。第③空当把新节点加入到链表尾部后，需要将链表尾部指针 end 指向新节点，因此应填 end=newn。

3. 以下程序依次输入某单位每位职工的姓名和工资数(整型数)，然后计算发放工资时所需发给每位职工的不同面值的纸币张数，并计算工资总和以及累计所需不同币值的张数。

```
#include <stdio.h>
#include <stdlib.h>
#include <string.h>
struct
{
     char name[10];
     int total;
     int mnum[7];
}st[21];
int mvalue[7]={100,50,20,10,5,2,1};
int main()
{
     FILE *fp;
     int n=0,i,j,wage;
     fp=fopen("wage.txt","r");
     if(fp==NULL) exit(1);
     while(!feof(fp))
     {
        fscanf(fp,"%s%d",st[n].name,&st[n].total);
        wage=st[n].total;
```

```
(21)          for(j=0;j<7&&wage;j++)
(22)          {
(23)              st[n].mnum[j]=______①______ ;
(24)              wage=____②____;
(25)          }
(26)          ______③______;
(27)      }
(28)      strcpy(st[n].name,"summary");
(29)      for(i=0;i<n;i++)
(30)      {
(31)      st[n].total+=st[i].total;
(32)      for(j=0;j<7;j++)
(33)          st[n].mnum[j]+= ______④______;
(34)      }
(35)      for(i=0;i<n+1;i++)
(36)      {
(37)      printf("\n%s %d=",st[i].name,st[i].total);
(38)      for(j=0;j<7;j++)
(39)          printf("%d", st[i].mnum[j]);
(40)      }
(41)   return 0;
(42)   }
```

【答案】 ① wage/mvalue[*j*]　② wage – st[*n*].mnum[*j*]* mvalue[*j*]　③ *n*++
④ st[*i*].mnum[*j*]

【答案解析】 第 20～25 行用来计算第 ***n*** 个员工需要各种纸币的张数。先把第 ***n*** 个员工的工资总额放到 wage 变量里，然后对纸币币值从大到小进行整除操作来计算该类纸币的张数。因此第①空填 wage/mvalue[*j*]求得需要面值 mvalue[*j*]的张数。第②空将本币值的总数从 wage 里去除，为计算下一个币值数量做准备。因此需要填入 wage–st[n].mnum[*j*]* mvalue[*j*]。当完成当前员工的数据录入与计算后，进行下一个员工的操作，因此第③空需填入 *n*++。

第 29～34 行的主要功能是统计所有员工的工资总和以及所需要的纸币总和，并把它们放入结构体 st[*n*]中（即员工数据的下一行），因此第 31 行完成工资总和的累加。而第 32～33 行用来累加每个人每种币值总和。第④空填写 st[*i*].mnum[*j*]。

8.3.2　过程性自测及解答

一、填空题

1．若已有定义“enum TP {*A*,*B*,*C*};”，则执行语句“prinf("%d\n",*A*+1);”后，其输出结果是__________。

【答案】 1

【答案解析】 枚举类型定义中第一个枚举元素的值默认为 0，所以各元素的值分别是：

A 为 0，*B* 为 1，*C* 为 2。输出 *A*+1 即 0+1，最后结果为 1。

2．设“union student { int *n*; char *a*[100]; } *b*;”，则 sizeof(*b*)的值是__________。

【答案】　100

3．设“struct student{ int　no; char name[12]; float score[3]; } sl, * *p* = &sl;”，用指针法给 sl 的成员 no 赋值 1234 的语句是__________或者__________。

【答案】　第一空：*p*->no=1234　第二空：(**p*).no=1234

4．设“struct person { int ID; char name[12]; } *p*;”，请将 scanf("%d", __________); 语句补充完整，使其能够为结构体变量 *p* 的成员 ID 正确读入数据。

【答案】　&*p*.ID

二、选择题

1．以下定义和声明中，语法均有错误的是（　　）。

① `int _f(int x){}` ② `int f(int f){}` ③ `int 2x=1;` ④ `struct for{int x;};`

A．②③　　B．③④　　C．①④　　D．①②③④

【答案】　B

【答案解析】　标识符的命名规则。②中使用的函数名和形式参数名相同，在实际编程时不提倡使用。③定义的整型变量名以数字开头，不符合命名规则。④中定义的 for 属于关键字，不能作为结构体类型名。①函数名下划线开头，正确。

2．若有结构类型定义“typedef struct test{int *x*,*y*[2];}TEST;”，则以下声明中正确的是（　　）。

A．`struct test x;`　　B．`struct x ;`

C．`test x;`　　D．`struct TEST x;`

【答案】　A

【答案解析】　在定义结构体 test 的同时，用 typedef 给结构体类型名起了一个别名 TEST。选项 A 是常规的定义结构体变量的方法。也可以用类型名 TEST 定义结构体变量 *x*：“TEST *x*;”等价于“struct test *x*; ”。B 和 C 都是不完整的，D 中 struct 多余了。

3．当定义一个结构体变量时系统分配给它的内存是（　　）。

A．各成员所需内存容量的总和

B．变量第一个成员所需内存的容量

C．成员中占内存量大者所需的容量

D．变量最后一个成员所需内存的容量

【答案】　A

4．设有结构定义及变量声明如下：

```
struct product
 {   char code[5];
     float price;
 }y[4]={"100",100};
```

以下表达式中错误的是（　　）。

A．`(*y).code[0]='2';`　　B．`y[0].code[0]='2';`

C．`y->price=10;`　　D．`(*y)->price=10;`

【答案】　D

【答案解析】　结构体的表示形式。*y* 是数组名，表示地址，与指针的表示相同，总共有三种表示方式：

① 结构体数组元素名.成员名

② (*结构体指针名).成员名

③ 结构体指针名->成员名。

A 是第二种方式，B 是第一种方式，C 是第三种方式。若将 D 改成(*y). price=10 也正确。

5. 有以下说明和定义语句：

```
struct student
{ int age;
  char num[8];
};
struct student stu[3]={{20,"0401"},{21,"0402"},{19,"0403"}};
struct student *p=stu;
```

以下选项中引用结构体变量成员的表达式中，错误的是（　　）。

A. (*p*++)->num　　B. *p*->num　　C. (**p*).num　　D. stu[3].age

【答案】　D

【答案解析】　选项 D 数组越界。

6. 若有如下类型定义和变量声明，则在给出的选项中值不为 7 的表达式是（　　）。

A. ptr->*a*　　B. (++ptr)->*a*　　C. *x*[1].*a*　　D. *x*[0].*b*->*a*

```
struct ss
{   int a;
    struct ss *b;
} x[3]={{5,&x[1]},{7,&x[2]},{9,0}},*ptr=&x[0];
```

【答案】　A

【答案解析】　从结构体数组的初始化中可以看出，值为 7 的是数组下标为 1 的元素的 *a* 成员的值，即 *x*[1].*a*，C 正确。A 与 B 肯定有一个不为 7，ptr 初值指向 *x*[0]，所以 ptr->*a* 是 *x*[0] .*a*，(++ptr)->*a* 才是 *x*[1].*a*，A 的值为 5。D 中 *x*[0].*b* 的值是&*x*[1]，即 *x*[0].*b*->*a* 为 *x*[1] .*a*。

7. 已知有结构定义和变量声明如下：

```
struct student
{ char name[20];
  int score;
  struct student *h;
}stu,*p;
int *q;
```

以下选项中错误的是（　　）。

A. `p=&stu;` B. `q=&stu.score;` C. `scanf("%s%d",&stu);` D. `stu.h=p;`

【答案】　C

【答案解析】　定义的结构体类型有一成员为指向自身结构体的指针类型，与链表有关。

结构体引用的时候不能整体引用，只能引用它们的成员，故 C 错误。指针可以指向整个结构体，也可以指向结构体成员，相同类型的指针之间也可以相互赋值。

8．若有枚举类型定义“enum listl{xl,x2,x3,x4=6,x5,x6};”，则枚举常量 x2 和 x6 代表的值分别是（　　）。

A．1，6　　B．1，8　　C．2，6　　D．2，8

【答案】　B

【答案解析】　在没有指定的情况下，枚举类型定义中第一个枚举元素的值为 0，后一个枚举元素的值为前一个枚举元素的值加 1。本题中 xl 的值默认为 0，x2 的值为 1，x4 的值指定为 6，x5 的值就为 7，x6 的值为 8。

9．若有定义和声明“typedef enum{green,red, yellow,blue,black}color; color flower};”，则下列语句正确的是（　　）。

A．`green=red;`　　B．`flower=red;`　　C．`color=red;`　　D．`enum=red;`

【答案】　B

【答案解析】　用 typedef 将定义的枚举类型说明成 color，然后定义了一个枚举变量 flower 属于这种类型。四个选项的左边，只有 flower 才是变量名，可以赋值。而 green 是枚举元素，为常量，其值不能改变，不能赋值。color 是类型名，enum 是关键字。

10．以下对 C 语言中共用体叙述正确的是（　　）。

A．可以对共用体变量直接赋值

B．一个共用体变量中可以同时存放其所有成员

C．一个共用体变量中不能同时存放其所有成员

D．共用体类型定义中不能出现结构体类型的成员

【答案】　C

11．设“struct { char mark[12]; int num1; double num2; } t1,t2;”，若变量均已正确赋初值，则以下语句中错误的是（　　）。

A. `t1=t2;`

B. `t2.num1=t1.num1;`

C. `t2.mark=t1.mark;`

D. `t2.num2=t1.num2;`

【答案】　C

12．设“typedef struct *S*{ int *g*;　char *h*; } *T*;”，则以下叙述中正确的是（　　）。

A．可用 *S* 定义结构体变量

B．可用 *T* 定义结构体变量

C. *S* 是 struct 类型的变量

D. *T* 是 struct *S* 类型的变量

【答案】　B

13．有以下定义和语句，则能给 *w* 中 year 成员赋 1980 的语句是（　　）。

```
struct workers
{ int num; char name[20];char c;
  struct{int day;int month;int year;} s;
```

```
};
struct workers w,*pw;
pw=&w;
```

A. `*pw.year=1980;`

B. `w.year=1980;`

C. `pw->year=1980;`

D. `w.s.year=1980;`

【答案】　D

14．下面定义结构体变量的语句中错误的是（　　）。

A. `struct ord {int x;int y;int z;}; struct ord a;`

B. `struct ord {int x;int y;int z;} struct ord a;`

C. `struct ord {int x;int y;int z;} a;`

D. `struct {int x;int y;int z;} a;`

【答案】　B

三、读程序写结果

1．以下程序运行后，输出的结果是________。

```
#include<stdio.h>
struct S{ int a,b; } data[2]={10,100,20,200};
int main()
{ struct S p=data[1];
  printf("%d\n",++(p.a));
  return 0;
}
```

【答案】　21

2．以下程序运行时输出的结果第一行是________，第二行是________。

```
#include <stdio.h>
typedef struct fact
{ int m,z;
}FACT;
FACT fun1(FACT t1,FACT t2)
{  FACT t3;
   t3.m=t1.m*t2.m ;
   t3.z=t1.z*t2.m+t2.z*t1.m;
   return t3;
}
FACT fun2(FACT t)
{  int m,n,k;
   m=t.m;
   n=t.z;
```

```
    while(k=m%n)
    {  m=n;n=k;  }
      t.m=t.m/n;
      t.z=t.z/n;
      return t;
    }
int main()
{  FACT s,s1={8,4},s2={6,5};
   s=fun1(s1,s2);
   printf("%d,%d\n",s.z,s.m);
   s=fun2(s);
   printf("%d,%d",s.z,s.m);
   return 0;
}
```

【答案】　第一行：64,48　第二行：4,3

【答案解析】　函数 fun1 根据 t1 和 t2 的值计算结构体变量 t3 的值并返回。函数 fun2 的功能是求最大公约数。注意输出顺序，将先计算得到的后输出。

t3.*m*=t1.*m**t2.*m*=8*6=48

t3.z=t1.*z**t2.*m*+t2.*z**t1.*m*=4*6+5*8=64

s={48,64}，作为 fun2 的实际参数传给 *t*，求 48 与 64 的最大公约数，为 16，最后得到 *t.m*=48/16=3，*t.z*=64/16=4。

3．以下程序运行后，其输出结果为__________。

```
#include "stdio.h"
enum days{ mon=1,tue,wed,thu,fri,sat,sun} today=tue;
int main()
{  printf("%d\n",(today+2)%7);  return 0;}
```

【答案】　4

【答案解析】　枚举类型定义中第一个枚举元素 mon 的值为 1，第 2 个元素 tue 的值就为 2，枚举变量 today 初始化为 tue，其值即为 2。(today+2)%7)=(2+2)%74%7=4。

4．以下程序运行后的输出结果的第一行为__________，第二行为__________。

```
#include <stdio.h>
struct num
{  int x,y;
} st[]={{1,10},{2,20},{3,30},{4,40},{-1,-1}},s1[2],s2[2];
int main()
{  int i=0,j=0,k;
   for(k=0;st[k].x!=-1;k++)
     {  if(st[k].x%2) s1[i++]=st[k];
        else s2[j++]=st[k];
```

```
    }
    printf("%d\n%d\n",s1[0].y,s2[0].y);
    return 0;
}
```

【答案】　10，20

【答案解析】　将 st 数组中成员 x 为奇数的放入 s1 数组中，为偶数的放入 s2 数组中。s1 中的元素为{1,10}、{3,30}，s2 中的元素为{2,20}、{4,40}。s1[0].y 为 10，s2[0].y 为 20。

5．以下程序运行时输出的结果第一行是__________，第二行是__________。

```
#include<stdio.h>
typedef struct{int x,y;}direction;
int visible(direction s,direction A,direction B,direction C)
{   direction p1,p2;
    int d;
    p1.x=B.x-A.x;
    p1.y=B.y-A.y;
    p2.x=C.x-A.x;
    p2.y=C.y-A.y;
    d=s.x*p1.x*p2.x+s.y*p1.y*p2.y;
    printf("%4d\n",d);
    return d>0;
}
int main()
{  char *ss[]={"invisible","visible"};
   direction s={1,1},T={1,1},A={0,0},B={2,1};
   puts(ss[visible(s,T,A,B)]);
   return 0;
}
```

【答案】　第一行：-1　第二行：invisible

【答案解析】　direction 是结构体类型名，属于该结构体类型的变量都有两个成员，主函数中初始化了 4 个结构体变量，通过函数调用进行输出。子函数中的 return 语句返回一个逻辑值，为 0 或 1，作为数组 ss 的下标，决定最后输出的是 ss[0]还是 ss[1]。

现在的主要任务是求 visible(s,T,A,B)的值，将 4 个参数分别传给子函数 visible，得：

$s.x=1, s.y=1$;　　$A.x=1, A.y=1$;　　$B.x=0, B.y=0$;　　$C.x=2, C.y=1$

计算：

p1.x=$B.x-A.x$=0−1=−1　　　p1.y=$B.y-A.y$=0−1=−1

p2.x=C.$x-A.x$=2−1=1　　　p2.y=$C.y-A.y$=1−1=0

d=$s.x$*p1.x*p2.x+$s.y$*p1.y*p2.y=1*(−1)*1+1*(−1)*0=−1

输出 d 的值为−1。返回 d>0 是否成立的逻辑值，因为 d 为−1，故 d>0 不成立，返回值为 0。ss 的下标为子函数的返回值 0。最后执行 puts(ss[0])，输出的是前面的那个字符串“invisible”。

6．以下程序运行时，输出结果的第一行为__________，第二行为__________，第三行为__________。

```
#include <stdio.h>
struct node {int x; int next;};
int main()
{   struct node chain[5]={{1,-1},{5,-1},{3,-1},{2,-1},{4,-1}};
    int k,j,max,maxcode,head,sign,last;
    for(k=0;k<5;k++) printf("%2d",chain[k].x);
    for(k=0;k<5;k++)
    {  sign=0;
       for(j=0;j<5;j++)
          if(chain[j].next==-1)
          {  if(sign==0) {max=chain[j].x;maxcode=j;sign=1;}
             else if(chain[j].x>max) {max=chain[j].x;maxcode=j;}
          }
       if(k==0) {head=last=maxcode;}
       else chain[last].next=maxcode;
       last=maxcode;chain[maxcode].next=-2;
    }
    printf("\n%2d\n",chain[head].x);
    j=head;
    while(j!=-2) { printf("%2d",chain[j].x);j=chain[j].next; }
    return 0;
}
```

【答案】　1 5 3 2 4，5，5 4 3 2 1

【答案解析】 排序。第一个 for 输出结构体数组 chain 的每个元素的第一个分量 *x* 的值 1、5、3、2、4。第二个 for 是按 china 的每个元素的第一个分量从大到小进行排序。

7．以下程序运行时输出结果中第一行是__________，第二行是__________，第三行是__________。

```
#include<stdio.h>
typedef struct{int x;int y;}S;
void fun(S pp[],int n)
{  int i,j,k;  S t;
   for(i=0;i<n-1;i++)
   {  k=i;
      for(j=i+1;j<n;j++)
         if((pp[j].x<pp[k].x)||(pp[j].x==pp[k].x&&pp[j].
         y<pp[k].y))
             k=j;
```

```
        if(k!=i) {  t=pp[i]; pp[i]=pp[k]; pp[k]=t;  }
    }
}
int main()
{  S a[5]={{3,2},{3,1},{1,2},{2,4},{2,3}};
   int i,n=5;
   fun(a,n);
   for(i=0;i<n;i++)
   printf("%d,%d\n",a[i].x,a[i].y);
   return 0;
}
```

【答案】　第一行：1,2　第二行：2,3　第三行：2,4

【答案解析】　结构体选择法排序，先按成员 *x* 从小到大排序，*x* 相等按成员 *y* 从小到大排序。排序结果为{1,2},{2,3},{2,4},{3,1},{3,2}。

8．以下程序运行时输出结果的第一行是_________，第二行是_________。

```
#include <stdio.h>
struct s
{  int x,*y;
}*p;
int d[5]={10,20,30,40,50};
struct a[5]={100,&d[0],200,&d[1],300,&d[2],400,&d[3],500,
&d[4]};
int main()
{   p=a;
    printf("%5d",p->x++);
    printf("%5d\n",p->x);
    printf("%5d",*p->y);
    printf("%5d\n",*++p->y);
    return 0;
}
```

【答案】　第一行：100 101　第二行：10 20

【答案解析】　指针 *p* 指向数组 *a* 的起始地址，*a* 中有两个成员，*p*->*x* 就是 *a*[0].*x*，值为100。输出的第 1 个数据是 *p*->*x*++，即先输出 *p*->*x* 的值再将该值加 1，所以输出的是 100，第 2 个输出数据是加 1 以后的 *p*->*x*，为 101。

指针 *p* 没改变，*p*->*y* 是&*d*[0]，**p*->*y* 为 *d*[0]的值，为 10，这是第 3 个输出的数据。*++*p*->*y* 是先移动指针 *p*，*p* 指向 *a*[1]，*a*[1].*y* 为&*d*[1]，*d*[1]的值为 20。

9．以下程序运行后，其输出结果的第一行是_________，第二行是_________，第三行是_________。

```
#include <stdio.h>
```

```c
#include <stdlib.h>
struct node
{   char info[5];
    struct node *link;
};
struct node *create(char  *s)
{  int k; struct node  *h,*p;
   h=NULL;
   while(*s)
   {  k=0;
      p=(struct node *)malloc(sizeof(struct node));
      while (k<4 && *s)  p->info[k++]=*s++;
      p->info[k]='\0';
      p->link=h;
      h=p;
   }
   return h;
}
void print(struct node *head)
{  struct node *p=head;
   while(p!=NULL)
    {  puts(p->info);
       p=p->link;
    }
}
int main()
{  struct node *create(char *);
   void print(struct node *);
   struct node *head=NULL;
   char c[]="the teacher";
   head=create(c);
   print(head);
   return 0;
}
```

【答案】　her，teac，the

【答案解析】　用先进后出创建链表并输出链表，每个节点为 5 字节，是 4 个字符组成的字符串，the 后的空格也算一个字符。第 1 个节点 the 和空格为链尾，第 2 个节点为 teac，第 3 个节点 her 为链首。*p*->link=*h*; 意为原来的头节点连在新建节点的后面，*h*=*p*; 意为新建的节点 *p* 为头节点。

10. 以下程序运行后输出结果中第一行为______，第二行为_____，第三行为______。

```
#include "stdio.h"
#include "stdlib.h"
struct node
{  char data;
   struct node *next;
};
struct node *insert(struct node *h,char c)
{  struct node *p,*p1,*p2;
   p=(struct node *)malloc(sizeof(struct node));
   p->data=c;
   p->next=NULL;
   if(h==NULL) h=p;
   else
    { p1=p2=h;
      while(c>p1->data&&p1->next!=NULL)
        {  p2=p1;p1=p1->next; }
      if(c<=p1->data)                      //插在前面
         if(p1==h) { p->next=h; h=p; }     //插在 head 前面
         else { p2->next=p; p->next=p1; }  //插在 p2 之后 p1 之前
      else  { p1->next=p; }                //插在末尾
    }
   return h;
}
struct node *del(struct node *h)           //删除节点
{  struct node *p=h;
   while(p!=NULL)
   {  if(p->data%2==0)  p->next=p->next->next;
      p=p->next;
   }
   return h;
}
void print(struct node *h)                 //输出链表
{  struct node *p=h;
   while(p!=NULL)
    {  printf("%c",p->data);
       p=p->next;
    }
   printf("\n");
```

```
}
int main()
{   struct node *head=NULL;
    char *item="32659",*p=item;
    puts(item);
    while(*p)  head=insert(head,*p++);
    print(head);
    del(head); print(head);
    return 0;
}
```

【答案】　第一行：32659　第二行：23569　第三行：256

【答案解析】　本程序的 3 个子函数是：用插入法建链表、删除节点、输出链表。先看主函数，puts 函数输出 item 指针指向的字符串，第一行输出 32659。

当 *p* 指向的字符串还没结束时调用 insert 函数。该函数功能是用插入法从小到大建链表，*p* 指向新节点，第 1 个节点为“3”，第 2 个节点为“2”，新节点若小于等于第 1 个节点，插在前面，所以，节点的顺序为 3、2。第 3 个节点为 6，插在末尾，第 4 个节点插在中间，while 循环找插入点，插在 p2 后面，p1 前面。返回链表头节点，输出该链表，第二行的输出是 23569。

del 函数的功能是删除节点，由 if(*p*->data%2==0) *p*->next=*p*->next->next;语句可知，删除节点值为偶数后面的那个节点，即偶数 2 后面的节点 3 和偶数 6 后面的节点 9，最后剩下的节点为 256。输出删除节点后的链表。

11．以下程序运行后，输出的结果是__________。

```
#include <stdio.h>
struct myun
{ struct
  { int x, y, z;
  }u;
  int k;
}a;

int main( )
{ a.u.x=4; a.u.y=5; a.u.z=6; a.k=0;
  printf("%d\n",a.u.x);
  return 0;
}
```

【答案】　4

12．以下程序运行后，输出的结果是__________。

```
#include <stdio.h>
typedef struct
{
```

```
    int num;
    double s;
} REC;
void fun1( REC x ){
    x.num=23;
    x.s=88.5;
}
int main()
{
    REC a={16, 90.0 };
    fun1(a);
    printf("%d\n",a.num);
    return 0;
}
```

【答案】 16

13. 以下程序运行后，输出的结果是__________。

```
#include <stdio.h>
int main()
{ enum{ r,y,b=7,w}i=r,j=w;
  printf("%d,%d\n",i,j);
  return 0;
}
```

【答案】 0,8

14. 以下程序运行后，输出的结果是__________。

```
#include<stdio.h>
#include<string.h>
typedef struct{char name[9]; char sex; int score[2];}STU;
stu f(stu a)
{   stu b={"Zhao",'m',85,90};
    int i;
    strcpy(a.name, b.name);
    a.sex=b.sex;
    for(i=0; i<2; i++)
        a.score[i]=b.score[i];
    return a;
}
int main( )
{   stu c={"Qian",'f',95,92}, d;
    d=f(c);
```

```
        printf("%s,%c,%d,%d,",d.name,d.sex,d.score[0],
        d.score[1]);
        printf("%s,%c,%d,%d\n",c.name,c.sex,c.score[0],c.
        score[1]);
        return 0;
    }
```

【答案】 Zhao,m,85,90,Qian,f,95,92

15．以下程序执行后，输出的结果是__________。

```
    #include <stdio.h>
    struct stu
    { char name[10]; int num; };
    void f1(struct STU c)
    { struct stu b={"LiSiGuo",56};
      c=b;
    }
    void f2(struct STU *c)
    { struct stu b={"SunDan",58};
      *c=b;
    }
    int main( )
    { struct stu a={"YangSan",55},b={"WangYin",57};
      f1(a);f2(&b);
      printf("%d,%d\n",a.num,b.num);
      return 0;
    }
```

【答案】 55,58

16．以下程序运行后，输出的结果是__________。

```
    #include <stdio.h>
    #include <string.h>
    struct A { int a; char b[10]; double c; };
    void f(struct A t);
    int main()
    {    struct A a={1001,"ZhangDa",1098.0 };
         f(a);
         printf("%d,%s,%6.1f\n",a.a,a.b,a.c);
         return 0;
    }
    void f(struct  A  t)
    {    t.a=1002;strcpy(t.b,"ChangRong");
```

```
        t.c=1202.0;
    }
```

【答案】　1001,ZhangDa,1098.0

17. 以下程序运行后，输出的结果是__________。

```
#include <stdio.h>
int main( )
{    struct node{ int n; struct node *next;} *p;
     struct node x[3]={{2,x+1},{4,x+2},{6,NULL}};
     p=x;
     printf("%d,", p->n );
     printf("%d\n",p->next->n );
     return 0;
}
```

【答案】　2,4

18. 以下程序运行后，输出的结果是__________。

```
#include <stdio.h>
struct stu
{ int mun; char name[10]; int age; };
void fun(struct stu *p)
{ printf("%s\n", p->name); }
int main( )
{ struct stu x[3]={{01,"zhang",20},{02,"wang",19},
{03,"zhao",18} };
  fun(x+2);
  return 0;
}
```

【答案】　zhao

四、完善程序

1. 程序功能：选票统计。二维数组 *s* 中保存了投票后 10 张有效选票上所填写的候选人姓名，结构数组 stat 中保存统计结果。程序运行后的输出结果是“liu:2　wang:5　zhao:3”。

```
#include<stdio.h>
#include<string.h>
typedef struct
{  char name[20];                           //候选人姓名
   int count;                               //候选人得票数
}count;
int count(char x[][20],int n, ________________)
{  int i,j,k=0;                             //k表示被选中的人数
   for(i=0; ______________; i++)            //n张选票，循环n次
```

```
    {   for(j=0;j<k;j++)
          if(strcmp(st[j].name,x[i])==0)
           { ____________________ ;   break;}
        if(j>=k)
         { ____________________;
           st[k].count++;
           k++;
         }
    }
    return k;
}
int main()
{  char s[10][20]={"liu","wang","zhao","zhao","wang","liu",
                   "wang","zhao","wang","wang"};
   count stat[5]={0};
   int i,n;
   n=count(s,10,stat);
   for(i=0;i<n;i++)
     printf("%s:%d\t",stat[i].name,stat[i].count);
   return 0;
}
```

【答案】 第一空：count st[]　第二空：*i*<*n*　第三空：st[*j*].count++　第四空：strcpy(st[*k*].name,x[*i*])

【答案解析】 第一空填的是形式参数，根据实际参数填写，实际参数对应位置为 stat，是数组名，该数组属于 count 类型，第一空填数组类型及数组名，同时中括号不能漏掉。数组类型为 count，数组名是函数中用到的 st。

第二空填的是循环结束条件，*i* 从 0 开始，*i* 为多少结束，是循环次数，本题是 10 次，这在 main 函数的实际参数的中间这个数体现出来，对应的形式参数为 *n*，填 *i*<*n*。

第三空是计数，若为某个姓名，则相应变量的值增 1。

第四空若选票的姓名第一次出现，则用 strcpy 函数将该姓名复制到结构体数组的一个成员中。

2．以下程序的功能是：在不改变 *a* 数组中数据存储位置的前提下，按 *a* 数组第一列元素的值从大到小依次输出 *a* 数组的各行元素。实现算法：将 *a* 数组每行第一个元素的值和地址依次保存到 index 结构数组相应元素的成员 *x* 和 *y* 中，对 index 数组按成员 *x* 的值从大到小排序，依次输出 index 数组每个元素的成员 *y* 指向的 *a* 数组中一行的全部元素的值。

a 数组中元素的值：

20	40	30
30	10	20
40	50	30
60	60	30

程序输出结果：

60	60	30
40	50	30
30	10	20
20	40	30

```
#include <stdio.h>
struct link
{  int x,*y ; }
int main()
{  int a[][3]={{20,40,30},{30,10,20},{40,50,30},{60,60,30}},
            i,j,k,*p;
   struct link index[4]={0},tmp;
   for(i=0;i<4;i++)
   {   index[i].y=__________;    index[i].x=a[i][0]; }
       for(i=0;i<3;i++)
       {  k=i;
          for(j=i+1;j<4;j++)
              if(__________)  k=j;
              if(k!=i) {tmp=index[i];index[i]=index[k];index[k]=
                         tmp; }
       }
       for(i=0;i<4;i++)
       { p=index[i].y;
         printf("\n");
         for(j=0;j<3;j++)     printf("%3d",__________);
       }
       return 0;
   }
```

【答案】　第一空：a[*i*]　第二空：index[*j*].*x*>index[*k*].*x*　第三空：*(*p*+*j*)或(index[*i*].*y*+*j*)

【答案解析】　结构体数组选择排序。二维数组 *a*[*i*]表示第 *i* 行地址。

index 是结构体数组，分量 *y* 是指针，index[*i*].*y* 表示地址，初始情况让 index[*i*].*y* 指向二维数组的每一行，第一空填 *a*[*i*]。

接下来是选择排序。题目要求从大到小排序，先找最大值的下标，再交换。只有当下标为 *j* 的元素值比下标为 *k* 的元素值大时，才将下标赋给 *k*，所以要比较 index[*j*]与 index[*k*]两个变量，填 index[*j*].*x*>index[*k*].*x*。本题比较的是结构体成员 *x*，但整体交换。

最后的 for 循环，输出排序后的二维数组，用指针表示，*p* 指向 index[*i*].*y*，这一行的元素用*(*p*+*j*)表示，也可以用*(index[*i*].*y*+*j*)表示。

3. 以下程序的功能是：实现两个复数相加的计算并输出运算结果。试完善程序以达到要求的功能。

```
#include <stdio.h>
#include <stdlib.h>
struct complex
{  float r,i;  };
struct complex *cal(struct complex *x1,struct complex *x2)
```

```
{   struct complex *p;
    p=(__________________ )malloc(sizeof(struct complex));
    p->r=(*x1).r+(*x2).r;
    p->i=(*x1).i+(*x2).i;
    __________________;
}
int main()
{  struct complex *p,x,y;
   scanf("%f%f%f%f",&x.r,&x.i,&y.r,&y.i);
   p=cal(&x,&y);
   printf("result:%.2fr+%.2fi", _________________ );
   free(p);
   return 0;
}
```

【答案】　第一空：struct complex *　第二空：return *p*　第三空：*p->r,p->i*

【答案解析】　结构体有两个分量：表示实数的 *r* 和表示虚数的 *i*。*p* 指向一个新开辟的空间，malloc 函数返回值为 void 型，要赋给 *p*，类型不一致，进行强制类型转换，第一空填 *p* 的类型名 struct complex *。子函数是计算两个复数的和，得到的结果要传回主函数，要有 return 语句，第二空填 return *p*。主函数中函数调用后输出结果，结果由实数和虚数两部分组成，用结构体指针表示为 *p->r,p->i*。

4. 以下程序的功能是：函数 struct node *insert(struct node *head,struct node **p*)将 *p* 指向的节点作为首节点插入 head 指向的链表中。main 函数接收从键盘输入的一行字符，每接收一个字符后，申请一个新节点保存该字符，并调用 insert 函数将新节点插入链表中。最后从表头开始依次输出该链表各节点成员 *c* 的值。试完善程序以达到要求的功能。

```
#include <stdio.h>
#include <stdlib.h>
struct node
{  char c;
   struct node *next;
};
int main()
{  struct node *insert(struct node *head,struct node *p);
   char ch;  struct node *head,*p;
   head=NULL;
   while((ch=getchar())!='\n')
   {  p=(struct node *)malloc(sizeof(struct node));
      ___________________ =ch;
      p->next=NULL;
      _____________________;
```

```
    }
    p=head;
    while(p!=NULL)
    {   printf("%c",p->c);
        ____________________;
    }
    return 0;
}
struct node *insert(struct node *head,struct node *p)
{   if(head==NULL)  head=p;
    else
      {  ____________________ ;
         head=p;
      }
    return head;
}
```

【答案】　第一空：*p*->*c*　第二空：head=insert(head,*p*)　第三空：*p*=*p*->next　第四空：*p*->next=head

【答案解析】　main 函数中第一个 while 循环接收一个字符，*p* 指针指向新建节点，第一空将字符赋给新节点，第二空调用 insert 函数并将函数返回值赋给 head。第二个 while 循环输出链表各节点成员 *c* 的值，输完一个 *p* 指针下移，第三空填 *p*=*p*->next。插入函数中，若链表为空，则 *p* 节点为头节点，否则头节点连在 *p* 节点的后面，*p* 节点作为头节点。第四空将 head 赋给 *p*->next。

5．fun 函数的功能是删除 *s* 指向的链表中满足以下条件的节点：该节点的编号值是奇数且存放的字母 ASCII 码值也为奇数(提示：*a* 的 ASCII 码是 97)；将删除的节点添加到 *t* 所指向的链表尾部。试完善 fun 函数以达到要求的功能。

例如,若删除前的 *s* 链表如下：

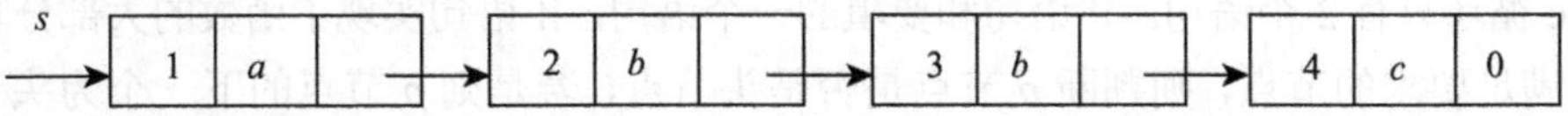

则删除后的 *s* 链表如下：

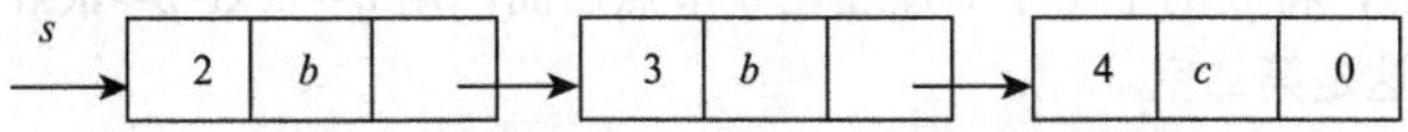


```
#include<stdio.h>
struct node
  {  int i;                    //存放节点的编号
     char c;                   //存放一个字母的ASCII码
     struct node *next;
  };
```

```
struct node *t=NULL;
struct node *fun(struct node *s)
{  struct node *p,*q;struct node *r;
   p=q=s;
   while(p!=NULL)
   {  if(((p->i)%2)&&((p->c)%2))
      {   if(s==p)
             s=q=____________ ;
          else
           {  _______________  ;
              q=p->next;
           }
         if(t==NULL)  t=r=p;
         else
           {  r->next=p;
              r=r->next;
           }
      }
      p=______________  ;
   }
   if(t!=NULL)  ______________;
   return s;
}
```

【答案】　第一空：*p*->next　第二空：*q*->next=*p*->next　第三空：*p*->next　第四空：*r*->next=NULL

【答案解析】　本函数的功能是将删除的节点放入另一个链表的末尾。*s* 为头节点，*p* 为当前节点，*q* 为 *p* 节点的前一个节点，初始情况下，*p*、*q* 都指向头节点。

while 循环只有 2 个语句：if 语句和要填的一个语句，if 语句实现了函数的大部分功能。若 *p* 节点是满足要求的节点，则判断 *p* 节点是否是头节点，若是则 *p* 节点的下一个为头节点，即 *p*->next 赋给 *s*，这是第一空。

p 不是头节点，将 *p* 的下一个节点连在 *q* 节点后面，用 *q*->next=*p*->next 语句表示，就是删除了 *p* 节点，这是第二空。

q 下移。接下来的 if 语句是将删除的 *p* 节点连到 *t* 指向的链表上。在进行下一次循环前，即判断下一个节点是否是要删除的节点前，要让 *p* 指针往下移一个，第三空填 *p*->next。

最后一空是对 *t* 链表的操作，将该链表的最后一个节点的 next 置为空，第四空填 *r*->next=NULL。

6. 设 h1 和 h2 分别为两个单链表的头指针，链表中节点的数据结构如下：

```
typedef struct node
{  int data;
```

```
    struct  node *next;
  }NODE;
```

sea_del 函数的功能是：删除 h1 指向的链表中首次出现的与 h2 指向的链表中数据完全匹配的若干连续节点，函数返回 h1 指向链表的头指针。

例如，初态下，h1 指向链表和 h2 指向链表如下图所示：

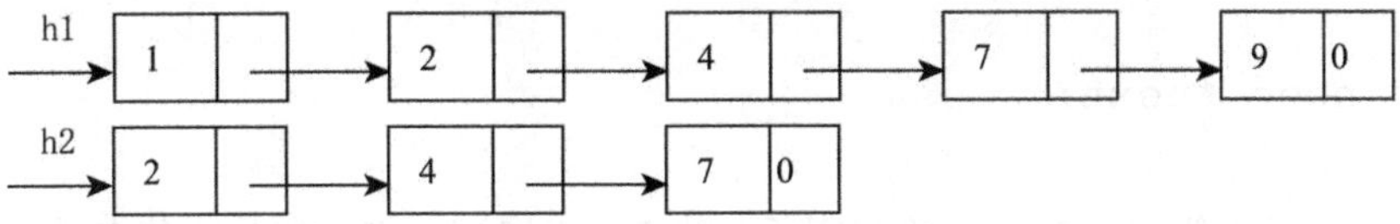

调用 sea_del 函数后 h1 指向链表如下：

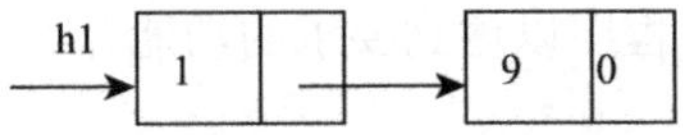

试完善函数 sea_del 以达到要求的功能。

```
NODE *sea_del(NODE *h1,NODE *h2)
{  NODE *p,*ph,*q,*s;
   ph=NULL; p=q=h1;  s=h2;
   if(h1==NULL || ________________)  return h1;
   while(p!=NULL && s!=NULL)
   {  while(q->data==s->data && q && s)
       {   q=q->next;
           s= ________________;
       }
      if(s!=NULL)          //失配时，h1 起始节点后移，h2 从首节点开始
       {   ph=p;
           p=q=p->next;
           s=________________;
       }
      else
           if(ph==NULL)  h1=q;
           else ph->next=q;
   }
   ____________________;
}
```

【答案】　第一空：h2==NULL　第二空：*s*->next　第三空：h2　第四空：return h1

【答案解析】　本函数是对两个链表进行操作，如果有一个链表为空，则无法进行，第一空填 h2==NULL。下面的 while 循环中只有两个语句：内 while 循环和 if 语句。

内 while 循环的功能是找链表中数据完全匹配的若干连续节点，在找的过程中，两个链表都要将节点往下一个个移，*s* 节点也要往下移，第二空填 *s*->next。

if 语句有提示语句，上面的 while 循环若没有成功，h1 往后移，h2 从首节点开始，让 *s* 重新指向链表的头部，即 *s*=h2，第三空填 h2，否则就进行删除。

最后一行，循环结束后函数返回 h1 指向链表的头指针，填 return h1。

7．设一个单向链表节点的数据类型定义如下：

```
struct node
{  int x;
   struct node *next;
};
```

fun 函数从 *h* 指向的链表第二个节点开始遍历所有节点，当遇到 *x* 值为奇数的节点时，将该节点移到 *h* 链表第一个节点之前，函数返回链表首节点地址。print 函数输出 *p* 指向的链表中所有节点的 *x* 值。程序运行后的输出结果是“1 3 4 2”。试完善程序以达到要求的功能。

```
#include<stdio.h>
#define N 4
struct node
{  int x;
   struct node *next;
};
void print(struct node *p)
{  while(________________)
    {  printf("%4d", ________________ );
       p=p->next;
    }
   printf("\n");
}
struct node  *fun(struct node *h)
{  struct node *p1,*p2,*p3;
   p1=h; p2=p1->next;
   while(p2)
    {  if(p2->x%2)
        {  p3=p2;
           p1->next=________________ ;
           p2=p1->next;
           p3->next=h;
           ________________;
        }
        else
         {  p1=p2; p2=p2->next; }
    }
   return h;
```

```
}
int main()
{  struct node a[N]={{4},{3},{2},{1}},*head=a;int i,num;
   for(i=0;i<N-1;i++)  a[i].next=&a[i+1];
   a[i].next=0;
   head=fun(head);print(head);
   return 0;
}
```

【答案】 第一空：*p*　第二空：*p*->*x*　第三空：p2->next 或 p3->next　第四空：*h*=p3

【答案解析】 主函数的前三行除了变量类型说明外创建一个链表，节点分别为 4、3、2、1。最后一行调用 fun 函数及输出链表。前两个空填的是与输出链表有关的内容：当链表没有结束输出节点值时，指针往下移一个。第 1 空填 *p* 或 *p*!=NULL，第 2 空填 *p*->*x*。

fun 函数的功能从第 2 个节点开始移动节点，将值为奇数的节点移到前面。移动节点就是先删除满足条件的节点，再把该节点插入指定位置。p1 指向头节点，p2 指向第 2 个节点，第 2 个节点为奇数，让 p3 指向它，先将第 2 个节点删除，即第 2 个节点（p2 和 p3 指向的节点）后面的节点连到第 1 个节点后，第三空填 p2->next 或 p3->next。接着，p2 移到新的第 2 个节点上，即值为 2 的节点，头节点连在删除节点的后面，就是让 p3 指向的节点为头节点，第四空填 *h*=p3。

8．以下程序创建一个链表并实现数据统计功能。函数 WORD *create(char *a*[][20], int *n*) 创建一个包含 *n* 个节点的单向链表，节点数据来自 *a* 指向的数组中存储的 *n* 个单词（字符串）。函数 void count（WORD **h*）统计 *h* 指向的单向链表中不同单词各自出现的次数，将统计结果保存到局部数组 *c* 中并输出。程序运行时输出结果为“red:1　green:2　blue:3”。试完善程序以达到要求的功能。

```
#include "stdio.h"
#include "stdlib.h"
#include "string.h"
typedef struct w
{   char word[20];
    struct w *next;
}WORD;
WORD *create(char a[][20],int n)        //创建节点
{  WORD *p1,*p2,*h=0;  int i;
   for(i=0;i<n;i++)
    {   p1=(WORD *)malloc(sizeof(WORD));
        strcpy(______________ ,a[i]);
        if(h==0)  h=p2=p1;
        else
           {p2->next=p1; p2=p1;}
    }
```

```
    p2->next=____________;
    return h;
  }
  void count(WORD *h)                    //统计不同单词各自出现的次数
  {  struct
     {  char word[20];
        int num;
     }c[6]={0};
     int m=0,i;
     while(h)
      {    if(m==0)
           {  strcpy(c[0].word,h->word);
              c[0].num=1;m++;
           }
          else
           {  for(i=0;i<m;i++)
                 if(strcmp(c[i].word,h->word)==0)
                  {  ________________;
                     break;
                  }
                 if(i>=m)
                 {  strcpy(c[m].word,h->word);
                    c[m++].num=1;
                 }
           }
           ________________;
      }
     for(i=0;i<m;i++)
        printf("%s:%d ",c[i].word,c[i].num);
  }
  int main()
  {   char words[6][20]={"red","green","blue","blue","green",
    "blue"};
      WORD *head=0;
      head=create(words,6);
      count(head);
      return 0;
  }
```

【答案】 第一空: p1->word　第二空: 0 或 NULL　第三空: *c*[*i*].num++　第四空: *h*=*h*->next

【答案解析】　在创建链表的函数中，p1 指向新的节点，p2 指向已建链表的最后一个节点，新建的 p1 节点连在 p2 后面，p2 移到 p1 上，保证 p2 一直是链表中最后一个节点。p1 节点的内容为一个字符串，将数组中的字符串赋值给 p1 节点的 word 分量，使用 strcpy 函数，第一空填 p1->word。

当全部节点都连好以后，最后一个节点的下一个为空，第二空填 0 或者 NULL。

count 函数中，*c*[*i*].num 表示第 *i* 个单词出现的次数，*m* 表示不同单词的个数。while 循环中只有两个语句：嵌套的 if 语句和一个要填的语句。if 语句用来判断一个单词是否是不同的单词及出现的次数。初始情况，第一个单词第一次出现，将该单词即 *h* 指向的节点内容复制到数组 *c*[0]的成员 word 中，else 语句表示将 *h* 指向的单词与已出现过的单词一个个进行比较，若相同，则相应的 *c*[*i*].num 加 1，第三空填 *c*[*i*].num++，然后跳出内部的 for 循环，否则表示没找到相同的，此时 *i*>=*m*，表明该单词是一个没出现过的单词，将其复制到数组 *c*[*m*]的成员 word 中，该单词的计数器 *c*[*m*].num 增 1。这个单词判断完后，*h* 指针往下移进行下一个单词的判断，第四空填 *h*=*h*->next。

9．设某单向链表节点的数据结构定义如下：

```
typedef struct node
{  char ch;
   struct node *next;
}linklist;
```

以下程序首先建立一个单向链表 head，如下图所示，该链表每个节点中保存 *x* 数组的一个元素值；输出 head 链表中每个节点的值；再将 head 链表变换为倒序链表，如下图所示，输出倒序后 head 链表中每个节点的值。试完善程序以达到要求的功能。

head 链表倒序算法提示：① 使 hp 指向 head 链表，置 head 为 0（head 链表为空链表）；② 从 hp 指向的链表第一个节点开始，依次从 hp 链表中删除每个节点，将所删除的节点再依次插入 head 链表第一个节点之前，直到 hp 链表为空时结束。

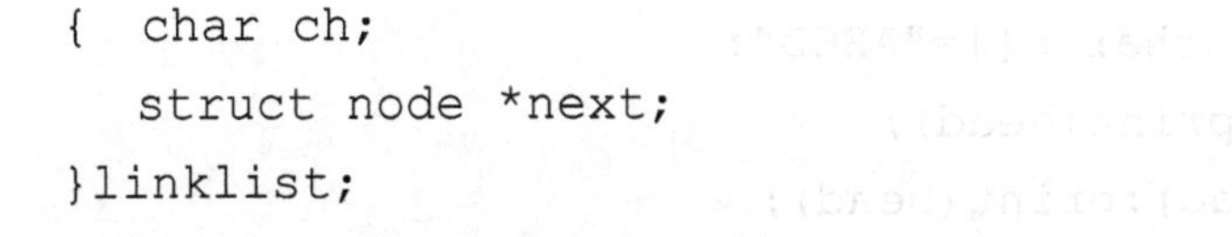


```
#include <stdio.h>
typedef struct node
{  char ch;
   struct node *next;
}linklist;
linklist *creat(char x[])
{  int i;linklist *pt,*pr,*p=NULL;
   for(i=0;x[i]!='\0';i++)
   {  pt=(linklist *)malloc(sizeof(linklist));
      pt->ch=x[i];pt->next=NULL;
      if(p==NULL)
```

```
        {  ______________________;
           pr=pt;
        }
       else
        {  pr->next=pt;
           ______________________;
        }
    }
    return p;
}
linklist *revlist(linklist *head)
{  linklist *hp,*p=NULL;
   hp=head;
   head=____________________;
   while(hp)
   {  p=hp;
      hp=hp->next;
      p->next=head;
      ______________________;
   }
   return head;
}
void print(linklist *phead)
 {  while(phead)
    {  printf("%c  ",phead->ch);
       phead=phead->next;
    }
    printf("\n");
}
int main()
{  linklist *head; char x[]="ABCD";
   head=creat(x); print(head);
   head=revlist(head);print(head);
   return 0;
}
```

【答案】　第一空：*p*=pt　第二空：pr=pr->next　第三空：NULL 或 0　第四空：head=*p*

【答案解析】　创建链表函数中，*p* 指向头节点，pt 指向新建节点，pr 指向链表最后一个节点。若 *p* 为空则 *p* 指向新建的 pt 节点，第一空填 *p*=pt。如果新建的节点不是第一个节点，则将新建的节点放在链表的最后，即将 pt 指向的节点连在 pr 后面，pr 再往下移一个，第二空填 pr=pr->next。第三空置 head 为 0。第四空逆序后置当前节点 p 为头节点。

10．某餐厅用苹果、橘子、香蕉、菠萝、梨 5 种水果制作拼盘，要求每个拼盘中恰好有 3 种不同的水果。以下程序的功能就是计算可以制作出多少种这样的水果拼盘并列出组合方式。试完善程序以达到要求的功能。

```
#include <stdio.h>
typedef enum {apple,orange,banana,pineapple,pear} Fruit;
int main()
{ ___________ fruits[]={"apple","orange","banana","pineapple",
                        "pear"};
 Fruit x,y,z,p;
 int k=0,i;
 for(x=___________;x<=pear;x++)
   for(y=x+1;y<=pear;y++)
     for(z=y+1;z<=pear;z++)
        printf("\n%d %s %s %s",++k,fruits[x],fruits[y],
               fruits[z]);
 return 0;
}
```

【答案】 第一空：char * 第二空：apple 或 0

【答案解析】 首先用 typedef 将定义的枚举类型说明成 Fruit。main 函数中，变量 fruits 表示了若干字符串，与字符有关，其关键字为 char，又因是字符串数组，必须用二维数组表示，但此处只有一对中括号，是一维数组，与二维数组等价的方式是数组指针，在数组名前加一个“*”表示指针，第一空填“char *”，表示 fruits 是一个指向字符串的数组指针。第二空填 x 的初值，要求列出所有的组合方式，应该从第一个枚举元素“apple”开始，第二空填“apple”或者其默认值 0。

第9章 文　　件

9.1 本 章 导 学

（1）文件的概念。

（2）文件的常用操作。

9.2 重点难点释疑

9.2.1 文件的概念

文件是指一组存储在计算机上的数据集合，这个数据集的名称叫作文件名。文件一般以磁盘为载体，在使用时被调入内存中。从文件的数据组织形式来分，文件可分为文本文件和二进制文件。

文本文件：ASCII 文件，每个字节存放一个字符的 ASCII 码。存储量大、速度慢、便于对字符操作。

二进制文件：数据按其在内存中的存储形式原样存放。存储量小，速度快，便于存放中间结果。

9.2.2 文件的常用操作

1. 文件操作的基本步骤

使用文件进行输入/输出的基本步骤如下。

（1）打开文件。所谓打开文件，实际上是建立文件的各种有关信息（包括文件名、属性、文件大小、物理存储位置、修改和访问时间、存取权限等），并使文件指针指向该文件，以便对它进行操作。

（2）处理文件。当文件打开后，就可以执行对文件的各类操作了。常用的文件操作包括文件读写操作、文件定位操作以及文件状态检查操作等。

（3）关闭文件。关闭文件是指断开指针与文件之间的联系，禁止再对该文件进行操作。

2. 文件指针变量的声明

格式：

```
FILE  *文件指针变量名;
```

例如：

```
FILE  *fp ;  //定义 fp 是一个指向文件类型的指针变量
```

说明：FILE 实际上是一个结构体类型名，必须大写，该结构体类型在 stdio.h 文件中已声明，用#include <stdio.h>包含进来。

3. 文件常用函数

（1）fopen( )：按指定方式打开文件。正常打开，指向文件指针；打开失败，为 NULL。

格式：文件指针名=fopen("文件名","使用文件方式")；

盘符与文件夹之间、文件夹与文件夹之间、文件夹与文件名之间用双斜线“\\”。

① 使用文件的方式有很多种。

r/rb (只读)：为输入打开一个文本/二进制文件，该文件已存在，一般有内容。

w/wb (只写)：为输出打开或建立一个文本/二进制文件，新建。

a/ab (追加)：向文本/二进制文件尾追加数据。

r+/rb+ (读写)：为读/写打开一个文本/二进制文件。

w+/wb+ (读写)：为读/写建立一个文本/二进制文件。

a+/ab+ (读写)：为读/写打开或建立一个文本/二进制文件。

② 文件打开与测试：

```
FILE  *fp;
fp=fopen("aa.c","w");          //用"w"方式打开一个不存在的文件
if(fp==NULL)   { printf("File open error!\n"); exit(0);  }
```

（2）fclose()：关闭文件指针指向的文件。

格式：fclose （文件指针名)；

例如：

```
fclose(fp); //关闭 fp 指向的文件
```

① 文件的读写操作完成后必须将文件关闭，不关闭文件可能会丢失数据。

② 成功关闭返回 0，否则返回非 0。

（3）fprintf()：将输出项按格式控制符的格式输出到 fp 指针指向的文件中。

格式：fprintf(文件指针名，"格式控制字符串",输出表列)；

例如：

fprintf(fp, "%d,%6.2f",i,t);   //将 i 和 t 按 %d，%6.2f 的格式输出到 fp 指向的文件中

又如，将考生的准考证号“12345678”写到 fp 指向的文件中：

```
fprintf(fp, "12345678");
```

说明：

① 磁盘文件必须是 ASCII 码文件。输出时将数据转换成字符串，因而速度较慢。

② 输出格式与 printf 函数类似，只要在“格式控制字符串”前加上文件指针。

（4）fscanf()：从 fp 指针指向的文件中读出格式控制符样式的文本到指定变量中。

格式：fscanf(文件指针名，"格式控制字符串",输入表地址)；

例如：

fscanf(fp,"%d,%f",&i,&t);   //若文件中有 2，3.5，则将整数 2 赋给变量 i，实数 3.5 赋给变量 t

说明：

① 磁盘文件必须是 ASCII 码文件。输入时将字符串转换成数字值(二进制)。

② 输入格式与 scanf 函数类似，只要在“格式控制字符串”前加上文件指针。

（5）fgetc()：从文件指针指向的文件中读出一个字符赋值给变量。

格式：变量名=fgetc(文件指针名);

例如：

```
c=fgetc(fp);  //从 fp 指针指向的文件中读出一个字符赋给变量 c
```

用 fscanf 实现：

```
fscanf(fp, "%c",&c);
```

（6）fputc()：把一个字符写入 fp 指向的文件中。

格式：fputc(ch,文件指针名);

其中，ch 是一个字符常量或字符变量。

例如：

```
fputc(c,fp);  //把变量 c 中的字符写到 fp 指针指向的文件中
```

本功能可以用 fprintf 实现：

```
fprintf(fp, "%c",c);
```

（7）fgets()：从文件指针指向的文件中读出一个字符串到字符数组中。

格式：fgetc(字符数组名,读出字符长度 n,文件指针名);

这里的字符个数为 $n-1$，因为要在最后加上字符串结束标志'\0'。

例如：

```
fgets(str,10,fp);  //从 fp 指针指向的文件中读 9 个字符到数组 str 中
```

若用 fscanf 实现：

```
fscanf(fp, "%s",str);
```

读入字符串时，遇换行符或文件尾（EOF）即结束，并在最后加一个'\0'。

（8）fputs()：把 s 指向的字符串写入 fp 指向的文件中。

格式：fputs(字符数组名或字符串,文件指针名);

例如：

```
fputs("Hello",fp);  //将字符串"Hello"写到 fp 指向的文件中
```

若用 fprintf 实现：

```
fprintf(fp ,"Hello");
```

（9）fread()：从文件指针指向的文件中读若干指定大小的数据放入数组。

格式：fread(buffer,size,count,fp);

（10）fwrite()：将某指定地址中的指定大小的若干块数据写入 fp 指针指向的文件中。

格式：fwrite(buffer,size,count,fp);

说明：

① fread 是输入，fwrite 是输出，一般用于二进制文件的输入/输出。

② buffer: 输入/输出数据块的首地址，一般为数组名。

③ size: 每个要读/写的数据块的大小（字节数）。

④ count: 要读/写的数据块的个数。

⑤ fp: 要读/写的文件指针。

（11）feof()：判断文件是否结束。

格式：`feof(文件指针);`

判断二进制文件是否结束可以用：

```
while(!feof(fp))
```

（12）rewind()：重置文件位置指针到文件开头。文件位置指针是指向文件当前读写位置的指针。

格式：`rewind(文件指针) ;`

例如：

```
rewind(fp);  //将文件位置指针指向该文件的起始位置
```

（13）seek()：改变文件位置指针的位置，用于文件的定位。

格式：`fseek(文件指针,位移量,起始点)`

起始点	名字	用数字代表
文件开始	SEEK_SET	0
文件当前位置	SEEK_CUR	1
文件末尾	SEEK_END	2

起始点既可以用名字也可以用数字代表。例如：

```
fseek(fp,50L,0);  fseek(fp,-10L, SEEK_END) ;
```

（14）ftell()：返回位置指针当前位置（用相对文件开头的位移量表示）。

格式：`ftell(fp);`

9.3 习 题 解 答

9.3.1 课后习题解答

一、填空/选择题

1. 当程序读写数据文件时，需要有声明语句"FILE *fp;"，在该声明语句之前必须包含头文件__________。

【答案】　stdio.h

2. 在文件中，以符号常量 EOF 作为文本文件（字符流文件）的结束标记，EOF 代表的值是__________。

【答案】　–1

3. 设已有非空文本数据文件 filel.dat，要求能读出文件中原有的全部数据，并在文件原有数据之后添加新数据，则用 FILE *fp=fopen("filel.dat", __________)打开该文件。

【答案】　"a"

4. 已知声明语句：

```
FILE *fp1,*fp2;
long a[2]={12345678,12345678};
```

当执行了以下语句后，文件 f1.dat 和 f2.dat 的长度分别是__________字节和__________字节。

```
fp1=fopen("f1.dat", "w"); fprintf(fp1,"%ld%ld",a[0],a[1]);
    fclose(fp1);
fp2=fopen("f2.dat","wb"); fwrite(a,sizeof(long),2,fp2);
    fclose(fp2);
```

【答案】　16, 8

【答案解析】　文件 f1 是一个文本文件，写入文件的两个长整型数都会转成相应的字符写入，因此两个数的数字个数总和即为文件的字节数，数组 *a* 中两个长整型数中分别有 8 个数字，因此文件大小为 16 字节。而文件 f2 是一个二进制文件，两个整型数的内存表示将会直接复制到文件中，因此两个数所占的内存大小即为文件的字节数。长整型数据占 4 字节，两个长整型即为 8 字节。

5. 已知 A 盘根目录下的一个文本数据文件 data.dat 中存储了 100 个 int 型数据，若需要修改该文件中已经存在的若干数据的值，只能调用一次 fopen 函数，已有声明语句“FILE *fp; ”，则 fopen 函数的正确调用形式是__________。

A. `fp = fopen ("a:\\data.dat","r+");`

B. `fp = fopen ("a:\\data.dat","w+");`

C. `fp = fopen ("a:\\data.dat","a+");`

D. `fp = fopen ("a:\\data.dat", "w");`

【答案】　A

【答案解析】　文件已经存在，所做的操作需要读写，因此可以使用 A。

6. 已知有语句“FILE *fp; int *x*=123; fp=fopen("out.dat","w");”，如果需要将变量 *x* 的值以文本形式保存到一个磁盘文件 out.dat 中，则以下函数调用形式中，正确的是__________。

A. `fprintf ("% d",x);`　　B. `fprintf (fp,"%d",x);`

C. `fprintf ("% d", x, fp);`　　D. `fprintf ("out.dat","%d", x);`

【答案】　B

二、读程序写结果

1. 程序运行时输出的第一行是__________，第三行是__________。

```
#include <stdio.h>
int main()
{
    struct st
    {
        int x,y;
    }st1[5]={10,11,20,21,30,31,40,41,50,51},st2[5];
    FILE *fp;int i;
    fp=fopen("stud.dat","wb+");
    fwrite(st1,sizeof(struct st),5,fp);
    rewind(fp);
```

```
        for(i=0;i<3;i++)
        {
            fread(&st2[i],sizeof(struct st),1,fp);
            fseek(fp,sizeof(struct st),SEEK_CUR);
            fseek(fp,-4L*sizeof(struct st),SEEK_END);
            for(j=3;j<5;j+)
            {
                fread(&st2[i],sizeof(struct st),1,fp);
                fseek(fp,sizeof(struct st),SEEK_CUR);
            }
        }
        for(i=0;i<5;i+=2)
            printf("%d,%d\n",st2[i].x,st2[i].y);
        fclose(fp);
        return 0;
    }
```

【答案】 第一行：10,11 第三行：40,41

【答案解析】 本题考查 fseek 的用法。

2. 执行以下程序段后数组 *s* 中的字符串为__________。

```
(1)     #include <stdio.h>
(2)     int main()
(3)     {
(4)         FILE *fp;
(5)         float x=-1.2;
(6)         char s[11]={0};
(7)         fp=fopen("a.dat", "w+");
(8)         fprintf(fp, "%6.3f", x);
(9)         rewind(fp);
(10)        fgets(s,10, fp);
(11)        puts(s);
(12)        fclose(fp);
(13)        return 0;
(14)    }
```

【答案】 –1.200

【答案解析】 第 8 行按照格式符指定的格式把单精度浮点数 *x* 写入文本文件 a.dat 中，文件内容为–1.2000。第 9 行将读/写指针复位到文件开头，第 10～11 行把文件 a.dat 中的文本读到字符数组 *s* 中，然后输出到屏幕，因此输出–1.200。

三、完善程序题

函数 replace 的功能是：在 fp 指向的二进制数据文件中查找第一个出现的整型 oldv 的值

并用整型 newv 的值替换。如果找到并替换则函数返回 1，否则返回 0。

```
#include <stdio.h>
int replace(FILE *ffp,int oldv,int newv);
int main()
{
    int st1[10]={10,11,12,13,14,15,16,17,14,19},st2[10];
    FILE *fp;
    int i;
    fp=fopen("stud.dat","wb");
    fwrite(st1,sizeof(int),10,fp);
    fclose(fp);
    fp=fopen("stud.dat","rb+");
    replace(fp,14,99)?printf("found and replaced\n"):
    printf("not found\n");
    _____①_____;
    fread(st2,sizeof(int),10,fp);
    fclose(fp);
    for(i=0;i<10;i++)
        printf("%d ",st2[i]);
    return 0;
}

int replace(FILE *ffp,int oldv,int newv)
{
    int x,t=0;
    rewind(ffp);
    while(_____②_____)
    {
        fread(&x,sizeof(int),1,ffp);
        if(x==oldv)
        {
            t=1;
            fseek(ffp, _____③_____,SEEK_CUR);
            fwrite(&newv,sizeof(int),1,ffp);
            _____④_____;
        }
    }
    return t;
}
```

【答案】 ① rewind(fp) ② !feof(ffp) ③ –sizeof(int) ④ break 或 return *t*

【答案解析】 第 12 行调用 replace 函数完成文件中的数据替换功能，在把修改后的文件内容读取出来之前，需要首先把文件读写指针复位，因此第①空需填写"rewind(fp);"。第 25～35 行将文件中的整数一个一个读取到 *x* 中，如果它和 oldv 相等，则把它改成 newv，并返回。第 25 行是循环进行条件，需要判断文件有没有读完，因此第②空填入!feof(ffp)。第 31 行需要将文件读写指针定位到 oldv 所在位置，需要从当前位置向后位移 sizeof(int)。所以填入–sizeof(int)。由于只需要修改第一个与 oldv 相等的数，修改完成后需要退出循环，并返回主调函数，因此第④空可以填写 break 或 return t。

9.3.2　过程性自测及解答

一、填空题

1．已知某程序中有预处理命令"#include <stdio.h>"，为使语句"zx=fopen("c:\\a.txt","r");"能正常执行，在该语句之前必须有声明__________。

【答案】 FILE *zx;

【答案解析】 若要成功打开一个文件，必须在之前有文件指针 zx 的声明。

2．若需要打开 D 盘上 user 子目录下已经存在的名为 abc.txt 的文本文件，先读出文件中的数据，后追加写入新数据，则正确的函数调用语句是："fp=fopen("D:\\user\\abc.txt",________);"。

【答案】 a+或 at+

【答案解析】 填打开文件的方式。"a"方式可以追加写入新数据，既可读又可写要用"+"。"t"表示文本文件，可以缺省。

3．C 语言中，可以对文件进行的两种存取方式是__________和__________。

【答案】 第一空：随机　第二空：顺序

4．C 语言中，数据存放的两种代码形式是__________和__________。

【答案】 第一空：二进制码　第二空：ASCII 码

5．若要用 fopen 函数打开一个新的二进制文件，该文件要既能读也能写，则打开文件方式的函数调用应该是__________

【答案】 `fopen("c:\\a.txt","wb+")`

6．文件结束标志 EOF 只可用于__________文件。

【答案】 文本（ASCII 码）

7．文件操作中，读取一个字符串的函数是__________，写入一个数据块的函数是__________。

【答案】 第一空：fgets　第二空：fwrite

二、选择题

1．若需要对一个数据文件 abc.txt 中的数据作加密处理并且限定只能做一次打开文件操作，则在"fp=fopen("abc.txt",模式字符串);"中，模式字符串应当是（　　）。

A．"w+"　　B．"r+"　　C．"a+"　　D．"r"

【答案】 B

【答案解析】 r 方式为读方式，打开一个已经存在的文件；w 方式为写方式，建立一个新文件；a 方式在文件末尾增加内容。有“+”打开的文件既可读又可写。加密处理表示文件已经存在，需要进行修改。

2. 已知 A 盘根目录下有文本文件“data.txt”且程序中已有声明“FILE *fp;”，若程序需要先从“data.txt”文件中读出数据，修改后再写入“data.txt”文件中，则调用 fopen 函数的正确形式是（　　）。

A. `fp=fopen{"a:\\data.txt","rw"};`

B. `fp=fopen{"a:\\data.txt","w+"};`

C. `fp=fopen{"a:\\data.txt","r+"};`

D. `fp=fopen{"a:\\data.txt","r"};`

【答案】 C

【答案解析】 程序要先读数据，采用“r”方式，还要用“+”才能既可读又可写。

3. 下列叙述中，正确的是（　　）。

A. C 语言中的文件是流式文件，因此只能顺序存取文件中的数据

B. 调用 fopen 函数时若用“r”或“r+”模式打开一个文件，则该文件必须在指定存储位置或默认存储位置处存在

C. 当对文件进行了写操作后，必须先关闭该文件再打开，才能读到该文件中的第 1 个数据

D. 无论以何种模式打开一个已存在的文件，在进行了写操作后，原有文件中的全部数据必定被覆盖

【答案】 B

【答案解析】 C 语言中的 fseek 函数可以改变文件的位置，实现对 C 语言流式文件既可顺序读写，又可随机读写，A 错。“r”或“r+”方式打开的文件是一个已经存在的文件，B 正确。rewind 函数使位置指针重新返回文件开头，不用关闭后再打开，C 错。“a”方式打开的文件，可以在其末尾添加数据，原有文件中的内容不会被覆盖，D 错。

4. 以下有关文件指针的描述错误的是（　　）。

A. 文件指针是由文件类型 FILE 定义的

B. 文件指针在一个程序中只能有一个

C. 文件指针是用来对文件操作的标识

D. 文件指针是指向内存某个单元的地址值

【答案】 B

5. 以下程序的功能是（　　）。

```
int main() {
    FILE * fp;
    char  str[]="Beijing  2008";
    fp = fopen("data.txt","w");
    fputs(str,fp);
    fclose(fp);
    return 0;
}
```

A. 在屏幕上显示“Beijing 2008”

B. 把“Beijing 2008”存入 data.txt 文件中

C. 在打印机上打印出“Beijing 2008”

D. 以上都不对

【答案】 B

6．函数调用语句“fseek (fp, –20L, 2);”的含义是（　　）。

A. 将文件位置指针移到距离文件头 20 字节处

B. 将文件位置指针从当前位置向后移动 20 字节

C. 将文件位置指针从文件末尾处向后退 20 字节

D. 将文件位置指针移到离当前位置 20 字节处

【答案】 C

7．在执行 fopen 函数时，ferror 函数的初值是（　　）。

A. TRUE　　B. –1　　C. 1　　D. 0

【答案】 D

8．下列读写指针不指向文件首的操作是（　　）。

A. `rewind(fp)`　　B. `fseek(fp,0L,2)`

C. `fopen("data.txt","r")`　　D. `fseek(fp,0L,0)`

【答案】 B

9．测试文件结束函数 feof()在文件结束时，它的返回值是（　　）。

A. 非 0　　B. 0　　C. –1　　D. NULL

【答案】A

10．已知 fread 的调用形式为 fread(buffer,size,count,fp)，其中 buffer 代表的是（　　）。

A. 存放读入数据项的存储区

B. 一个指向所读文件的文件指针

C. 存放读入数据的地址或指向此地址的指针

D. 一个整型变量，代表要读入的数据项总数

【答案】 A

三、读程序写结果

1．以下程序运行时输出的结果是___________。

```
#include<stdio.h>
int main()
{  double x[3]={1.1,2.2,3.3},y;
   FILE *fp=fopen("d:\\a.out","wb+");
   fwrite(x,sizeof(double),3,fp);
   fseek(fp,2L*sizeof(double),SEEK_SET);
   fread(&y,sizeof(double),1,fp);
   printf("%.1f",y);
   fclose(fp);
   return 0;
```

```
}
```

【答案】　3.3

【答案解析】　“wb+”方式是建立一个新的二进制文件，fwrite 函数将 *x* 数组中的 3 个数据写到文件指针 fp 指向的 d 盘 a.out 文件中。fseek 函数将文件位置指针移到距文件头开始位置两个数据处，即第 3 个数据 3.3 处，SEEK_SET 表示文件开头。fread 函数从文件当前位置读一个数据即 3.3 存放在变量 *y* 中，最后输出 *y* 值并关闭文件，*y* 值保留 1 位小数。

2．以下程序运行时输出的结果是__________。

```
#include<stdio.h>
int main()
{   FILE *fp;
    int k,n,a[6]={1,2,3,4,5,6};
    fp=fopen("d2.dat","w");
    fprintf(fp,"%d%d%d\n",a[0],a[1],a[2]);
    fprintf(fp,"%d%d%d\n",a[3],a[4],a[5]);
    fclose(fp);
    fp=fopen("d2.dat","r");
    fscanf(fp,"%d%d",&k,&n);
    printf("%d,%d\n",k,n);
    fclose(fp);
    return 0;
}
```

【答案】　123,456

【答案解析】　首先打开一个 d2.dat 新建的文件，先将 *a*[0]、*a*[1]、*a*[2]的值写到 d2.dat 中，即将 123 写到文件中，回车后再将 *a*[3]、*a*[4]、*a*[5]的值写到该文件中，即将 456 写入，回车。关闭文件后再以读方式打开该文件，从文件中读数据时，以空格或者回车或者 Tab 键作为两个数据之间的分隔符，*k* 的值为 123，*n* 的值为 456。输出到屏幕，最后关闭文件。

3．下面的程序执行后，abc.dat 文件的内容是__________。

```
#include <stdio.h>
int main()
{  FILE *fp;
   char *s1="China",*s2="Beijing";
   fp=fopen("d:\\abc.dat","wb+");
   fwrite(s2,7,1,fp);
   rewind(fp);
   fwrite(s1,5,1,fp);
   fclose(fp);
   return 0;
}
```

【答案】　Chinang

【答案解析】　fwrite(s2,7,1,fp)函数将 s2 指针指向的字符串中的 7 个字符 Beijing 写到文件指针 fp 指向的 d 盘 abc.dat 文件中。rewind(fp)让文件指针重新指向文件头。fwrite(s1,5,1,fp)函数将 s1 指针指向的 5 个字符 China 写到该文件的头部，替换了前面的 5 个字符。所以文件内容的前 5 个字符为 China，后 2 个字符为 Beijing 的最后 2 个字符 ng。

4．若输入“Hello, World！”，以下程序运行时输出的结果是__________。

```
#include<stdio.h>
#include<stdlib.h>
int main()
{
    int ch;
    FILE *fp;
    if((fp=fopen("data.txt","w"))==NULL){
        printf("Can't open file!\n");
        exit(1);
    }
    while((ch=getchar())!='\n')
        fputc((ch>='a' && ch<='z')?ch-'a'+'A':ch,fp);
    fclose(fp);
}
```

【答案】　HELLO,WORLD!

第 10 章　编译预处理与多文件组织

10.1　本 章 导 学

（1）常用预处理命令。

（2）宏定义。

（3）条件编译。

10.2　重点难点释疑

10.2.1　常用预处理命令

C 语言中，预处理命令以“#”号开头，每行的末尾不得加分号“;”。最常用的预处理命令有以下几个。

1）#include 命令

实现文件包含。就是在一个文件中包含另一个文件的全部内容。C 语言的#include 命令实现文件包含操作。

#include 预处理命令的形式如下：

#include<头文件名>　或者　　#include"头文件名"

2）#define 命令

实现宏定义。编译程序在宏替换时只作字符代换，不作任何计算。

10.2.2　宏定义

宏是一种使用标识符表示字符序列的机制。被定义为宏的标识符称为宏名。定义了一个宏之后，在编译预处理时，每次遇到该标识符时，均以宏定义中的字符序列代换它，称为宏替换或宏展开。

1. 无参宏定义

#defile　宏名　字符序列

习惯上用大写字母表示，行末没有分号，双引号中不替换，允许嵌套，不作语法检查。

2. 有参宏定义

格式：#defile　宏名(形式参数表)　字符序列

在宏定义中的参数称为形式参数，在宏调用中的参数称为实际参数。替换时，不仅要宏展开，而且要用实参代换形参。宏名和形式参数表间不能有空格。在替换过程中，先替换，再计算，注意替换文本中有没有圆括号，若没有，不要人为添加圆括号。

10.2.3　条件编译

条件编译有 3 种形式。

1. 第 1 种形式

格式：

```
#ifdef  标识符
        程序段 1
#else
        程序段 2
#endif
```

功能：如果标识符已被#define 命令定义过，则对程序段 1 进行编译；否则对程序段 2 进行编译。如果没有程序段 2（它为空），本格式中的#else 可以省略，此时格式为：

```
#ifdef  标识符
         程序段 1
#endif
```

2. 第 2 种形式

格式：

```
#if 表达式
      程序段 1
#else
      程序段 2
#endif
```

功能：如果表达式的值为真（非 0），则对程序段 1 进行编译，否则对程序段 2 进行编译。可以使程序在不同条件下完成不同的功能。如果没有程序段 2（它为空），则本格式中的#else 可以省略，此时格式为：

```
if 表达式
      程序段 1
#endif
```

3. 第 3 种形式

格式：

```
#ifndef 标识符
       程序段 1
#else
       程序段 2
#endif
```

功能：如果标识符未被#define 命令定义过，则对程序段 1 进行编译，否则对程序段 2 进行编译。这与第 1 种形式的功能相反。

10.3　习 题 解 答

10.3.1　课后习题解答

一、读程序写结果

1. 下列程序的输出结果为__________。

```
#include <stdio.h>
#define X(a) a*a
int main()
{
     printf("%d\n",X(4+5));
     return 0;
}
```

【答案】　29

【答案解析】　X(4+5) 宏展开后为 4+5*4+5=29。

2. 若有宏定义：

```
#define N 2
#define Y(n)  ((N+1)*n)
```

则执行语句“z=2*(N+Y(N+2));”后，z 的值是__________。

【答案】　20

【答案解析】　2*(N+Y(N+2)) 宏展开后为 2*(2+((N+1)*N+2))=2*(2+((2+1)*2+2))=2*(2+8)=20。

3. 以下程序的输出结果是__________。

```
#include <stdio.h>
#define T(x, y, z)  x*y*z/4
int main()
{
    int  a=1, b=3, c=5;
    printf("%d",T(b+a, a*++b, a+b+c));
    return 0;
}
```

【答案】　13

【答案解析】　T(b+a, a*++b, a+b+c)宏展开后为 b+a*a*++b*a+b+c/4。在本式中，先计算++b，因此 b 的值为 4。b+a*a*++b*a+b+c/4=4+1*1*4*1+4+5/4 = 4+4+4+1=13。

4. 以下程序的输出结果是__________。

```
#include <stdio.h>
```

```
#define PI 3.14
#define F(y)  ((y)*(y))
#define P(a)  printf("%d",a)
int main()
{
    int x=PI;
    P(F(1+2)*x);
    return 0;
}
```

【答案】 27

【答案解析】 int x=PI; 将 PI 宏展开，即 int x=3.14，所以 x=3。首先展开 F(y)，然后展开 P(a)。P(F(1+2)*x)=P(((1+2)*(1+2))*x)=printf("%d",((1+2)*(1+2))*x)。计算((1+2)*(1+2))*x=((1+2)*(1+2))*3=3*3*3=27。因此程序输出 27。

5. 以下程序的输出结果是__________。

```
#include <stdio.h>
#define PT  3.14
#define  S(x)  PT*x*x
int main()
{
    int a=2;
    printf("%4.1f", 6.28/S(a));
    return 0;
}
```

【答案】 8.0

【答案解析】 6.28/s(a)宏展开为 6.28/PT*a*a。代入 PT 和 a 的值后为 6.28/3.14*2*2= 2*2*2=8

6. 以下程序的输出结果是__________。

```
#include <stdio.h>
#define  M  3
#define  N  M+1
#define NN N*N/2
int main()
{
    printf("%d\n",NN);
    return 0;
}
```

【答案】 6

【答案解析】 宏展开 NN=N*N/2=M+1*M+1/2=3+1*3+1/2=6。

二、简答题

（1）宏定义与常量定义从作用及效果上看是一样的，二者是否完全相同？

【答案】 不完全相同。虽然不带参宏定义与 const 说明符定义常量从效果上看是一样的，但它们的运行机制不同。宏定义在预处理阶段完成，而 const 定义则在编译阶段实现。宏定义只是一种简单的字符串替代，不会为字符串分配内存单元，替代过程也不作语法检查，即使指令中的常量字符串不符合常量要求，预处理的替代过程也照样按指令给出的格式进行。而 const 定义则是像定义一个变量一样定义一个常量标识符，系统要按照类型要求为该标识符分配内存单元，同时在将常量放入单元时进行类型检查，如果类型不匹配，类型相容的会进行系统的类型转换，不相容的则要提示错误。

（2）分别利用函数和带参的宏实现交换两个整数的功能。

【答案】

```
#define SWAP(a,b) {a=a+b;b=a-b;a=a-b;}
void swap(int *a, int *b){
    *a=*a+*b;*b=*a-*b;*a=*a-*b;
}
```

【答案解析】 需要注意的是，带参数的宏本质依然是在预处理阶段进行字符串的替换，在 SWAP 宏中将用实参来替换形参。使用函数来完成两数交换，参数必须是指针类型，在函数调用时必须提供待交换的两个实参变量的地址，才能在函数内部完成对实参指针所指向的变量的交换。

10.3.2 过程性自测及解答

一、填空题

1. C 语言有效的预处理命令总是以__________开头。

【答案】 #

2. 执行以下程序段中的语句“*k*=*M***M*+1;”后 *k* 的值是__________。

```
#define N 2
#define M N+1
k=M*M+1;
```

【答案】 6

【答案解析】 宏的嵌套，注意没有括号。先用 *N*+1 替换 *M*，得 *k*=*N*+1**N*+1+1，再用 2 替换 *N*，得 *k*=2+1*2+1+1=6。

3. 若有宏定义“#define max(*a*,*b*) (*a*>*b*?*a*:*b*)”，则表达式“max(2,max(3,1))”的值是__________。

【答案】 3

【答案解析】 先计算 max(3,1)，替换为(3>1?3:1)，3>1 成立，结果为前者 3。max(2,max(3,1))为 max(2,3)，替换为(2>3?2:3)，2>3 不成立，结果为后者 3。

二、选择题

1. 以下结构变量 stu1 的声明中，错误的是（　　）。

A. `typedef struct stu{char name[10];float score;}STU;STU stu1;`

B. `#define STU struct stu`
   `Stu{ char name[10];; float score;} stu1;`

C. `struct stu{char name[10];float score;}stu1;`

D. `struct stu{ char name[10];float score;}STU;STU stu1;`

【答案】 D

【答案解析】 选项 A 用 typedef 给结构体类型名起了一个别名 STU，然后用类型名 STU 定义变量 stu1，等价于“struct stu stu1;”。B 用宏定义的方式将宏名 STU 替代字符串 struct stu，以后只要是 STU 全都用 struct stu 替代。C 在定义结构体类型名的同时定义了结构体变量名 stu1，是最常用的定义方式，其中的类型名 stu 也可缺省。D 中定义结构体类型 stu 的同时定义了一个结构体变量 STU，此处 STU 是变量名，不是类型名，后面的 STU stu1;是错误的。

2．以下对结构类型变量 tdl 的声明中，错误的是（　　）。

A.
```
typedef struct aa { int n; float m; }AA;
AA tdl;
```
B.
```
#define AA struct aa
AA{ int n;float m; }tdl;
```
C.
```
struct { int n;float m; }aa;
struct aa tdl;
```
D.
```
struct{ int n; float m; }tdl;
```

【答案】 C

【答案解析】 A 定义了别名 AA，“AA tdl;”相当于“struct aa tdl;”。B 中用宏定义的方式，C 中的 aa 是变量名，不是类型名。D 中的类型名缺省，定义结构体类型的同时定义变量 tdl。

3．以下叙述中正确的是（　　）。

A．在程序的一行中可以出现多个预处理命令

B．若一些源程序中包含某个头文件，当该头文件有错时，只需对该头文件进行修改，包含此头文件的所有源程序不必重新进行编译

C．预处理命令行都必须以“#”开始

D．C 程序在执行过程中对预处理命令进行处理

【答案】 C

4．下面的描述中错误的是（　　）。

A．宏定义不是 C 语句，所以不需要在行末加分号

B．对程序中用双引号括起来的字符串内的字符，与宏名相同不需要进行置换

C．宏定义可以嵌套

D．宏定义的作用域是从文件开头到文件结束。

【答案】 D

5．下面描述中正确的是（　　）。

A．带参数的宏定义中参数是没有类型的

B．宏展开将占用程序的运行时间

C．宏定义命令是 C 语言中的一种特殊语句

D．使用#include 命令包含的头文件必须以“.h”为后缀

【答案】 A

6．#include "file.h"中寻找文件 file.h 的方式为（　　）。

A．直接按系统设定的标准方式搜索目录

B．先在源程序所在目录搜索，若找不到，再按系统设定的标准方式搜索

C．仅搜索源程序所在目录

D．仅搜索当前目录

【答案】　B

7．关于函数调用与带参数的宏，下面的描述中错误的是（　　）。

A．函数调用时，先求出实参表达式，然后代入形参。而使用带参的宏只是进行简单的字符替换

B．函数调用是在程序运行时处理的，分配临时的内存单元。而宏展开则是在编译时进行的，在展开时也要分配内存单元，进行值传递

C．对于函数中的实参和形参都要定义类型，二者的类型要求一致，而宏不存在类型问题，宏没有类型

D．调用函数的时间开销比较大，而宏展开会使程序目标代码变长

【答案】　B

三、读程序写结果

1．以下程序运行后，其输出结果是___________。

```
#define EVEN(x)  x%2==0?1:0
int main()
{   if(EVEN(5+1)) printf("Even");
    else printf("Odd");
    return 0;
}
```

【答案】　Odd

【答案解析】　5+1%2=6，不等于0，条件不成立，执行else后面的语句。替换时没有括号。

2．以下程序运行时输出的结果为__________。

```
#include<stdio.h>
#define MAX(A,B) A>B?2*A:2*B
int main()
{  int a=1,b=2,c=3,d=4,t;
   t=MAX(a+b,c+d);
   printf("%d\n",t);
   return 0;
}
```

【答案】　10

【答案解析】　带参数的宏与条件表达式。

第1步：用 $a+b$ 替换宏中的 A，$c+d$ 替换宏中的 B：$a+b>c+d?2*a+b:2*c+d$。

第2步：把 a、b、c、d 的值代入，即 1+2>3+4?2*1+2:2*3+4。

第3步：根据优先级和结合性计算该条件表达式。

先判断条件 1+2>3+4 是否成立，3>7 不成立，结果为冒号后的数 2*3+4，即为 10。

3. 以下程序运行后，其输出结果是__________。

```
#include <stdio.h>
#define Count(n)  ++n
int main()
{  int x=-3,n=8;
   while(Count(x)) n--;
   printf("%d\n",n);
   return 0;
}
```

【答案】 6

【答案解析】 替换成 while(++x) n--，x 先加 1 再判断。共循环 2 次。第 1 次 x=-2，n=7；第 2 次 x=-1，n=6；第 3 次 x=0，结束循环。

4. 以下程序运行时输出到屏幕的结果中第一行是__________，第二行是__________。

```
#include <stdio.h>
#define f(x,y) y=x*x
void g(int x,int y)
{   y=x*x;  }
int main()
{   int a=2,b=0,c=2,d=0;
    f(a,b);
    g(c,d);
    printf("%d\n%d",b,d);
    return 0;
}
```

【答案】 第一行：4 第二行：0

【答案解析】 宏与函数的区别。主函数中，f(a,b)是带参数的宏，用 a、b 替换宏中的参数，即 b=a*a，再将 a 的值代入，即 b=2*2=4。b 的值为 4。

g(c,d)是函数，将实参 c=2、d=0 的值传给形参 x、y，x=2，y=0，调用子函数 g，得到 y=x*x=4。子函数中没有返回语句，y 的值改变了，不影响主函数中 b 的值。函数的参数是单向传递的，不传回主函数，形参的值改变了，实参的值 d 不变，仍为 0。

5. 下列程序运行结果为__________。

```
#define R 3.0
#define PI 3.1415926
#define L 2*PI*R
#define S PI*R*R
int main()
{
   printf("L=%f S=%f\n",L,S);
```

```
    return 0;
}
```

【答案】 18.849556=18.849556 S=28.274333

6. 下面程序的输出结果是__________。

```
#include <stdio.h>
#define ADD(x) x+x
int main() {
    int m=1,n=2,k=3;
    int sum=ADD(m+n)*k;
    printf("sum=%d",sum);
    return 0;
}
```

【答案】 10

7. 下列程序的运行结果是__________。

```
#include <stdio.h>
#define MAX(x,y) (x)>(y)?(x):(y)
int main()
{
    int i,j,k;
    i=10;j=15;
    k=10*MAX(i,j);
    printf("%d\n",k);
    return 0;
}
```

【答案】 10

8. 下面程序的运行结果是__________。

```
#define F "%d,%d\n"
#define PR(a,b) printf(F,a,b)
int main()
{
    int x=36,y;
    y=x-20;
    PR(x-10,y/2);
    return 0;
}
```

【答案】 26,8

9. 下面程序的运行结果是__________。

```
#include <stdio.h>
#define N 10
```

```
#define   f1(x)   x*x
#define   f2(x)   (x*x)
int main()
{
   int a,b;
   a=100/f1(N);
   b=100/f2(N);
   printf("%d,%d\n",a,b);
   return 0;
}
```

【答案】　100,1

10．以下程序中的 for 循环执行的次数是__________。

```
#define N 2
#define M N+1
#define NUM 2*M+1
int main()
{
     int i;
     for(i=1;i<=NUM;i++)
          printf("%d\n",i);
     return 0;
}
```

【答案】　6

四、完善程序

1．以下程序中函数 sort 的功能是：把 *a*、*b* 数组中的数据按从大到小的顺序归并到 *c* 数组中，*m* 保存 *a* 数组中数据的个数，*n* 保存 *b* 数组中数据的个数，函数返回归并到 *c* 数组的数据个数。算法提示：首先将 *b* 数组中的数据倒序排序，再将 *a*、*b* 数组有序合并到 *c* 数组中。

```
#include <stdio.h>
#define swap(a,b,c) c=a,a=b,b=c
int sort(int *a,int m,int *b,int n,int *c)
{  int i,j,k,x;
   for(i=0;i<n/2;i++) swap(b[i],________________,x);
   i=0;j=0;k=0;
   while(i<m &&j<n)
    {  if(______________)  { x=a[i]; i++; }
       else  { x=b[j]; j++; }
       c[k]=x;k++;
    }
   while(k<m+n)
```

```
        {  if(j<n)  { c[k]=b[j]; k++; j++; }
           else if(i<m)  { ______________; k++; i++; }
        }
      return m+n;
    }
    int main()
    {   int i,n,c[9],a[5]={12,10,5,3,1},b[4]={4,6,8,15};
        n=sort(a,5,b,4,c);
        for(i=0;i<n;i++)  printf("%3d",c[i]);
        printf("\n");
        return 0;
    }
```

【答案】　第一空：*b*[*n*−1−*i*]或 *b*[3−*i*]　第二空：*a*[*i*]>*b*[*i*]　第三空：*c*[*k*]=*a*[*i*]

【答案解析】　数组的归并问题。sort 函数中第一空是将 *b* 数组中的数据倒序排序，使用的是宏替换，与 *b*[*i*]交换的元素是 *b*[*n*−1−*i*]或 *b*[3−*i*]。

第二空处 if 语句的功能是将 *a* 数组与 *b* 数组中的大的元素赋给 *x*，再赋给数组 *c*，所以第二空比较 *a*[*i*]与 *b*[*i*]的大小。

最后 while 循环是将剩余部分抄入数组 *c*，if 语句后是将 *b* 数组元素抄入 *c*，else 语句后就是将 *a* 数组元素抄入 *c*。

2．设有如下宏定义：

```
#define   SWAP(z,x,y)   {z=x; x=y; y=z;}
```

以下程序段通过宏调用实现变量 *a*、*b* 内容交换,请填空。

```
float  a=5,b=16,c;
SWAP(__________,a,b);
```

【答案】　c

第 11 章　位　操　作

11.1　本 章 导 学

（1）按位运算符。

（2）移位运算符。

11.2　重点难点释疑

11.2.1　按位运算符

C 语言提供了 4 种按位运算符。

按位运算符是位与位之间进行运算，其中按位取反运算（～）是连同符号位在内按位取反。按位运算的运算规则如表 11.1 所示，其真值表如表 11.2 所示。

例如，10101100 & 01011010 = 00001000

又如，7 | –5 = –1。将 7 的补码 0000 0000 0000 0111 与–5 的补码 1111 1111 1111 1011 按位或，得到 1111 1111 1111 1111，这是–1 的补码。

表 11.1　按位运算符和移位运算符

类型	优先级	运算符及含义	结合性	目数
取反	2	～　按位取反	从右到左	1
移位	5	<<　位左移	从左到右	2
		>>　位右移		
按位	8	&　按位与		
	9	^　按位异或		
	10	|　按位或		

表 11.2　按位运算符真值表

a	*b*	～*a*	*a*&*b*	*a*|*b*	*a*∧*b*
1	1	0	1	1	0
1	0	0	0	1	1
0	1	1	0	1	1
0	0	1	0	0	0

11.2.2　移位运算符

C 语言提供了两种移位运算符。

左移（右移）运算符“<<”（“>>”）可将左操作数的二进制值向左（右）移动指定的位数。

左移后，低位补 0，移出的高位舍弃。左移 1 位相当于乘 2，即扩大 2 倍，例如，表达式 4<<2 的意思是将 4 左移 2 位，即扩大 2 个 2 倍，结果是 16。

右移后，移出的低位舍弃，如果是无符号数则高位补 0，如果是有符号数，则高位补符号位，正数补 0，负数补 1。右移一位相当于除 2，例如，表达式(−8)>>2 的结果为−2。

11.3　习 题 解 答

11.3.1　课后习题解答

1. 编写一个函数，取出一个 16 位二进制整数的中间 8 位。

【答案】

```
unsigned char middle(unsigned short value)
{
     value<<=4;
     value>>=8;
     return (unsigned char)value;
}
```

【答案解析】　本题使用移位运算来提取 16 位二进制整数中间 8 位。先把 value 向左移 4 位，再将其向右移 8 位，这样其他位都因为移位而溢出，而只有中间 8 位被保留下来。

2. 编写一个函数，取出一个 16 位二进制整数的所有奇数位。

【答案】

```
void odd(unsigned short value)
{
    int i;
    int sign = 0x0001;
    for(i=1;i<16;i=i+2){
        printf("%d",value&sign);
        value=value>>2;
    }
}
```

【答案解析】　要取出整数的奇数位的二进制序列，只需要将奇数位移至最低位，再与 0X0001 进行按位与即可。

3. 编写一个函数，实现左右循环移位。函数名为 move，调用方式为：move（value, *n*），其中，value 为循环移位的数据，*n* 为移位的位数，*n*>0 表示右移，*n*<0 表示左移。例如，move(123, −2)表示将 123 循环左移 2 位。

【答案】

```
unsigned short move( unsigned short value, int n)
{
```

```
        unsigned short result;
          if (n > 0)
              result =(value >> n) | (value << (16 - n));
           else {
              n = -n;
              result =(value >> (16 - n)) | (value << n);
           }
      return result;
           }
```

【答案解析】 要实现循环左移 n 位，则需要把最高 n 位移到最低 n 位，即 value >> $(16-n)$，将其余原数左移 n 位后的数按位或即可。同样，要实现循环右移 n 位，则需要把最低 n 位移到最高 n 位 value << $(16-n)$。其余位右移 n 位后与最高 n 位或即可。

11.3.2 过程性自测及解答

一、填空题

1．表达式 10 &5 的值是__________。

【答案】 0

2．若 a=1，b=2；则 a|!b 的值是__________。

【答案】 1

3．设有“char a,b;”，若要通过 a&b 运算屏蔽掉 a 中的其他位，只保留第 2 位和第 8 位（右起为第 1 位），则 b 的二进制数是__________。

【答案】 01000001

4．设二进制数 a 的值是 11001101，若想通过 a&b 运算使 a 中的低 4 位不变，高 4 位清零，则 b 的二进制数是__________。

【答案】 00001111

5．设二进制数 a 是 00101101，若想通过异或运算 a^b 使 a 的高 4 位取反，低 4 位不变，则二进制数 b 应是__________。

【答案】 11110000

二、选择题

1．以下运算符中优先级最低的是（　　）。

A．&&　　B．&　　C．||　　D．|

【答案】 C

2．在位运算中，操作数每右移一位，其结果相当于（　　）。

A．操作数乘以 2　　B．操作数除以 2　　C．操作数除以 4　　D．操作数乘以 4

【答案】 B

3．在位运算中，操作数每左移一位，其结果相当于（　　）。

A．操作数乘以 2　　B．操作数除以 2　　C．操作数除以 4　　D．操作数乘以 4

【答案】 A

4．下列表达式可以测试 char 型变量 a 第 6 位（设最右位是第一位）是否为 1 的表达式的是（　　）。

A．a& 0x40?1:0　　B．a| 0x40?1:0　　C．a&040？1:0　　D．a|040?1:0

【答案】 C

5．整型变量 x 和 y 的值相等且为非 0 值，则以下选项中，结果为零的表达式是（　　）。

A．x || y　　B．x | y　　C．x & y　　D．x ^ y

【答案】 D

6．以下 C 语言的运算符中，优先级最高的运算符是（　　）。

A．=　　B．&（按位与）　　C．==　　D．&&

【答案】 C

上机实践指导篇

实验一 Visual C++ 6.0 集成开发环境的使用

【实验 1.1 指导与参考程序】

略

【实验 1.2 指导与参考程序】

略

【实验 1.3 指导与参考程序】

略

实验二　数据的基本类型与基本运算

【实验 2.1 指导与参考程序】

编写一个程序，计算长方形的周长和面积，设长方形的长 x 为 12.5，宽 y 为 8。

【程序设计思路提示】

（1）用 float 型变量 x 和 y 分别存储长方形的长和宽。

（2）分别计算长方形面积和周长，并存储在 float 型变量 s 和 c 中。

（3）用 printf 函数输出结果。

【参考程序】

```
#include<stdio.h>
int main()
{
      float x=12.5,y=8,c,s;//float 类型的变量 x 记录长方形的长，y 为长方
                                              形的宽
      s=x*y;                  //计算长方形的面积并将它赋值给 float 类型变量 s
      c=2*(x+y);              //计算长方形的周长并将它赋值给 float 类型变量 c
      printf("长方形的周长为%f,面积为%f\n",c,s);//将计算结果输出到屏幕上
      return 0;
}
```

【实验 2.2 指导与参考程序】

假设人民币活期存款年利率为 0.35%，现存入 10000 元人民币，编写一个程序计算一年后本息和为多少元。年利率用符号常量 RATE 表示，本金用 foundMoney 表示，利息用 interest 表示，本金和利息和用 sumMoney 表示。

【程序设计思路提示】

（1）用宏定义命令定义符号常量 RATE。

（2）用 double 型变量 foundMoney 存储本金。

（3）分别计算年利息与本息和，并存储在 double 型变量 interest 和 sumMoney 中。

（4）用 printf 函数输出结果。

【参考程序】

```
#include<stdio.h>
#define RATE 0.35
int main()
{
    double foundMoney=10000;
```

```
    double interest,sumMoney;
    interest=RATE*foundMoney;      //计算利息
    sumMoney=foundMoney+interest; //计算本息和
    printf("一年后本息和为%lf\n",sumMoney);
    return 0;
}
```

【实验拓展与参考程序】

编写一个程序，计算长方体的表面积和体积，设长方体的长为 3，宽为 4，高为 2。要求用符号常量表示长、宽、高。

【程序设计思路提示】

（1）用宏定义命令定义符号常量 *X*、*Y*、*H*，分别表示长方体的长、宽和高。

（2）分别计算长方体的表面积和体积，并存储在 int 型变量 *s* 和 *v* 中。

（3）用 printf 函数输出结果。

【参考程序】

```
#include<stdio.h>
#define X 3
#define Y 4
#define H 2
int main()
{
    int c,s;
    s=(X*Y+Y*H+X*H)*2;
    c=X*Y*H;
    printf("长方体的表面积为%d,体积为%d\n",s,c);
    return 0;
}
```

实验三　数据的输入与输出

【实验 3.1 指导与参考程序】

1. 编写一个程序，输入一个四位自然数，输出它的各位数之和。

【程序设计思路提示】

（1）用 scanf 函数输入一个四位数存放在整型变量 x 中。

（2）求出 x 的最低位并累加到 sum 中，通过整除运算使 x 缩小 10 倍，则原整数的十位变成个位。

（3）求出 x 的最低位并累加到 sum 中，通过整除运算使 x 缩小 10 倍，则原整数的百位变成个位。

（4）求出 x 的最低位并累加到 sum 中，通过整除运算使 x 缩小 10 倍，则原整数的千位变成个位。

（5）求出 x 的最低位并累加到 sum 中，通过整除运算使 x 缩小 10 倍，此时 x 为 0。

（6）用 printf 函数输出结果。

【参考程序】

```
#include<stdio.h>
int main()
{
      int x,sum=0;     //整型变量 x 用于存放输入的四位数，sum 用于存放各位数
                         的累加和
      printf("请输入一个四位整数\n");
      scanf("%d",&x);  //输入一个四位数存放在整型变量 x 中
      printf("这个四位数%d 的各位数之和为:",x);
/*求出 x 的最低位并累加到 sum 中，通过整除运算使 x 缩小 10 倍，则原整数的十位变
成个位*/
      sum=sum+x%10;   x=x/10;
/*求出 x 的最低位并累加到 sum 中，通过整除运算使 x 缩小 10 倍，则原整数的百位变
成个位*/
      sum=sum+x%10;   x=x/10;
/*求出 x 的最低位并累加到 sum 中，通过整除运算使 x 缩小 10 倍，则原整数的千位变
成个位*/
      sum=sum+x%10;   x=x/10;
/*求出 x 的最低位并累加到 sum 中，通过整除运算使 x 缩小 10 倍，此时 x 为 0*/
      sum=sum+x%10;   x=x/10;
      printf("%d\n",sum);
```

```
    return 0;
}
```

2. 编写一个程序，输入某课程的平时成绩和考试成绩，根据下列公式计算并输出该课程的总评成绩。

总评成绩＝平时成绩×30%＋考试成绩×70%

其中，平时成绩、考试成绩和总评成绩均为0～100的整数。需要注意的是，总评成绩计算时应能作四舍五入运算。例如，平时成绩85分，考试成绩80分，算得总评成绩为81.5，经四舍五入运算后总评成绩实为82分。

【程序设计思路提示】

（1）用scanf函数输入平时成绩和考试成绩，分别存放在整型变量p和k中。

（2）计算总成绩并利用整除特性进行四舍五入，结果存放在整型变量z中。

（3）用printf函数输出结果。

【参考程序】

```
#include<stdio.h>
int main()
{
    int p,k,z;  //整型变量p为平时成绩，k为考试成绩，z为总评成绩
    printf("请输入平时成绩和考试成绩:");
    scanf("%d%d",&p,&k);
    printf("平时成绩为%d，考试成绩为%d\n",p,k);
    z=((int)((0.3*p+0.7*k)*10+5))/10;   //计算总成绩并利用整除特性进
                                          行四舍五入
    printf("最后总成绩为%d\n",z);
    return 0;
}
```

【实验3.2指导与参考程序】

调试下列程序，改正程序中的错误，使之实现：从键盘输入一个三位正整数后，输出该数及该数的百位、十位和个位。改错时，可以修改语句中的一部分内容，调整语句次序，增加少量的变量说明，但不能增加其他语句，也不能删去整条语句。

程序正确时的一次运行结果为：

请输入一个三位正整数:123↙

123的百位为1,十位为2,个位为3

含有错误的源程序如下：

```
#include<stdio.h>
int main( )
{
    int x,                     //存放待输入的整数
        x1, x10, x100;     //分别存放x的个位、十位、百位
```

```
    printf("请输入一个三位正整数: ");
    scanf("%d",x);
    x100=x/100;          //分离 x 的百位
    x10=x%100;           //分离 x 的十位
    x1=x%10;             //分离 x 的个位
    printf("%d 的百位为%c,十位为%c,个位为%c\n",x100,x10,x1);

    return 0;
}
```

【程序设计思路提示】

（1）输入函数 scanf 的格式，一般需要在变量名前加取地址符“&”。

（2）输出函数 printf 的格式控制符，整数输出用%d。

（3）取多位整数各位数字的方法。

【参考程序】

```
#include<stdio.h>
int main( )
{
    int x,
        x1, x10, x100;

    printf("请输入一个三位正整数: ");
    scanf("%d",&x);     //错 1  需要变量的地址列表，改为&x
    x100=x/100;
    x10=x%100/10;        //错 2  没有算出十位,需要再整除 10
    x1=x%10;
/*错 3  输出列表少一个变量，同时格式符用错，需要添加原三位数，同时各位上的数字的输出格式符为%d*/
    printf("%d 的百位为%d,十位为%d,个位为%d\n",x,x100,x10,x1);

    return 0;
}
```

【实验拓展与参考程序】

编写一个程序，输入一个字符，输出该字符的 ASCII 码值。

【程序设计思路提示】

（1）用 getchar 函数输入字符，并存储在 char 型变量 c 中。

（2）用 printf 函数输出。

【参考程序】

```
#include<stdio.h>
int main()
{
    char c;
    printf("请输入一个字符：");
    c=getchar();                              //输入字符到字符变量c中
    printf("字符%c的ASCII码是：%d\n",c,c);//输出c的ASCII码
    return 0;
}
```

实验四　数据的基本语句与基本结构

【实验 4.1 指导与参考程序】

1. 编写一个程序，从键盘输入两个整数分别给变量 *a* 和 *b*，要求在不借助其他变量的条件下，将变量 *a* 和 *b* 的值实现交换。

【程序设计思路提示】

（1）用 scanf 函数输入两个整数，并分别存在 int 型变量 *a* 和 *b* 中。

（2）利用“*a*=*a*+*b*;*b*=*a*−*b*;*a*=*a*−*b*;”交换两个数的值。

（3）用 printf 函数输出交换后的结果。

【参考程序】

```
#include<stdio.h>
int main()
{
      int a,b;
      printf("请输入两个整数:");
      scanf("%d%d",&a,&b);
      printf("交换前 a=%d,b=%d\n",a,b);
      a=a+b;
      b=a-b;
      a=a-b;
      printf("交换后 a=%d,b=%d\n",a,b);
      return 0;
}
```

2. 编写一个程序，输入任意 3 个数，按照从小到大的顺序输出。

【程序设计思路提示】

（1）用 scanf 函数输入三个整数，并分别存在 int 型变量 *a*、*b* 和 *c* 中。

（2）依次比较、交换，使得变量 *a* 中存放最小数，变量 *b* 中存放次小数，变量 *c* 中存放最大数。

（3）用 printf 函数依次输出变量 *a*、*b* 和 *c* 的值。

【参考程序】

```
#include<stdio.h>
int main(){
      int a,b,c;
      int t;
      printf("请输入三个整数");
```

```
    scanf("%d%d%d",&a,&b,&c);
    printf("输入的三个数为%d，%d，%d\n",a,b,c);
    if(a>b){t=a;a=b;b=t;}                    //如果 a>b，则交换 a、b
    if(a>c){t=a;a=c;c=t;}                    //如果 a>c，则交换 a、c
    if(b>c){t=b;b=c;c=t;}                    //如果 b>c，则交换 b、c
    printf("排序后为%d，%d，%d\n",a,b,c);
    return 0;
}
```

【实验 4.2 指导与参考程序】

1. 编写一个程序，实现下列分段函数的计算。

$$\text{sign}(x)=\begin{cases}1 & \text{x}>0\\0 & x=0\\1 & x<0\end{cases}$$

【程序设计思路提示】

（1）用 scanf 函数输入一个整数存储在 int 型变量 x 中。

（2）根据分段函数，利用多分支 if 语句计算 y 的值。

（3）用 printf 函数输出结果。

【参考程序】

```
#include<stdio.h>
int main()
{
    int x;
    int y;          //注意变量名不能是 sign(x),因此用 y 来记录 sign(x)的计
                      算结果
    printf("请输入一个整数:");
    scanf("%d",&x);
    if(x>0)                  //如果 x>0  y=1
        y=1;
    else if(x==0)    //如果 x=0，y=0，这里注意相等比较的关系运算符是==
        y=0;
    else                 //前面两个条件都不满足，则 y=-1
        y=-1;
    printf("sign(%d)=%d\n",x,y);
    return 0;
}
```

2. 编写一个程序，实现下列分段函数的计算。

$$y=\begin{cases}x-1 & -5\leqslant x\leqslant 5\text{且}x\neq 0\\x+1 & x=0\\x+5 & 5<x\leqslant 10\\100 & \text{其他}\end{cases}$$

【程序设计思路提示】

（1）用 scanf 函数输入一个整数存储在 int 型变量 *x* 中。

（2）根据分段函数，利用多分支 if 语句计算 *y* 的值。

（3）用 printf 函数输出结果。

【参考程序】

```
#include<stdio.h>
int main()
{
     int x,y;
     printf("请输入一个整数:");
     scanf("%d",&x);
     if(x==0)          //如果 x=0，则 y=x+1
          y=x+1;
     else if  (x>=-5 && x<=5)  //如果(x>=-5 && x<=5),则 y=x-1
          y=x-1;
     else if(x>5 && x<=10)  //如果 x>5 && x<=10,则 y=x+5
          y=x+5;
     else                   //其他 100
          y=100;
     printf("x=%d,y=%d\n",x,y);
     return 0;
}
```

3. 编写一个程序，输入一个年份和月份，打印该月份有多少天（考虑闰年）。

【程序设计思路提示】

（1）用 scanf 函数输入年份和月份，并存在 int 型变量 *y* 和 *m* 中。

（2）利用多分支 if 语句，根据月份以及是否为闰年给出月份的天数，存在 int 型变量 day 中。

（3）用 printf 函数输出结果。

【参考程序】

```
#include<stdio.h>
int main()
{
     int y,m,day;
     printf("请按照下列格式输入年份和月份:(2017.6)\n");
     scanf("%d.%d",&y,&m);
     if(m==1 || m==3 || m==5 || m==7 || m==8 || m==10 || m==12)
//m 是大月，有 31 天
          day=31;
     else if(m==4 || m==6 || m==9 || m==11)     //m 是小月，有 30 天
```

```
        day=30;
    else if(y%4==0 &&y%100!=0 || y%400==0)
        day=29;              //m 是闰年的 2 月，有 29 天
    else
        day=28;              //m 是非闰年的 2 月，有 28 天
    printf("%d 年%d 月有%d 天。\n",y,m,day);
    return 0;
}
```

【实验 4.3 指导与参考程序】

1. 编写一个程序，输出所有水仙花数。所谓水仙花数是一个三位数，其各位数字的立方和等于该数本身。例如，$153=1^3+5^3+3^3$，因此，153 是一个水仙花数。

【程序设计思路提示】

此问题适合用循环语句来处理。

（1）用 int 型变量 *i* 表示三位数，*i* 的取值为 100～999。

（2）对于每个 *i* 的取值：

① 计算出个位数字 x3、十位数字 x2 以及百位数字 x1；

② 根据水仙花数的定义判断 *i* 是否为水仙花数，若是，则输出。

【参考程序】

```
#include<stdio.h>
int main()
{
    int i,x1,x2,x3;
    for(i=100;i<=999;i++){      //循环中 i 从 100 变化到 999
        x3=i%10;               //求出 i 的个位
        x2=(i-x3)/10%10;       //求出 i 的十位
        x1=i/100;              //求出 i 的百位
        if(i==x1*x1*x1+x2*x2*x2+x3*x3*x3) //判断 i 是否满足水仙花数
                                            的条件
            printf("%d=%d^3+%d^3+%d^3\n",i,x1,x2,x3);
    }
    return 0;
}
```

2. 编写一个程序，找出 2～99 的全部同构数（也称自守数）。同构数是这样一组数：它出现在其平方数的右边，例如，5 是 25 右边的数，25 是 625 右边的数，5 和 25 都是同构数。

【程序设计思路提示】

由于一位数与两位数是否是同构数判断方法不尽相同，因此用两个循环语句分别去找一位同构数和两位同构数。

（1）用循环语句找一位同构数。

用 int 型变量 i 表示一位数，i 的取值为 2～9，若 i 与 i 平方数的个位数相等，则 i 是同构数，输出。

（2）用循环语句找两位同构数。

用 int 型变量 i 表示两位数，i 的取值为 10～99，若 i 与 i 平方数的最低两位数相等，则 i 是同构数，输出。

【参考程序】

```
#include<stdio.h>
int main()
{
    int i;
    for(i=2;i<=9;i++)
    {          //循环判断 2～9 有没有同构数
        if(i== i*i%10)              //判断 i 是否与 i 的平方数的个位数相等
        printf("同构数%d 是%d 右边的数\n",i,i*i);
    }
    for(i=10;i<=99;i++)
    {          //循环判断 10～99 有没有同构数
       if(i==i*i%100)          //判断 i 是否与 i 的平方数的最低两位数相等
            printf("同构数%d 是%d 右边的数\n",i,i*i);
    }
    return 0;
}
```

3. 编写一个程序，用泰勒级数 $\sin x \approx x-\frac{x^3}{3!}+\frac{x^5}{5!}-\frac{x^7}{7!}+\frac{x^9}{9!}-\cdots$，计算 $\sin x$ 的值。要求最后一项的绝对值小于 10^{-5}，并统计出此时累计了多少项。

【程序设计思路提示】

（1）这是一个求和问题，可以用循环语句解决，循环的结束条件是最后一项的绝对值小于 10^{-5}。

（2）参与求和的数据项正负符号间隔，且每项分母中比前项多出两项的乘积。

【参考程序】

```
#include<stdio.h>
#include<math.h>
int main()
{
    int n=0,s=1;
    double x,item,sum=0;
    scanf("%lf",&x);
    item=x;              //item 为泰勒级数公式中的当前项，初始设为第一项
    while(fabs(item)>=1e-5) //如果当前项的绝对值大于 1e-5，则继续循环
```

```
    {
        sum=sum+item;              //将当前项加入到总和里
        n++;                       //项数+1
        s=(2*n+1)*2*n;             //分母中比前项多出的两项的乘积
        item=(-1)*item*x*x/s;      //在前项的基础上计算当前项。即当前项
                                     =-前项*x*x/s
    }
    sum=sum+item;    //加入最后一项
    n++;             //项数+1
    printf("sin(%lf)=%lf,累计%d 项\n",x,sum,n);
    return 0;
}
```

4. 编写一个程序，求 Fibonacci 数列的前 20 项值并输出。Fibonacci 数列的定义如下：Fib(0)=1, Fib(1)=1, Fib(*n*)=Fib(*n*–1) + Fib(*n*–2)。

【程序设计思路提示】

此问题适合用循环语句来处理，由于每次可计算出两项的值，因此只需循环 10 次。

（1）用 int 型变量 *i* 表示循环次数，*i* 的取值为 1～10。

（2）对于每个 *i* 的取值：

① 输出旧的两项的值；

② 计算新两项中的第 1 项，等于旧两项之和；

③ 计算新两项中的第 2 项，等于旧两项中第 2 项与新两项中第 1 项的和。

【参考程序】

```
#include<stdio.h>
int main()
{
    int x=1,y=1,i;
    printf("Fibonacci 前 20 项的值为：\n");
    for(i=1;i<=10;i++)
    {               //每次计算出两项，所以只需要循环 10 次
        printf("%10d%10d ",x,y);
        x=x+y;                 //新两项中第 1 项的值等于旧两项之和
        y=y+x;                 //新两项中第 2 项的值等于旧两项中第 2 项
                               //与新两项中第 1 项的和
        if(i%3==0)             //每循环 3 次（即每输出 6 项）换行
            printf("\n");
    }
    return 0;
}
```

5. 编写一个程序，打印字符菱形，*n* ($n < 13$)由键盘输入。下图为 n=5 时的情况。

```
    *
   ***
  *****
 *******
*********
 *******
  *****
   ***
    *
```

【程序设计思路提示】

对于字符图形的打印输出问题，可以分析找出规律：每行中的打印操作是类似的，区别在于空格和星号的个数，然后重复每一行的操作。因而，每行中的打印操作可以用一个循环实现，然后将这个循环操作作为循环体，循环执行 *n* 次（即 *n* 行）。

本题可将菱形图案分成上下两部分。

（1）打印菱形图案中的上三角共 *n* 行：

用 int 型变量 *i* 表示行数，*i* 的取值从 1 到 *n*，每行有 $n-i$ 个空格，$2*i-1$ 个星号。

（2）打印菱形图案中的下三角共 $n-1$ 行：

用 int 型变量 *i* 表示行数，*i* 的取值从 1 到 $n-1$，每行有 *i* 个空格，$2*n-2*i-1$ 个星号。

【参考程序】

```
#include<stdio.h>
int main()
{
    int n,i,j,k;
    printf("请输入 n(n<13):");
    scanf("%d",&n);
    for(i=1;i<=n;i++)
    {             //菱形图案中的上三角共 n 行
        for(j=1;j<=(n-i);j++)         //每行中先输出 n-i 个空格
            printf(" ");
        for(k=1;k<=(2*i-1);k++)       //每行有 2*i-1 个*
            printf("*");
        printf("\n");                 //换行
    }
    for(i=1;i<=n-1;i++)
    {          //菱形图案中的下三角共 n-1 行
        for(j=1;j<=i;j++)                //每行有 i 个空格
            printf(" ");
        for(k=1;k<=(2*n-2*i-1);k++) //每行有 2*n-2*i-1 个*
```

```
                printf("*");
            printf("\n");                    //换行
        }
        return 0;
    }
```

【实验拓展与参考程序】

有1、2、3、4四个数字，能组成多少个互不相同且无重复数字的三位数？都是多少？

【程序设计思路提示】

因为可填在百位、十位、个位的数字都是1、2、3、4，因此可用三重循环穷举所有的排列后，再去掉不满足条件的排列。

（1）用int型变量*i*、*j*、*k*表示百位、十位和个位，取值均从1到4。

（2）对于每种排列，检查*i*、*j*、*k*，当*i*、*j*、*k*三位互不相同时，满足要求，则计数器加1，同时输出满足条件的数。

【参考程序】

```
#include <stdio.h>
int main()
{
    int i,j,k,num=0;
    printf("\n");
    for(i=1;i<=4;i++)      /*以下为三重循环*/
        for(j=1;j<=4;j++)
        for (k=1;k<=4;k++)
        {
            if(i!=k&&i!=j&&j!=k) /*确保i、j、k三位互不相同*/
            {
                num=num+1;
                printf("%d,%d,%d\n",i,j,k);
            }
        }
    printf("共有%d种.\n",num);
    return 0;
}
```

实验五　函　　数

【实验 5.1 指导与参考程序】

1. 设计一个函数，计算两个整数的最大公约数，在 main 函数中调用这个函数并输出结果。

【程序设计思路提示】

（1）设计函数 int GCD(int *a*,int *b*)，用辗转相除法计算两个整数 *a* 和 *b* 的最大公约数，函数返回值即为最大公约数。

（2）在 main 函数中输入两个整数，然后调用上述函数计算最大公约数，并输出。

【参考程序】

```
#include<stdio.h>
int GCD(int a,int b);
int main(){
      int a,b,gcd;
      printf("请输入两个正整数:");
      scanf("%d%d",&a,&b);
      printf("%d,%d 的最大公约数为:",a,b);
      gcd=GCD(a,b);
      printf("%d\n",gcd);
      return 0;
}
/*GCD 函数功能：计算两个整数的最大公约数
函数参数：整型变量 a，整型变量 b
函数返回值：a 和 b 的最大公约数
算法思路：采用辗转相除法，被除数和除数的最大公约数=除数和非 0 余数的最大公约数
*/
int GCD(int a,int b){
      int r;
      r=a%b;                    //求出 a 除 b 的余数
      while(r!=0){              //如果余数不为 0，则进行循环
            a=b;b=r;r=a%b;      //除数变成新的被除数，余数变成新的除数
      }
      return b;//循环结束后，余数 r 为 0，即 a%b==0，此时 b 即为最大公约数
}
```

2. 设计一个判断素数的函数，在 main()函数中调用该函数，判断出 100～200 的所有素数。

【程序设计思路提示】

(1) 设计函数 int sushu(int *n*)，判断整数 *n* 是否为素数。

判断素数的方法：如果 *n* 不能被 2～$\sqrt{n}$ 的每个整数整除，那么 *n* 就是素数。

(2) 在 main 函数中，利用循环语句，重复调用上述函数，求出 100～200 的所有素数。

【参考程序】

```
#include<stdio.h>
#include <math.h>
int sushu(int n);
int main()
{
    int i;
    printf("100～200 的素数有：\n");
    for(i=100;i<=200;i++)
        if (sushu(i))      //调用函数 sushu 来判断 i 是不是素数
            printf("%8d",i);
    printf("\n");
    return 0;
}
/*
函数功能：判断 n 是不是素数
函数参数：整型数 n
函数返回值：整数，如果 n 是素数则返回 1，否则返回 0
*/
int sushu(int n)
{
    int j,flag=1;            //先假设 n 是素数，flag 设为 1
    for(j=2;j<=sqrt(n);j++)
    {
        if(n%j==0)      /*如果 2～sqrt(n)之间任意一个数 j 能被 n 整除，就
                          可断定 n 不是素数 flag 设为 0*/
            flag=0;
    }
    return flag;
}
```

3. 已知方程 $x^5+5x^4+8x^2-20=0$ 在[0,10]区间有解，请用弦截法设计函数求解方程的近似根。

【程序设计思路提示】

(1) 在弦截法的求解过程中，需要反复计算表达式 $f(x)=x^5+5x^4+8x^2-20$ 的值，所以设计函

数 double f(double x)完成表达式的计算。

（2）在弦截法的求解过程中，需要多次计算弦与 x 轴的交点，设已知区间为$[x_1,x_2]$，则$(x_1, f(x_1))$至$(x_2, f(x_2))$的弦与 x 轴的交点处的 x 值的计算公式如下：

$$弦的斜率\ k=\frac{f(x_2)-f(x_1)}{x_2-x_1},\qquad 交点处\ x=x_1-\frac{f(x_1)}{k}$$

设计函数 double getx(double x1,double x2)，完成上述计算。

（3）为实现弦截法流程，设计函数 double getroot(double x1,double x2)，完成方程近似解的计算。设当近似解 x 对应的$|f(x)|<10^{-6}$时，即可作为函数的返回值。

（4）函数 $f(x)=x^5+5x^4+8x^2-20$ 可以估计的解区间大致为[0,10]。为最终求解本任务，设计 main 函数，调用 getroot 函数。

【参考程序】

```
#include<stdio.h>
#include<math.h>
double f(double);
double getx(double,double);
double getroot(double,double);
int main()
{
     double x1=0,x2=10,x;
     x=getroot(x1,x2);
     printf("方程的近似解为%lf\n",x);
     return 0;
}
/*
函数功能：给定自变量 x，计算 f(x)=x^5+5x^4+8x^2-20 的值
函数参数：自变量 x
函数返回值：f(x)的值
*/

double f(double x)
{
     return ((x+5)*x*x+8)*x*x-20;
}
/*
函数功能：求解两点(x1,f(x1))，(x2,f(x2))之间的直线与横坐标轴的交点
函数参数：两个 double 类型的数
函数返回值：交点处的 x
*/
```

```
double getx(double x1,double x2)
{
    double k,x;
    k=(f(x1)-f(x2))/(x1-x2); //求解两点(x1,f(x1)), (x2,f(x2))之间
                                的直线的斜率 k
    x=x1-f(x1)/k;              //计算上述直线与横坐标轴交点 x
    return x;
}
/*
函数功能：求[x1,x2]区间里满足方程 x^5+5x^4+8x^2-20=0 的解 x
函数参数：两个 double 类型的数 x1 和 x2 表示解区间
函数返回值：求得的解 x，即 f(x)=0
*/
double getroot(double x1,double x2)
{
    double x;
    while(fabs(f(x1))>=1e-6)
    { //若表达式的值没有足够接近 0，循环进行，继续缩小解空间
        x=getx(x1,x2); //求得两点(x1,f(x1)), (x2,f(x2))之间的直线
                        与横坐标轴的交点 x
        if(f(x1)*f(x)>0)  //如果 f(x1)*f(x)>0，则说明解在[x,x2]区间
            x1=x;
        else x2=x;              //反之，解在[x1,x]区间
    }
    return x;
}
```

【实验 5.2 指导与参考程序】

1. 编写把十进制正整数转换为 *S* 进制(*S*=2，8，16)数输出的递归函数，在 main 函数中调用这个函数并输出结果。

【程序设计思路提示】

（1）设计递归函数 void tran(int *n*,int *d*) 将十进制正整数 *n* 转换为 *d* 进制数。

递归方法：tran(*n*,*d*)= tran(*n*/*d*,*d*)

如果要转换成十六进制数，特别需要考虑大于 10 的情况用字母表示。

（2）在 main 函数输入 *n* 和 *d*，然后调用上述函数。

【参考程序】

```
#include<stdio.h>
/*
函数功能：将十进制数 n 转换成 d 进制数
```

```
函数参数：两个整型数，n 为待转换的整数，d 为待转换的进制
函数返回值：无
*/
void tran(int n,int d)
{
     if(n==0){        //递归出口，当 n 为 0 时，返回
          return ;
     }else{
          tran(n/d,d); //当 n 不为 0 时，将 n/d 转换成 d 进制数的高位部分
          //最低位的计算
          if(d==16){//如果要转换成十六进制数，需要考虑大于 10 的情况用字
                      母表示
              if(n%d>=10){
                  switch (n%d){
                  case 10:printf("A"); break;
                  case 11:printf("B"); break;
                  case 12:printf("C"); break;
                  case 13:printf("D"); break;
                  case 14:printf("E"); break;
                  case 15:printf("F"); break;
                  default:break;
                  }
              }else{          //如果要转换成十六进制数，小于 10 的数直接输出
                  printf("%d",n%d);
              }

          } else{          //输出最低位
              printf("%d",n%d);
          }
     }
}
int main()
{
     int n,d;
     printf("\n");
     printf("请输入要转换的数字:");
     scanf("%d",&n);
     printf("请输入要转换成几进制:");
     scanf("%d",&d);
```

```
    printf("转换完成：");
    if(n==0)
         printf("%d",0);
    else
         tran(n,d);
    printf("\n");
    return 0;
}
```

2. 一个射击运动员打靶，靶一共有 10 环，连开 10 枪打中 90 环的可能性有多少种？试用递归算法实现。

【程序设计思路提示】

（1）设计递归函数 void Comput(int score, int num) 计算 num+1 次打靶打到 score 环的可能性。

递归方法：Comput(score, num)= Comput(score–*i*,num–1)，*i* 的取值 0～10。

（2）在 main 函数中调用上述函数。

【参考程序】

```
#include <stdio.h>
int sum;          //记录超过 90 环的总次数
int store[10];   //记录每次打靶成绩
/*
函数功能：输出打靶环数超过 90 的每发打靶环数
函数参数：无
函数返回值：无
*/
void Output()
{
     int i;
     for(i=9;i>=0;i--)
     {
         printf("%d ",store[i]);
     }
     printf("\n");
     ++sum;        //超出 90 环的次数累加
}

/*
函数功能：计算 num+1 次打靶打到 score 环的可能性
函数参数：两个整型数，score 为剩下需要打靶的环数。num+1 为剩下需要打靶的次数
函数返回值：无
```

```
*/
void Comput(int score, int num)
{
    int i;
    /*如果总的成绩超过了 90 环（也就是 score<0），或者如果剩下要打靶
    的成绩大于 10 环乘以剩下要打的次数，也就是说，即便后面的都打 10 环
    也无法打够次数，则退出递归*/
    if(score<0 || score>(num+1)*10)      //次数 num 为 0～9
        return ;
    if(num==0)                    //打到最后一次
    {
        store[num]=score;
        Output();
        return;
    }
    for(i=0;i<=10;i++)                    //没有出现上述情况，递归
    {
        store[num]=i;
        Comput(score-i,num-1);       //计算打靶 num 次打到 score-i 的
                                        可能性
    }
}

int main()
{
    Comput(90,9);
    printf("连开 10 枪打中 90 环的可能性有%d 种\n",sum);
    return 0;
}
```

【实验拓展与参考程序】

编写函数 void gdbh(int *n*)用于验证哥德巴赫猜想。

【程序设计思路提示】

哥德巴赫猜想：任何大于 6 的偶数可以表示为两个素数之和。函数 gdbh 可采用穷举的方法：如果 i 和 $n-i$ 都是素数，则符合哥德巴赫猜想，输出即可，其中 i 取值为 2～n/2。由于函数中需要使用判断是否为素数的功能，可借鉴实验 5.1 中第（2）题的方法，定义一个判断素数的函数，供本函数调用。

【参考程序】

```
#include<stdio.h>
```

```
#include <math.h>
int sushu(int n);
void gdbh(int n);
int main()
{
  int n;
  printf("请输入一个偶数：\n");
  scanf("%d",&n);
  if(n<6)    //确保大于 6
       n=n+6;
  if(n%2==1)  //确保是偶数
       n++;
  gdbh(n);
  return 0;
}
int sushu(int n)
{
  int j,flag=1;
  for(j=2;j<=sqrt(n);j++)
  {
       if(n%j==0)
            flag=0;
  }
  return flag;
}
void gdbh(int n)
{
   int i;
   for(i=2;i<n/2;i++)
      if(sushu(i)&&sushu(n-i))
           printf("%d=%d+%d\n",n,i,n-i);
}
```

实验六　数　　组

【实验 6.1 指导与参考程序】

1. 编写一个程序，求 Fibonacci 数列的前 20 项值并输出。Fibonacci 数列的定义如下：

$$\mathrm{Fib}(0)=1,\quad \mathrm{Fib}(1)=1,\quad \mathrm{Fib}(n)=\mathrm{Fib}(n-1)+\mathrm{Fib}(n-2)$$

【程序设计思路提示】

用一维数组存储 Fibonacci 数列各项的值，fib[*i*]存第 *i* 项。

（1）用 int 型变量 *i* 表示项数，*i* 的取值为 2～20。

（2）对于每个 *i* 的取值：

① 计算新的项 fib[*i*]=fib[*i*–1]+fib[*i*–2]。

② 输出新的项。

【参考程序】

```
#include<stdio.h>
int main()
{
     int fib[20],i,num=0;
     fib[0]=1;fib[1]=1;          //初始化前两项
     num+=2;
     printf("fibonacci 数列的前 20 项值为：\n");
     printf("%8d%8d",fib[0],fib[1]);
     for(i=2;i<20;i++){          //循环计算后 18 项放入 fib[2]～fib[19]
          fib[i]=fib[i-1]+fib[i-2];  //根据前两项计算当前项
          num++;
          printf("%8d",fib[i]);
          if(num%5==0)              //控制五个数输出在一行
               printf("\n");
     }
     return 0;
}
```

2. 编写一个程序，对于一个已排好序的数组，要求输入一个数后，按原来排序的规律将它插入数组中。

【程序设计思路提示】

用一维数组 *a* 存储一个已排好序的数。

（1）输入一组从小到大的整数，存入数组 *a* 中。

（2）输入需要插入的整数 *t*。

（3）查找插入位置的下标：

从数组最后一个数 *a*[*i*]开始，依次与 *t* 进行比较，如果 *t*<*a*[*i*]，则把 *a*[*i*]向后移一位，直到 *t*>*a*[*i*]为止。

（4）将 *t* 存入 *a*[*i*+1]。

（5）输出新的数列。

【参考程序】

```
#include<stdio.h>
#define N 6
int main()
{
     int a[N+1];
     int t,i;

     printf("请输入从小到大的%d个数组元素",N);
     for(i=0;i<6;i++)
     {
           scanf("%d",&a[i]);
     }
     printf("请输入要插入的元素");
     scanf("%d",&t);
     for(i=N-1;i>=0;i--)  //从N个数的最后一个数开始，依次与t进行比较
     {
          if(t<a[i] )     //如果t<a[i]，把a[i]向后移一位
               a[i+1]=a[i];
          else            //如果t>a[i]，t需要插入到a[i]之后
               break;
     }
     a[i+1]=t;

     printf("新数列为：");
     for(i=0;i<N+1;i++)
           printf("%d ",a[i]);
     return 0;
}
```

3. 青年歌手参加歌曲大奖赛，有十个评委给比赛的选手进行评分，编写一个程序，计算选手的最终得分。选手的最终得分是从十个评委评分中，去掉最高分，去掉最低分后计算的平均分。

【程序设计思路提示】

用一维数组 *a* 存储评委给选手的评分。

（1）输入评委评分，存入数组 *a* 中。

（2）利用循环语句求出数组的和 sum，并采用打擂法求出数组的最大值 max 和最小值 min。

（3）计算最终得分(sum–max–min)/8，并输出。

【参考程序】

```
#include<stdio.h>
int main()
{
    double a[10];
    double x,max,min,sum=0;
    int i;
    printf("请输入十个评委的评分：");
    for(i=0;i<=9;i++)          //输入十个评委的评分
        scanf("%lf",&a[i]);
    max=a[0];min=a[0];
    for(i=0;i<10;i++){
        sum=sum+a[i];          //计算十个得分的累加和
        if(a[i]>=max)          //依次比较求最大值
            max=a[i];
       if(a[i]<=min)           //依次比较求最小值
            min=a[i];
    }
    x=(sum-max-min)/8;//累加和减去最大值和最小值后计算剩下8个分数的平均分
    printf("%lf\n",x);
    return 0;
}
```

【实验 6.2 指导与参考程序】

1. 编写一个程序，输出以下形式的杨辉三角形（要求输出 8 行）。

```
1
1   1
1   2   1
1   3   3   1
1   4   6   4   1
1   5   10  10  5   1
…
```

【程序设计思路提示】

用二维数组 *a* 存储杨辉三角形的各元素。采用双重循环，利用如下公式计算杨辉三角形的每一项：

$$a[i][j]=a[i-1][j]+a[i-1][j-1]$$

【参考程序】

```
#include<stdio.h>
int main()
{
    int a[10][10];
    int i,j;
    for(i=0;i<10;i++)        //将方阵中第1列和第1列的元素设为1
    {
        a[i][0]=1;
        a[i][i]=1;
    }
    for(i=2;i<10;i++)//三角形的第1行只有1个元素,因此从第2行开始计算
    {
        for(j=1;j<i;j++) //三角形的第1列已经设置为1，因此从第2列开
                         //始算起，直到对角线的前一列
            a[i][j]=a[i-1][j]+a[i-1][j-1];//每个元素都等于上一行
                                          //的同列元素与前一列元素之和
    }
    for(i=0;i<10;i++)        //按行输出下三角
    {
        for(j=0;j<=i;j++)
        printf("%5d",a[i][j]);
        printf("\n");
    }
    return 0;
}
```

2. 编写一个程序，实现一个 n 阶（n<10）的螺旋矩阵（顺时针方向旋进）。如下是一个 n=5 阶螺旋矩阵。

1	2	3	4	5
16	17	18	19	6
15	24	25	20	7
14	23	22	21	8
13	12	11	10	9

【程序设计思路提示】

用二维数组 a 存储螺旋矩阵的各元素。

将螺旋矩阵的一周分为上、右、下、左四个部分，用四个循环依次将上、右、下、左的元素都赋上相应的值。

【参考程序】

```
#include<stdio.h>
```

```
void f(int a[10][10],int,int);

int main()
{
    int n,i,j;
    static int a[10][10];
    printf("请输入螺旋阵的阶数 n(n<10)的螺旋矩阵: ");
    scanf("%d",&n);
    i=(n+1)/2;  //从外向里一共有 i 层

    for(j=0;j<i;j++)
        f(a,n,j);  //利用函数来变换数组中元素的值
    for(i=0;i<n;i++)
    {
        for(j=0;j<n;j++)
             printf("%-5d",a[i][j]);
        printf("\n");
    }
    return 0;
}
/*
函数功能：完成 n 阶螺旋矩阵第 j 层的计算
函数参数：存放螺旋矩阵的二维数组首地址，整型数 n 代表阶数，整型数 j 代表第 j 层
函数返回值：空
*/
void f(int a[10][10],int n,int j)
{
    int i,k,m;

    /*
    把一周分为四部分：上、右、下、左
    用四个循环依次将上、右、下、左的元素都赋上相应的值
    */
    m=4*j*n-4*j*j+1;
    for(k=j;k<n-j;k++)
        a[j][k]=m+k-j;
    for(i=j;i<n-j;i++)
        a[i][n-1-j]=n+m-1-2*j+i-j;
    for(k=n-1-j;k>=j;k--)
```

```
        a[n-1-j][k]=m+2*n-2-4*j+n-1-j-k;
    for(i=n-1-j;i>j;i--)
        a[i][j]=m+3*n-3-6*j+n-1-j-i;
}
```

3. 编写一个程序实现魔方阵。所谓魔方阵就是 A（A^2 为奇数）个自然按方阵形状排列，要求它的每行上各个数、每列上各个数的和以及沿对角线方向的各个数的和都等于一个常数的方阵。例如，数字 1～9 可以排成三行三列，每行、每列和对角线上数字之和都分别等于 15。提示：方阵中各个数的位置可按如下方法确定。

通常，数字 1 总是在第 1 行的中间。其他自然数位置的确定方法是：当前数的右上方是下一个数的位置；如果当前数在第一行，但不在最右侧，则下一个数在最后一行，而列数向右移一列；如果当前数在其他行的最右侧，则下一个数在上一行的最左侧；如果按上述方法找到的位置已经填数，则在原来位置的同一列下一行填入下一个数。

【程序设计思路提示】

用二维数组 *a* 存储魔方阵的各元素。

根据提示的方法将各元素都赋上相应的值。

【参考程序】

```
#include<stdio.h>
int main()
{
    int n,a[30][30]={0},i,j,t;
    printf("请输入魔方阵的阶数n(n<30,n为奇数: ");
    scanf("%d",&n);
    i=0;
    j=(n-1)/2;
    a[i][j]=1;
    t=1;
    while(a[i][j]<n*n)
    {
        if(i==0&&j<n-1)
        {
            if(a[n-1][j+1]==0)
            {
                i=n-1;j+=1;
                a[i][j]=t+1;
                t=a[i][j];
            }
            else
            {
                i+=1;
```

```
                a[i][j]=t+1;
                t=a[i][j];
            }
        }
        else if(i==0&&j==n-1)
        {
            if(a[n-1][0]==0)
            {
                i=n-1;j=0;
                a[i][j]=t+1;
                t=a[i][j];
            }
            else
            {
                i+=1;
                a[i][j]=t+1;
                t=a[i][j];
            }
        }
        else if(i>0&&i<n-1&&j==n-1)
        {
            if(a[i-1][0]==0)
            {
                i-=1;j=0;
                a[i][j]=t+1;
                t=a[i][j];
            }
            else
            {
                i+=1;
                a[i][j]=t+1;
                t=a[i][j];
            }

        }
        else if(i==n-1&&j==n-1)
        {
            if(a[i-1][0]==0)
            {
```

```
                    i-=1;j=0;
                    a[i][j]=t+1;
                    t=a[i][j];
                }
                else
                {
                    i=0;
                    a[i][j]=t+1;
                    t=a[i][j];
                }
            }
            else
            {
                if(a[i-1][j+1]==0)
                {
                    i-=1;j+=1;
                    a[i][j]=t+1;
                    t=a[i][j];
                }
                else
                {
                    i+=1;
                    a[i][j]=t+1;
                    t=a[i][j];
                }
            }
        }
        for(i=0;i<n;i++)
        {
            for(j=0;j<n;j++)
                printf("%d\t",a[i][j]);
            printf("\n");
        }
        return 0;
}
```

【实验 6.3 指导与参考程序】

1. 编写一个程序，判断一个字符串是否是回文字符串。所谓回文字符串就是正读和反读都一样的字符串。例如，"agpga"是一个回文字符串。

【程序设计思路提示】

用一维字符数组 str 表示字符串。

依次比较数组两端的元素是否相同：对字符串中第一个位置的字符与最后一个字符进行比较，如果相同，则第二个位置字符与倒数第二个位置的字符进行比较，以此类推，如果其中一旦存在不相等的情况，则不是回文字符串，如果测试完所有字符都相等，则说明是回文字符串。

【参考程序】

```
#include<stdio.h>
#include<string.h>
int main()
{
     char str[20];
     int i,flag=1,len;      //flag 用来标识是否是回文字符串
     printf("请输入一行字符串:");
     gets(str);
     len=strlen(str);      //len 里存放字符串的长度
     for(i=0;i<len/2;i++)  //循环进行第 i 个字符与第 len-i-1 个字符的比较
     {
          if(str[i]!=str[len-i-1]){  //如果 str[i]!=str[len-i-1],
                                        则可以断定不是回文字符串
                flag=0;
                break;
          }
     }
     switch(flag){
          case 1:printf("%s 是一个回文串.\n",str);break;
          case 0:printf("%s 不是一个回文串.\n",str);break;
     }
     return 0;
}
```

2. 编写一个程序，输入一行字符，统计其中单词的个数（单词之间可能有多个空格）。

【程序设计思路提示】

（1）使用一维字符数组来存放键盘输入的字符串。

（2）从字符数组中依次取出一个字符进行判断：

如果遇到空格，表示单词结束，设 word=0；遇到非空格，如果单词处于还没开始的状态，则新单词开始，设置新单词开始标识，并使单词数加 1。

（3）输出统计结果。

【参考程序】

```
#include<stdio.h>
```

```
#include<string.h>
int main()
{
    char str[81];
    int i,num=0,word=0;//num用来统计单词数量，word用来标志新单词还没开始
    char c;
    printf("请输入一行字符串:\n");
    gets(str);
    for(i=0;(c=str[i])!='\0';i++)
    {
        if(c==' ')//遇到空格，单词结束
            word=0;
        else if(word==0)//遇到非空格，如果单词处于还没开始的状态，则
                            新单词开始
        {
            word=1;       //新单词开始标志置位
            num++;        //单词数量加1
        }
    }
    printf("一共有 %d 个单词.\n",num);
    return 0;
}
```

3. 编写一个程序，实现字符串比较的功能。即用户输入两个字符串，如果字符串 1 和字符串 2 相等，则输出 0；如果字符串 1 大于字符串 2，则输出正数；如果字符串 1 小于字符串 2，则输出负数。

【程序设计思路提示】

使用两个一维字符数组分别存储输入的两个字符串，依次比较两个数组对应元素是否相等。

【参考程序】

```
#include<stdio.h>
#include<string.h>
int main()
{
    char s1[100],s2[100];
    int i;
    printf("输入两个字符串，以回车结束:\n");
    gets(s1);
    gets(s2);
    /*依次比较两个串对应的每一个字符，直到它们中任一个达到字符串结尾或者相
```

```
        应的字符不相等*/
    for(i=0;s1[i]!=0 && s2[i]!=0 &&s1[i]-s2[i]==0;i++)
         {}
    printf("结果是: %d",s1[i]-s2[i]); //输出两个字符串中第一个不相同
                                        的字符之差
    return 0;
}
```

4. 编写一个程序，将一个由数字构成的字符串转换成一个整型数。例如，"1234"-->1234。

【程序设计思路提示】

使用一维字符数组 str 存储输入的字符串，依次取出每个字符，利用如下计算公式计算出对应的整型值：

$$n=n*10+\mathrm{str}[i]-'0'$$

其中 *i* 从 0 开始，一直取到字符串结束为止。

【参考程序】

```
#include<stdio.h>
#include<string.h>
int main()
{
    char str[10];
    int i,n=0;
    printf("请输入一个数字串:");
    gets(str);

    for(i=0;str[i]!=0;i++){
        n=n*10+str[i]-'0';//str[i]-'0'把数字字符转换成相应的数字
                          //n*10 把 n 扩大 10 倍
    }
    printf("数字串所代表的数字是: %d\n",n);
    return 0;
}
```

【实验 6.4 指导与参考程序】

1. 设计一个函数，对一个整数数组按升序进行排序（冒泡或选择排序等方法），并在 main() 函数调用之。

【程序设计思路提示】

（1）设计函数 void sort(int *a*[])，对数组 *a* 中的数进行冒泡排序。从小到大的冒泡排序思路如下。

第一轮：*a*[0]与 *a*[1]比较，如果 *a*[0]>*a*[1]，则 *a*[0]与 *a*[1]进行交换；然后 *a*[1]与 *a*[2]进行比较，如果 *a*[1]>*a*[2]，则 *a*[1]与 *a*[2]进行交换；然后 *a*[2]与 *a*[3]进行比较，如果 *a*[2]>*a*[3]，

则 $a[2]$与 $a[3]$进行交换；以此类推，直到最后一组 $a[n-2]$与 $a[n-1]$进行比较，如果 $a[n-2]>a[n-1]$，则 $a[n-2]$与 $a[n-1]$进行交换；这样，第一轮结束后，数组 $a[n-1]$中必然存放了所有数中最大的一个，那么第二轮的比较中就可以放弃 $a[n-1]$。

第二轮：$a[0]$与 $a[1]$比较，如果 $a[0]>a[1]$，则 $a[0]$与 $a[1]$进行交换；然后 $a[1]$与 $a[2]$进行比较，如果 $a[1]>a[2]$，则 $a[1]$与 $a[2]$进行交换；然后 $a[2]$与 $a[3]$进行比较，如果 $a[2]>a[3]$，则 $a[2]$与 $a[3]$进行交换；以此类推，直到最后一组 $a[n-3]$与 $a[n-2]$进行比较，如果 $a[n-3]>a[n-2]$，则 $a[n-3]$与 $a[n-2]$进行交换；这样，第二轮结束后，数组 $a[n-2]$中必然存放了剩余数中最大的一个，那么第三轮的比较中就可以放弃 $a[n-2]$，以此类推。

第 $n-1$ 轮：$a[0]$与 $a[1]$比较，如果 $a[0]>a[1]$，则 $a[0]$与 $a[1]$进行交换；这样 $a[0]$中将存放所有数中最小的一个数；这样 $a[0]$～$a[n-1]$中的 n 个数据就从小到大按顺序排好，像水中的气泡。

（2）main 函数中输入一组数存入数组 a 中，然后以数组名作为实参调用上述函数进行排序，最后依次输出数组中已排好序的元素。

【参考程序】

```
#include<stdio.h>
#define N 5
void sort(int a[]);
int main()
{
    int a[N],i;
    printf("请输入%d个数字：",N);
    for(i=0;i<N;i++)
        scanf("%d",&a[i]);
    sort(a);
    printf("排好序后的数组是：\n");
    for(i=0;i<N;i++)
        printf("%d\t",a[i]);
    printf("\n");
    return 0;
}
void sort(int a[])
{
    int i,j,t;
    for(i=0;i<N-1;i++)                 /*排序趟次*/
        for(j=0;j<N-i-1;j++)           /*从前往后比*/
            if(a[j]>a[j+1])
        {     /*从小到大，升序*/
                t=a[j];                /*交换 a[j]与 a[j+1]，大数后移*/
                a[j]=a[j+1];
                a[j+1]=t;
```

```
            }
}
```

2. 设计一个函数，在有序的整型数组中，折半查找指定关键值的下标，并在 main()函数中调用之。

【程序设计思路提示】

（1）设计函数 void sort(int *a*[])，对数组 *a* 中的数进行排序；设计函数 int find(int *a*[*N*],int key)进行折半查找。折半查找思路如下。

通过两个记录数组中元素位置的变量 *p* 和 *q* 分别记录数组中第一个元素位置和最后一个元素位置，计算 $m=(p+q)/2$，判断要查找的数据 key 与 *a*[*m*]的关系：

① 如果相等，则表示找到，结束程序；

② 如果 key>*a*[*m*]，表示要查找的数据可能位于 *a*[*m*+1]与 *a*[*q*]中间，那么把位置 *p* 改变为 *m*+1，即 $p=m+1$；

③ 如果 key< *a*[*m*]，表示要查找的数据可能位于 *a*[*p*]与 *a*[*m*–1]中间，那么把位置 *q* 改变为 *m*–1，即 $q=m-1$；

循环进行，直到比较完毕。

（2）main 函数中输入一组数存入数组 *a* 中，输入待查找数存入 key 中，先调用 sort 函数给数组排序，再调用 find 函数进行查找，最后输出查找的结果。

【参考程序】

```
#include<stdio.h>
#define N 5
void sort(int a[]);
int find(int a[N],int key);
int main()
{
    int a[N],i,key,index;
    printf("请输入%d 个数字：",N);
    for(i=0;i<N;i++)
        scanf("%d",&a[i]);
    sort(a); //先给数组排序
    printf("请输入待查找的数：");
    scanf("%d",&key);
    index=find(a,key); //调用函数查找
    if(index==-1)
        printf("%d 不在这组数中\n",key);
    else
        printf("%d 在这组数中的下标为%d\n",key,index);
    printf("\n");
    return 0;
}
```

```
void sort(int a[])
{
    int i,j,t;
    for(i=0;i<N-1;i++)                  /*排序趟次*/
        for(j=0;j<N-i-1;j++)            /*从前往后比*/
            if(a[j]>a[j+1])
            {   /*从小到大，升序*/
                t=a[j];                 /*交换 a[j]与 a[j+1]，大数后移*/
                a[j]=a[j+1];
                a[j+1]=t;
            }
}
int find(int a[N],int key)              /*折半查找*/
{  int m,p,q;
   p=0;q=N-1;               /*p 为第 1 个元素的下标，q 为最后一个元素的下标*/
   while(p<=q)
   {  m=(p+q)/2;                /*m 为中间元素的下标*/
      if (a[m]==key)  { return  (m); break;}    /*找到 key*/
      else if(key<a[m])  q=m-1;         /*在下标[0,m]之间继续查找*/
           else p=m+1;                  /*在下标[m+1,N-1]之间继续找*/
   }
   if  (p>q)  return  (-1);
}
```

3. 设计一个函数，寻找一个二维数组中的鞍点，即该位置上的元素在该行上最大，在该列上最小（也可能没有鞍点），并在 main 函数中调用之。

【程序设计思路提示】

（1）设计函数 int andian(int *a*[4][4])，利用双重循环求一个 4*4 数组的鞍点。

穷举所有的行，先找到第 *i* 行上最大的数 *a*[*i*][j0]；再对找到的该数穷举所有行，如它不是本列上最小的数就“一票否决”，若确认是，就输出，并记录已找到。

（2）main 函数中输入数据存入二维数组 *a* 中，调用上述函数求鞍点，最后输出结果。

【参考程序】

```
#include<stdio.h>
int andian(int a[4][4]);
int main()
{

    int a[4][4]={{2,3,9,5},{6,7,8,3},{0,5,7,5},{2,1,8,3}};
    int i,j;
    printf("数组 a:\n");
```

```
    for(i=0;i<4;i++){
        for(j=0;j<4;j++)
            printf("%3d",a[i][j]);
        printf("\n");
    }

    if(!andian(a))    //调用 andian 函数求鞍点
        printf("此数组无鞍点！\n");  //若未找到，则输出提示信息
    return 0;
}
int andian(int a[4][4])
{
     int i,j,k,i0,j0,find=0;
     for(i=0;i<4;i++)         //穷举所有的行
     {
         j0=0;
         for(j=1;j<4;j++)
             if(a[i][j]>a[i][j0])j0=j;//找到第i行上最大的数a[i][j0]
         k=1;
         for(i0=0;i0<4;i0++)     //对找到的该数穷举所有行
             if(a[i0][j0]<a[i][j0])
                  k=0;     //如果它不是本列上最小的数就"一票否决"
         if(k)    //若确认是，就输出，并记录已找到
         {
             printf("鞍点是：a[%d][%d]=%d\n",i,j0,a[i][j0]);
             find=1;
         }
    }
    return find;
}
```

【实验拓展与参考程序】

1. 取出一个十进制正整数中的所有奇数数字，用这些数字构成一个最小数。

（1）编写函数 long fun(long *s*)，其函数功能是取出十进制整数 *s* 中的所有奇数数字，用这些数字构成一个最小数，函数返回该数。

（2）编写 main 函数，接收键盘输入的一个长整型数，用该整数作为实参调用 fun 函数，输出得到的最小数。

测试数据：876531429

运行结果：13579

【程序设计思路提示】

拆数、拼数和排序的结合。首先进行数字拆分，取出奇数，放入数组中，然后对数组中的数字进行排序，最后将排序后的数字拼成整数。可以先写一个排序的函数，因为是最小数，最高位最小，按从小到大排序。

【参考程序】

```
#include <stdio.h>
void sort(int a[],int n)
{  int i,j, tmp;
   for(i=0;i<n-1;i++)
   {  for(j=0; j<n-1-i; j++)
     if(a[j]>a[j+1])              //从小到大排序
       {  tmp=a[j]; a[j]=a[j+1]; a[j+1]=tmp; }
   }
}
long fun(long  s)
{  int a[10],count=0,i,r;
   long s1;
   while  (s)
    {  r=s%10;                                 //数字分离，取余数
      if(r%2!=0) a[count++]=r;                 //将奇数数字放入数组a中
      s=s/10;
    }
   sort(a,count);                              //数字排序
   s1=0;
   for(i=0; i<count; i++)  s1=s1*10+a[i];  //整数拼接
   return(s1);
}
int main()
{  long m,n;
   scanf("%ld",&n);
   m=fun(n);
   printf("%ld\n",m);
   return 0;
}
```

2. 编写函数 int compress(char *s*[ ])，将数组 *s* 中的字符串中连续出现的多个相同字符压缩为一个字符，统计被删除字符的个数，并返回该统计数。例如，*s* 中的字符串为"abbbccdefffg"。

运行结果：*s* 为"abcdefg"，被删除字符的个数为 5。

【程序设计思路提示】

设 *i* 指向压缩后的数组的最后一个位置，初值为 0，*j* 指向原数组中待处理的字符的位置，

初值为 1。count 用于统计被删除字符的个数，初值为 0。函数用 *j* 从 1 开始对 *s* 中的每一个元素进行扫描，若 *s*[*i*]与 *s*[*j*]不等，将 *s*[*i*+1]赋给 *s*[*j*]，*i* 与 *j* 都往后移一个；若 *s*[*i*]与 *s*[*j*]相等，表示是重复字符，只将 *j* 往后移，*i* 不动，相当于将后面的字符往前移，并将 count 加 1。最后字符串加上结束标志，并返回 count。

【参考程序】

```
int compress(char s[])
{  int i=0,j=1,count=0;
   while(s[i])
      if(s[i]!=s[j])  {  s[i+1]= s[j]; i++; j++; }
      else   {  j++; count++;  }
   s[i+1]=0;
   return count;
}
int main()
{  char s[]="abbbccdefffg";  int k;
   k=compress(s);
   puts(s);
   printf(" %d\n",k);
   return 0;
}
```

3. 在给定范围内查找并输出所有满足条件的整数对（*a*,*b*）及与之关联的反序数对（*c*,*d*）：

① $a<b$；

② *a* 和 *b* 的十进制均是三位数且各位上的数字互不相同；

③ *a* 的反序数 *c* 和 *b* 的反序数 *d* 也都是三位数且 $a*b=c*d$。

例如，与整数对（302,406)关联的反序数对是（203,604)，302*406=203*604，因此，（302,406）是满足条件的整数对。

（1）编写函数 int find(int *x*[][4],int *m*,int *n*)，若 *m*、*n* 不是三位数则返回 0，否则将取值在[*m*,*n*]范围内所有满足上述条件的整数对以及与这些整数关联的反序数对保存到 *x* 指向的二维数组中，函数返回 *x* 数组中保存的数据行数。

（2）编写 main 函数，声明一个 100 行 4 列的二维数组 *a*，用 *a* 作为实参调用 find 函数在[300,500]内查找，将找到的满足上述条件的整数对及关联的反序数对保存到 *a* 数组，并输出。

测试数据与运行结果：

```
301*309=103*903 302*406=203*604 304*403=403*304 306*402=603*204
312*426=213*624 314*413=413*314 321*369=123*963 324*423=423*324
402*408=204*804  412*428=214*824
```

【程序设计思路提示】

主函数负责数组声明、函数调用及数据输出。3 个条件由函数 find 实现，外循环控制 *a* 的取值范围，并判断 *a* 的 3 位数是否相等。内循环控制 *b* 的取值范围，并判断 *b* 的 3 位数是否相等，b 从 a+1 开始确保 a<b。第三个条件，可以先写一个反序数的函数，调用后求得 a 和 b 的反序数，再用 if 语句判断是否满足第三个条件，若满足则存入数组。

【参考程序】

```
#include <stdio.h>
int inte(int n);
int find(int x[][4],int n,int m);
int main()
{  int a[100][4],t,i,j;
   printf("\n");
   t=find(a,300,450);
   for(i=0;i<t;i++)
    {  printf("%d*%d=%d*%d  ",a[i][0],a[i][1],a[i][2],a[i][3]);
       if  ((i+1)%4==0)  printf("\n");
    }
   return 0;
}
int find(int x[][4],int m,int n)
{  int a,b,c,d,i=0;
  if((m<100&&m>999)||(n<100&&n>999))return 0; //若不是3位数则返回0
  for(a=m;a<=n;a++)                       //a的取值范围为m～n
      if((a%10!=a%100/10)&&(a%10!=a/100)&& a/100!=a%100/10))
                                          // a各位上的数字互不相同
           for(b=a+1;b<=n;b++)        // b的取值范围，并保证a<b
             if((b%10!=b%100/10)&&(b%10!=b/100)&&
                                     b/100!=b%100/10))
              {  c=inte(a);  d=inte(b); //求a、b的反序数c、d
                 if(a*b==c*d)           //满足第3个条件存入数组x
                 {  x[i][0]=a; x[i][1]=b; x[i][2]=c; x[i][3]=d;
                    i++;    }
              }
  return(i);                              //返回数据行数
}
int inte(int n)                           //求反序数
{  int  s=0;
   while(n)
        { s=s*10+n%10;  n=n/10; }
   return (s);
}
```

实验七　指　　针

【实验 7.1 指导与参考程序】

1. 在 main 函数中定义一个整型数组，存放用户输入的 10 个整数。利用指针变量指向此整型数组，并统计数组中正数、负数以及零的个数。输出统计的数值。

【程序设计思路提示】

定义指针 pa 指向数组的首地址，通过指针的移动遍历数组元素，以统计数组中正数、负数以及零的个数。

【参考程序】

```
#include<stdio.h>
int main()
{
     int a[10],*pa,k1=0,k2=0,k3=0;
     pa=a;
     printf("请输入 10 个整数: ");
     for(pa=a;pa<a+10;pa++)
          scanf("%d",pa);
     for(pa=a;pa<a+10;pa++)
     {
          if(*pa>0)
               k1++;
          else if(*pa<0)
               k3++;
          else
               k2++;
     }
     printf("正数有%d 个，0 有%d 个，负数有%d 个。",k1,k2,k3);
     return 0;
}
```

2. 在 main 函数中定义一个字符数组，存放用户输入的字符串。利用指针变量指向字符数组的首个元素以及最后一个元素。设计一个循环判断输入的字符串是否为回文字符串(回文字符串是指顺读和倒读都一样的字符串)。输出判断结果。

【程序设计思路提示】

定义两个指针，p 指针指向字符串的第一个字符，q 指针指向最后一个字符，比较 p 和 q 所指向的内容是否相同，如果相同，则 p 从前往后增加 1，q 从后往前减少 1，以此类推，如果其中一旦存在不相等的情况，则不是回文串。如果测试完所有字符都相等，则说明是回文串。

【参考程序】

```
#include<stdio.h>
#include<string.h>
int main()
{
    char a[20],*p,*q;
    int n;
    printf("请输入一个字符串：");
    gets(a);
    n=strlen(a);
    //初始 p 指针指向字符串的第一个字符，q 指针指向最后一个字符
    //p 从前往后增加，q 从后往前减少
    for(p=a,q=a+n-1;p<q;p++,q--)
    {
        if(*p!=*q){
            printf("字符串%s 不是回文串。\n",a);
            break;
        }
    }
    if(p>=q)
        printf("字符串%s 是回文串。\n",a);
    return 0;
}
```

【实验 7.2 指导与参考程序】

1. 编写一个程序，将一个任意整数插入到已经排序的整型数组中，插入后，数组仍然保持有序。已经排序的整型数组在 main 函数中直接初始化，不再需要用户输入，插入的整数由 scanf 函数得到。编写函数实现插入数据后数组的重新排序。输出原数组以及插入整数重新排序后的数组。

【程序设计思路提示】

与实验 6.1 中的第（2）题类似，只需将对数组元素的访问从下标法改为指针法，并用指针变量作函数参数。

【参考程序】

```
#include<stdio.h>
#define N 5
void Insert(int *a,int key)
{  int *p;
```

```
    for(p=a+N-1;p>=a;p--) //从 N 个数的最后一个数开始，依次与 key 进行比较
     {
         if(key<*p)               /*大于 key 的数向后移位*/
             *(p+1)=*p;
         else              //如果 t>a[i]，则 t 需要插入到 a[i]之后
             break;
     }
     *(p+1)=key;      /*key 插入到自己的位置*/

}
int main()
{
     int a[N+1]={1,3,5,7,9},*p;
     int x;
     printf("插入前的数组为：");
     for(p=a;p<a+N;p++)
          printf("%d\t",*p);
     printf("\n 请输入待插入的整型数：");
     scanf("%d",&x);
     Insert(a,x);
     printf("插入后的数组为：");
     for(p=a;p<a+N+1;p++)
          printf("%d\t",*p);
     return 0;
}
```

2. 编写一个程序，取某字符串的子字符串。从 main 函数输入字符串、取子串的起始位置以及要取子串的长度。编写函数，功能为取字符串的子串，形参为 main 函数中输入的字符串、子串的起始位置以及长度。从函数返回取得的子字符串。

【程序设计思路提示】

设计函数 void subString(char *s1,char *s2,int *n*,int *m*)实现取子串功能，函数以字符指针作为参数，通过指针移动获取子串：

设置两个字符指针 *p* 和 *q*，*p* 指针指向原串中要提取子串的首字符，*q* 指针指向子串首字符；将 *p* 指向的内容赋给 *q* 指向的空间，然后 *p* 和 *q* 均后移加 1，以此类推，循环进行字符复制，直至子串的最后一个字符；最后在 *q* 所指向的子串末尾加上结束符。

【参考程序】

```
#include<stdio.h>
#include<string.h>
void subString(char *s1,char *s2,int n,int m);
```

```
int main()
{
     char s1[100],s2[100];
     int n,m;
     printf("请输入一个字符串:");
     gets(s1);
     printf("请输入要提取的子串的起始位置、字串长度，用空格隔开:");
     scanf("%d%d",&n,&m);
     subString(s1,s2,n,m);
     puts(s2);
     return 0;
}
void subString(char *s1,char *s2,int n,int m)
{
     char *p=s1+n-1,*q=s2; //p 指针指向原串中要提取子串的首字符，q 指针
                                        指向子串首字符
     for(;p<s1+n+m;p++,q++)//循环进行字符复制
          *q=*p;
     *q='\0'; //给子串加上结束符
}
```

【实验拓展与参考程序】

将未在字符串 *s* 中出现而在字符串 *t* 中出现的字符形成一个新的字符串放在 *u* 中，*u* 中字符按原字符串中字符顺序排列，不去掉重复字符。

测试数据：

s：ABCDE　　t：BDFGG

运行结果：FGG

【程序设计思路提示】

设计函数 void fun(char **s*, char **t*, char **u*)实现要求的功能，函数以字符指针作为参数，通过指针移动进行字符比较：

设置两个字符指针 *p* 和 *q*，*p* 指针指向 *t* 串，*q* 指针指向 *s* 串；通过移动指针 *p* 和 *q*，将 *t* 串中的一个字母与 *s* 中的每个字母进行比较，若有相同的，则中断，再看 *t* 中的下一个，直到最后都没有相同的，放入 *u* 中。

【参考程序】

```
void fun(char *s, char *t, char *u);
int main()
{   char s[]="ABCDE", t[]="BDFGG", u[100];
   fun(s, t, u);
   puts(u);
```

```
    return 0;
}
void fun(char *s, char *t, char *u)
{   char *p,*q;
    for(p=t; *p; p++)
    {
         for(q=s; *q; q++)
            if(*p==*q) break;           //比较 t 串中的字母与 s 中的字母
        if(*q=='\0') { *u=*p; u++; }  //在 t 中不在 s 中的放入 u 中
    }
    *u='\0';
}
```

实验八　自定义数据类型与链表

【实验 8.1 指导与参考程序】

有 10 个学生，每个学生数据包括学号、姓名和成绩。编写一个程序，将这 10 个学生的信息按成绩由高到低的顺序输出。

【程序设计思路提示】

（1）定义结构体类型表达学生信息，使用结构体数组来存储 10 个学生的数据。

（2）循环输入 10 个学生的数据。

（3）利用冒泡法对学生成绩进行排序。

（4）循环输出排序后的 10 个学生的信息。

【参考程序】

```
#include<stdio.h>
#define N 5

struct Students{
    char no[8];          //学号
    char name[20];       //姓名
    double score;        //成绩
};
int main()
{
    struct Students stu[10],tmp;
    int i,j;
    printf("请输入%d 个学生信息：\n",N);
    for(i=0;i<N;i++){
        scanf("%s%s%lf",stu[i].no,stu[i].name,&stu[i].score);
    }
    printf("\n 排序前：\n");
    for(i=0;i<N;i++){
         printf("%d\t%s\t%s\t%lf\t\n",i+1,stu[i].no,stu[i].name,
              stu[i].score);
    }
    for(i=0;i<N-1;i++)                              /*排序趟次*/
        for(j=0;j<N-i-1;j++)                        /*从前往后比*/
            if(stu[j].score<stu[j+1].score){ /*按照学生成绩从高到
```

```
                                          低降序排*/
                      tmp=stu[j];  /*交换 stu[j]与 stu[j+1]，成绩高的
                                   学生前移*/
                      stu[j]=stu[j+1];
                      stu[j+1]=tmp;
                  }
        printf("排序结果：\n");
        for(i=0;i<N;i++){
            printf("%d\t%s\t%s\t%lf\t\n",i+1,stu[i].no,stu[i]. name,
                   stu[i].score);
        }
        return 0;

    }
```

【实验 8.2 指导与参考程序】

编写一个程序，将递增的两个整数单链表合并成一个新的链表，合并后的链表依然保持递增有序。

【程序设计思路提示】

设计函数 struct Node* MergeList(struct Node *L1,struct Node *L2)实现合并两个有序单链表的功能：

指针 L1 和 L2 分别指向两个单链表的表头，通过指针移动依次比较两个链表链头节点，把链头中较小的那个节点加入新链表。逐步将两个单链表的数据置于新单链表中，直至二者为空。

【参考程序】

```
#include <stdio.h>
#include <stdlib.h>
struct Node
{
    int data;
    struct Node *next;  //后继节点的地址
};
struct Node *Create1();
struct Node *Create2();
struct Node* MergeList(struct Node *L1,struct Node *L2);//合并两个单链表
void Output(struct Node *head);

int main()
{
```

```
    struct Node *L1=Create1();
    struct Node *L2=Create2();
    struct Node *head;
    printf("合并前：\n");
    printf("L1：\n");
    Output(L1);
    printf("L2：\n");
    Output(L2);
    printf("合并后：\n");
    head=MergeList(L1,L2);
    Output(head);
    return 0;
}

struct Node *Create1()
{
    struct Node *p1, *p2, *p3;

    p1=(struct Node *)malloc(sizeof(struct Node)); p1->data=101;
    p2=(struct Node *)malloc(sizeof(struct Node)); p2->data=103;
    p3=(struct Node *)malloc(sizeof(struct Node)); p3->data=105;
    p1->next=p2;     p2->next=p3;   p3->next=NULL;

    return p1;
}

struct Node *Create2()
{
    struct Node *p1, *p2, *p3;

    p1=(struct Node *)malloc(sizeof(struct Node)); p1->data=102;
    p2=(struct Node *)malloc(sizeof(struct Node)); p2->data=104;
    p3=(struct Node *)malloc(sizeof(struct Node)); p3->data=106;
    p1->next=p2;     p2->next=p3;   p3->next=NULL;

    return p1;
}
```

```
void Output(struct Node *head)
{
    struct Node *p;

    p=head;          //① p 指向头节点，当前节点是头节点
    while(p!=NULL)   //② 当前节点不为空
    {
        printf("%X\t%d\t%X\n", p, p->data, p->next);
        p=p->next;    //③ p 指向当前节点的后继节点
    }
}
/*
函数功能：合并两个有序链表
函数参数：两个链表的头节点指针
函数返回值：合并后的链表头指针
算法思路：依次比较两个链表链头节点，把链头中较小的那个节点加入新链表。逐步将两个单链表的数据置于新单链表中，直至二者为空
*/
struct Node* MergeList(struct Node *L1,struct Node *L2)//合并两个单链表
{
    struct Node *newHead=NULL;
    struct Node *tail=NULL;
    if(L1==NULL)
    {
        return L2;
    }
    if(L2==NULL)
    {
        return L1;
    }
    if(L1->data < L2->data) //确定合并后的链表头节点，让 newHead 指向它
    {
        newHead=L1;
        L1=L1->next;
    }
    else
    {
        newHead=L2;
```

```
        L2=L2->next;
    }
    tail=newHead;           //合并后的新链表的链表尾初始值为头节点
    while(L1 && L2)//当两个链表都不空时，循环把 L1 或 L2 中的节点有序加入新链表
    {
        if(L1->data < L2->data) //如果 L1 链头节点 data 小，则将它加入到
                                新链表
        {
            tail->next=L1;
            L1=L1->next;    //L1 链头改为下一个节点
        }
        else                        //如果 L2 链头节点 data 小，则将它加入到新链表
        {
            tail->next=L2;
            L2=L2->next;   //L2 链头改为下一个节点
        }
        tail=tail->next; //tail 指向新链表新加入的节点
    }
    if(L1)          //循环退出后，如果 L1 还有节点，把剩余节点链接到新链表里
    {
        tail->next=L1;
    }
    if(L2)          //循环退出后，如果 L2 还有节点，把剩余节点链接到新链表里
    {
        tail->next=L2;
    }
    return newHead;                 //返回新链表的链头
}
```

【实验拓展与参考程序】

定义一个结构体变量（包括年、月、日），要求输入年月日，计算并输出该日在本年中是第几天。

【程序设计思路提示】

（1）定义结构体类型表达日期信息，使用结构体变量来存储输入的日期。

（2）利用 switch 语句，根据月份以及是否为闰年计算出天数，存在 int 型变量 days 中。

（3）用 printf 函数输出结果。

【参考程序】

```
#include <stdio.h>
struct DATE
```

```
{ int year;
      int month;
      int day;
};
main()
{
     struct DATE date;
     int days;
     printf("input year-month-day:");
     scanf("%d-%d-%d",&date. year,&date.month,&date.day);
     switch(date.month)
     {
     case 1: days=date.day;    break;
     case 2: days=date.day+31; break;
     case 3: days=date.day+59; break;
     case 4: days=date.day+90; break;
     case 5: days=date.day+120; break;
     case 6: days=date.day+151; break;
     case 7: days=date.day+181; break;
     case 8: days=date.day+212; break;
     case 9: days=date.day+243; break;
     case 10: days=date.day+273; break;
     case 11: days=date.day+304; break;
     case 12: days=date.day+334; break;
     }
     if ((date.year %4== 0 && date.year % 100 != 0||date.year % 400
== 0) && date.month >=3)
          days+=1;
    printf("%d-%d-%d is the %dth day in %d.\n",date.year,date.month,
date.day,days,date.year);
 return 0;
}
```

实验九　文　件

【实验 9.1 指导与参考程序】

1. 计算文本文件中的单词总数。

【程序设计思路提示】

（1）以只读方式打开文本文件。

（2）利用 fgets 函数循环读入文件中的字符串。

（3）关闭文件。

（4）对读出的字符串，运用实验 6.3 中第（2）题的方法进行单词数统计。

（5）输出统计结果。

【参考程序】

```
#include<stdio.h>
#include<string.h>
#include <stdlib.h>
int main()
{
    char string[200]="",str[81];
    int i,num=0,word=0;//num 用来统计单词数量，word 来标志新单词还没开始
    char c;
    FILE *fp;
    fp=fopen("data.txt","r");      //以只读方式打开文本文件 data.txt
    if(fp==NULL)
    {
        printf("can't open file.\n");
        exit(0);
    }
    while(fgets(str,81,fp)!=NULL) //循环读入文件中的字符串
       strcat(string,str);
    fclose(fp);
    printf("文件中的文本为:\n");
    puts(string);
    for(i=0;(c=string[i])!='\0';i++)       //统计单词数量
    {
        if(c==' '||c=='\t'||c=='\n')  //遇到空格，单词结束
            word=0;
```

```
        else if(word==0)//遇到非空格，如果单词处于还没开始的状态，则新单词开始
        {
            word=1;          //新单词开始标志置位
            num++;      //单词数量加 1
        }
    }
    printf("一共有 %d 个单词.\n",num);
    return 0;
}
```

2. 从键盘上输入一个字符串，将其中所有大写字母转换成小写字母，再存储到磁盘文件“result.txt”中。

【程序设计思路提示】

（1）利用 gets 函数输入字符串 str。

（2）将 str 串中所有大写字母转换成小写字母。

（3）以只写方式打开文本文件 result.txt。

（4）利用 fputs 函数将转换后的字符串输出到文本文件中。

（5）关闭文件。

【参考程序】

```
#include<stdio.h>
#include<string.h>
#include <stdlib.h>
int main()
{
    char str[80];
    int i=0;
    FILE *fp;
    gets(str);
    while(str[i]!='\0'){
        if(str[i]<='Z' &&str[i]>='A')
            str[i]+='a'-'A';
        i++;
    }
    printf("转换后的字符串为:\n");
    puts(str);
    fp=fopen("result.txt","w");         //以只写方式打开文本文件
    if(fp==NULL)
    {
        printf("can't open file.\n");
        exit(0);
```

```
    }
    fputs(str,fp);          //输出转换后的字符串到文本文件
    fclose(fp);
    return 0;
}
```

3. 已知address.txt文件中存放了姓名和地址，telphone.txt文件中存放了姓名与电话号码，但两个文件均未按姓名排序。通过对比两个文件，将同一人的姓名、地址和电话号码存到第三个文件contact.txt中。

address.txt文件格式为“姓名[空格]地址[换行]”，telphone.txt文件格式为“姓名[空格]电话号码[换行]”，输出的contact.txt文件格式为“姓名[空格]地址[空格]电话号码[换行]”。

【程序设计思路提示】

（1）创建结构体数组aryaddress和aryTelphone，分别用于存储姓名与地址的记录表，还有姓名与电话号码的记录表。

（2）输入的address.txt和telphone.txt文件都为文本文件，以行为单位。采用C语言的文件格式化输入函数fscanf读一行记录到结构体数组的元素中。

（3）基于两个结构体数组按照姓名进行匹配操作，将相同姓名的地址和电话号码记录找出；将匹配结果采用fprintf函数输出到第三个文件contact.txt中。

【参考程序】

```
#include<stdio.h>
#include<string.h>
#include <stdlib.h>
#define N 5
struct Address{
    char name[20];
    char addr[20];
};
struct Telphone{
    char name[20];
    char phone[20];
};
struct Contact{
    char name[20];
    char addr[20];
    char phone[20];
};

int main()
{
    struct  Address  aryAddress[N];
```

```
    struct  Telphone  aryTelphone[N];
    struct Contact  aryContact[N];

    int i,j,AddrNum,TelNum,ContectNum;

    FILE *fp;
    fp=fopen("address.txt","r");        //以只读方式打开文本文件
    if(fp==NULL)
    {
        printf("can't open file.\n");
        exit(0);
    }
    i=0;
    while(!feof(fp)){    //从 address.txt 中读取地址簿数据
        fscanf(fp,"%s%s",aryAddress[i].name,aryAddress[i].addr);
        i++;
    }
    AddrNum=i;
    fclose(fp);
    fp=fopen("telphone.txt","r");       //以只读方式打开文本文件
    if(fp==NULL)
    {
        printf("can't open file.\n");
        exit(0);
    }
    i=0;
    while(!feof(fp)){    //从 telphone.txt 中读取电话簿数据

fscanf(fp,"%s%s",aryTelphone[i].name,aryTelphone[i].phone);
        i++;
    }
    TelNum=i;
    fclose(fp);

    printf("地址簿: \n");
    for(i=0;i<AddrNum;i++){

printf("%s\t%s\n",aryAddress[i].name,aryAddress[i].addr);
    }
```

```
    printf("电话簿: \n");
    for(i=0;i<TelNum;i++){
        printf("%s\t%s\n",aryTelphone[i].name,aryTelphone[i].phone);
    }

    ContectNum=0;
    for(i=0;i<AddrNum;i++)  //依次比对电话簿和地址簿中的姓名
        for(j=0;j<TelNum;j++){
            if(!strcmp(aryAddress[i].name,aryTelphone[j].name))
            {           //将相同姓名的数据写入 aryContact 数组中
                strcpy(aryContact[ContectNum].name,aryAddress[i].
                name);
                strcpy(aryContact[ContectNum].addr,aryAddress[i].
                addr);
                strcpy(aryContact[ContectNum].phone,aryTelphone[j].
                phone);
                ContectNum++;
                break;
            }
    }

    fp=fopen("contact.txt","w");        //以只写方式打开文本文件
    if(fp==NULL)  {
        printf("can't open file.\n");
        exit(0);
    }
    printf("通信录: \n");
    for(i=0;i<ContectNum;i++){//将通信录中的数据写入 contact.txt 文件中
        printf("%s\t%s\t%s\n",aryContact[i].name,aryContact[i].
addr,aryContact[i].phone);
        fprintf(fp,"%s\t%s\t%s\n",aryContact[i].name,aryContact
[i].addr,aryContact[i].phone);
    }
    fclose(fp);
    return 0;
}
```

【实验 9.2 指导与参考程序】

输入 10 名学生学号、姓名和成绩，要求保存在二进制文件中，通过扫描该文件过滤出成

绩高于 85 分的学生记录。

通过键盘输入 10 名学生的记录，以二进制文件形式保存在 student.dat 文件中。

扫描一遍 student.dat 文件，读出成绩高于 85 分的学生记录，不满足此条件的记录直接跳过，把输出结果显示在屏幕上。

【程序设计思路提示】

（1）通过 scanf 录入学生信息到结构体数组 aryStudent 中。

（2）采用 fwrite 将 aryStudent 结构体数组保存在文件中。

（3）由于每条记录在文件中的大小相等，所以采用 fread 函数顺序遍历每条记录，把满足成绩要求的学生记录显示出来。

【参考程序】

```
#include<stdio.h>
#include<string.h>
#include <stdlib.h>

#define SIZE 4
struct student_type
{
   int id;
   char name[20];
   float score;
};

void save(struct student_type aryStudent[]);
void display(struct student_type aryStudent[]);
void filter(struct student_type aryStudent[]);

int main()
{
  struct student_type aryStudent[SIZE];
   int i;
   printf("请输入%d 个学生的学号，姓名，成绩：\n",SIZE);
    for(i=0;i<SIZE;i++)
           scanf("%d%s%f",&aryStudent[i].id,aryStudent[i].name,
   &aryStudent[i].score);
    save(aryStudent);
    printf("成绩文件中的学生信息是\n");
    display(aryStudent);
```

```
    printf("85 分以上的学生信息是\n");
    filter(aryStudent);
    return 0;
}
/*
函数功能：将学生信息存储到文件中
函数参数：学生信息数组
函数返回值：无
*/
void save(struct student_type aryStudent[])
{
   FILE *fp;
    int  i;
    if((fp=fopen("student.dat","wb"))==NULL)
     {   printf("cannot open file\n");
         return;
     }
    for(i=0;i<SIZE;i++)
        if(fwrite(&aryStudent[i],sizeof(struct student_type),1,fp)!=1)
          printf("file write error\n");
    fclose(fp);
}

/*
函数功能：将文件中的学生信息读取到学生信息数组中，并显示到屏幕上
函数参数：学生信息数组
函数返回值：无
*/
void display(struct student_type aryStudent[])
{
   FILE *fp;
    int  i;
    if((fp=fopen("student.dat","rb"))==NULL)
    {   printf("cannot open file\n");
     return;
    }
    for(i=0;i<SIZE;i++)
```

```
        {   fread(&aryStudent[i],sizeof(struct student_type),1,fp);
            printf("%10d%20s%10.2f\n",aryStudent[i].id,aryStudent[i].
            name,aryStudent[i].score);
        }
        fclose(fp);
    }
    /*
    函数功能：将学生信息数组中成绩高于 85 分的学生信息输出到屏幕上
    函数参数：学生信息数组
    函数返回值：无
    */
    void filter(struct student_type aryStudent[])
    {
        int i;
        for(i=0;i<SIZE;i++)
            if( aryStudent[i].score>85)
    printf("%10d%20s%10.2f\n",aryStudent[i].id,aryStudent[i].name,
    aryStudent[i].score);
    }
```

【实验拓展与参考程序】

在所有 3 位整数中找出其平方数中有连续的 3 位数字就是该数本身的数。例如，250 的平方数是 62500，250 便是所要找的一个满足条件的 3 位整数。

将满足条件的 3 位整数及其平方数输出到屏幕及文件 data.out 中。

运行结果的屏幕输出：

```
100    10000
250    62500
376    141376
500    250000
600    360000
625    390625
760    577600
```

【程序设计思路提示】

（1）设计函数 int find(long *a*[][2])，将 3 位整数中所有满足上述条件的数及其平方数存入 *a* 指向的二维数组中，函数返回满足上述条件的 3 位数的个数。

为了找满足条件的数，可先求某三位数 *n* 的平方 *m*，将 *m* 先拆再拼。先将 *m* 拆的数字放入数组 *b* 中，然后用循环，从 *m* 的最高位开始，依次将数组 *b* 中的三个数字拼成整

数 *s*，判断其是否与 *n* 相等，若相等，则将 *n* 及其平方数放入数组 *a* 中，最后返回二维数组 *a* 的行数。

（2）编写 main 函数，声明二维数组 *a*，用数组 *a* 作为实参调用函数 find；以只写方式打开文本文件 data.out，利用循环语句，输出二维数组 *a* 中的元素，并同时将元素写入文件中；最后关闭文件。

【参考程序】

```
#include <stdio.h>
int find(long a[][2]);
int main()
{  long a[10][2];
   int i,j,k;
   FILE *fp;                              //文件指针声明
   fp=fopen("d:\\data.out","w");          //打开文件
   k=find(a);                             //函数调用
   for(i=0;i<k;i++)                       //输出二维数组
   {  for(j=0;j<2;j++)
      {  printf("%ld\t",a[i][j]);           //输出到屏幕
         fprintf(fp,"%ld\t",a[i][j]);       //输出到文件
      }
      printf("\n");
      fprintf(fp,"\n");
   }
   fclose(fp);                            //关闭文件
   return 0;
}
int find(long a[][2])
{  long m,n,b[10],s;
   int i,j,k,x=0;
   for(n=100;n<1000;n++)
   {  m=n*n;
      i=0;
      while(m)                       //整数拆分，存入数组 b 中
        { b[i++]=m%10; m=m/10; }
      for(j=i-1;j>1;j--) //从最高位开始，依次将数组 b 中的三个数字拼成整数
      {   s=0;
          for(k=j;k>j-3;k--)          //取三个数字拼成 3 位数
```

```
            s=s*10+b[k];
            if (s==n)                    //满足条件的存入 a 中
               { a[x][0]=n;  a[x][1]=n*n;  x++; }
        }
    }
    return x;
}
```

实验十　综 合 实 训

【综合实训 1 指导与参考程序】

编写一个程序，为某服务公司征询顾客意见，从 n(≤40)个优秀服务员中评选十位服务明星，具体要求如下。

（1）服务员按 1，2，…顺序连续编号，每个编号用两个字符表示，即 01，02，…。

（2）收到的选票以下列格式存于文本文件 source.txt 中，一行字符串对应一张选票，其中姓名十个字符，地址 30 个字符，十个服务员编号 20 个字符。

（3）对应名次的服务员编号可以有空缺，但必须用 00 表示。

（4）若编号超出规定范围，或编号重复出现，作为废票处理。

（5）按选票中所列最佳服务明星顺序给所列服务员按以下标准评分：

一	二	三	四	五	六	七	八	九	十
15	12	9	7	6	5	4	3	2	1

（6）按各位服务员得分数由高到低顺序排队，列出前十名最佳服务明星排行表：

名次　服务员编号　合计得分　合计得票数

若得分相同，得票数多的在前；若得分和得票数都相同，则编号小的在前。

设 source.txt 文件中的内容如下：

```
丁一      地球村100号                     01020304000607080910
王二      地球村100号                     11121314151617181920
张三      地球村100号                     21222324252627282930
李四      地球村100号                     31323334353637383940
马五      地球村100号                     12020304000607080910
杨六      地球村100号                     12020304000607080910
赵七      地球村100号                     12020304000607080910
朱八      地球村100号                     12020304000607080910
```

程序的运行结果如下：

名次	服务员编号	合计得分	合计得票数
1	12	72	5
2	2	60	5
3	3	45	5
4	4	35	5
5	6	25	5
6	7	20	5
7	8	15	5
8	1	15	1

```
9       11        15        1
10      21        15        1
```

【程序设计思路提示】

服务明星评选程序由四个模块构成，分别是主程序（main 函数）、数据导入模块（ReadScore 函数）、统计模块（Statistic 函数）和排序模块（Sort 函数）。

1. main 函数设计

该程序的主要数据结构包括两种自定义的结构体类型，分别为记录明星选票情况的结构体 Star 和记录明星票选结果的结构体 Iden。根据参加票选的明星人数，创建 Star 类型数组 star 和 Iden 类型的数组 Iden。

在程序执行流程方面，该程序主要包括三部分：① 数据初始化；② 核心处理模块（包括 ReadScore 函数、Statistic 函数和 Sort 函数）；③ 票选结果输出。

【参考程序】

```
#include<stdio.h>
#define N 40
typedef struct
{
    int score[11],tn,td;
} Star;
typedef struct
{
    int num,tn,td;
} Iden;

int main()
{
    Star star[N+1];
    int i, order[11];
    FILE* fp = fopen("source.txt","r");
    //初始化
    for (i=1;i<=N;++i)
    {
        int j;
        for (j=1;j<=10;++j)
            star[i].score[j]=0;
        star[i].tn=0;
        star[i].td=0;
    }
    //核心处理模块
```

```
    ReadScore(star,fp);
    Statistic(star);
    Sort(star,order);
    //票选结果输出
    printf("名次 服务员编号 合计得分 合计得票数\n");
    for (i=1;i<=10;++i)
        printf("%3d%8d%10d%10d\n",i,order[i],star[order[i]].td,
star[order[i]].tn);
    fclose(fp);
    return 0;
}
```

2. ReadScore 函数设计

该函数的主要功能是，从文本文件中读取明星票选的选票信息，然后记录在 star 数组中。其中包括两个设计难点。

（1）票选信息的数据类型转换。

明星编号存储在文本文件 source.txt 中，以字符方式表示。需要转换成整数类型才便于统计票选结果。主要解决方法是，将文件中的一行读取到 str 字符数组中，然后通过以下语句进行转换。

```
data[i]=((int)str[2*i+38]-48)*10+((int)str[2*i+39]-48);
```

（2）判断选票中可能出现重复的编号。

通过数组记录明星编号被选择的情况。如果已经被选了，则数组中对应的状态标记设置为“1”，否则为“0”。对于每个被识别出的编号，通过该数组查询状态标记情况，进而判断是否是一个重复的编号。

【参考程序】

```
void ReadScore(Star star[],FILE*fp)
{
    char str[100];
    while(fgets(str,100,fp)!=NULL)
    {
        int hash[N+1],data[11],i,flag=0;
        for (i=1;i<=N;++i)
            hash[i]=0;
        for (i=1;i<=10;++i)
        {
            data[i]=((int)str[2*i+38]-48)*10+((int)str[2*i+39]-48);
            if (data[i]>N || data[i] && hash[data[i]])
            {
                flag=1;
```

```
                break;
            }
            hash[data[i]]=1;
        }
        if (flag) continue;
        for (i=1;i<=10;++i)
            star[data[i]].score[i]++;
    }
    return;
}
```

3. Statistic 函数设计

该函数的主要功能是统计选票、计算得分。

【参考程序】

```
void Statistic(Star star[])
{
    int k,num[11]={0,15,12,9,7,6,5,4,3,2,1};
    for (k=1;k<=N;++k)
    {
        int i;
        for (i=1;i<=10;++i)
        {
            star[k].tn+=star[k].score[i];
            star[k].td+=star[k].score[i]*num[i];
        }
    }
    return;
}
```

4. Sort 函数设计

该函数的主要功能是对统计结果进行排序。这里可以采用经典的排序算法实现，如选择排序。但需要注意的是，因为明星票选主要关注前 10 名的排序情况，所以仅需要得到前 10 名的排序结果，排序算法就可以停止了，不需要所有的排序结果。

【参考程序】

```
void Sort(const Star star[],int order[])
{
    int i,j;
    Iden iden[N+1];
    for (i=1;i<=N;++i)
```

```
    {
        iden[i].num=i;
        iden[i].tn=star[i].tn;
        iden[i].td=star[i].td;
    }
    //排序算法
    for (i=1;i<=10;++i)
        for (j=i+1;j<=N;++j)
            if (iden[i].td<iden[j].td || iden[i].td==iden[j].td &&
            iden[i].tn<iden[j].tn ||
                iden[i].td==iden[j].td && iden[i].tn==iden[j].tn &&
                iden[i].num>iden[j].num)
                    {
                    Iden k;
                    k=iden[i];
                    iden[i]=iden[j];
                    iden[j]=k;
            }
    //结果输出
    for (i=1;i<=10;++i)
        order[i]=iden[i].num;
    return;
}
```

【综合实训 2 指导与参考程序】

编写一个图书馆管理图书的信息系统，具体要求如下。

（1）实现图书查询、借书、还书和入库等基本功能。 库存图书的基本信息包括：ISBN、书名、作者、单价和存量。

（2）所有图书信息通过键盘录入，所有数据以文件方式保存在磁盘上，在下一次运行该系统时所有数据从磁盘中自动加载，不会出现数据丢失。

（3）为了方便和管理系统交互，请在控制台窗口中设计必要的交互菜单。

【程序设计思路提示】

图书管理信息系统的功能模块包括加载、保存、入库、借书、还书和查询。由于系统的功能模块较多，并且每个模块通常包含多个函数，因而在系统设计时首先考虑如何有效组织这些功能模块及其代码。

按照功能模块之间的逻辑关系，系统框架设计如下图所示。自下而上分别为交互界面层、应用逻辑层和数据访问层。数据访问层负责访问图书记录信息。应用逻辑层通过数据访问层实现数据的访问操作，该层主要用于实现业务逻辑，在本例中为借书和还书功能。交互界面层通过菜单形式将用户的命令转换为下层的各种函数，以此方式完成系统功能。

该系统的程序代码包含四个源文件，分别是主程序源文件（main.c）、交互界面源文件（ui.h 和 ui.c）、数据访问源文件（dataaccess.h 和 dataaccess.c）和应用逻辑源文件（applogic.h 和 applogic.c）。

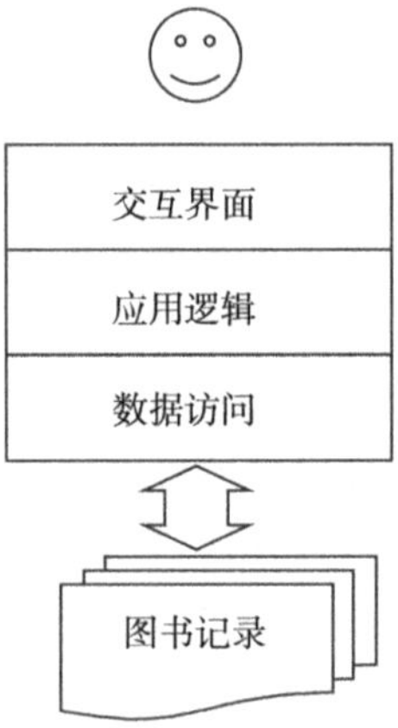

1. 主程序源文件

该系统的数据结构为链表。为了方便后续的链表操作，空链表采用单节点表示，头尾指针同时指向该节点，如下图所示。

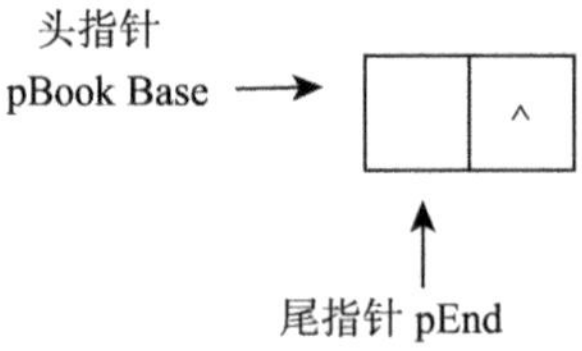

主程序的主要执行过程为，首先创建空链表，然后调用 load 函数完成图书信息加载任务，其次调用界面代码显示菜单，最后在系统退出时调用 save 函数进行数据保存。需要注意的是，由于采用菜单进行命令交互，因而需要将菜单的 menu 函数置于 while 循环中。在用户选择“退出”命令后，才能结束循环。

【参考程序】

```
//main.c
#include <stdio.h>
#include <stdlib.h>
#include "dataaccess.h"
#include "ui.h"

int main()
{
    char cmd[3];
    Book* pBookBase = (Book*)malloc(sizeof(Book)); //头节点
    pBookBase->next = NULL;
    Book* pEnd = pBookBase;
```

```
    char * fileName = "..\\bookbase.txt";
    int r;
    //加载模块
    load(&pEnd,fileName);
    do{
        //菜单
        menu();
        scanf("%s",cmd);
        //命令处理
        r=processCommand(pBookBase, &pEnd, cmd);
        if (r==0)
        {
            //保存模块
            save(pBookBase,fileName);
            break;
        }
    }while(r);
   return 0;
}
```

2. 交互界面源文件

该文件包含两个函数，分别是菜单函数 menu 和命令处理函数 processCommand。其中，系统的命令处理采用字符串比较函数（strcmp）实现，将事先设定的命令字符串和用户输入的命令字符串进行比较，根据字符串比较函数返回值判断结果。当前系统的输入命令如下表所示。读者在实际设计系统时，可以根据需要扩展下列命令列表。

命令字符	说明
“i”	图书入库
“s”	图书查询
“b”	借书
“r”	还书
“a”	显示所有图书信息
“q”	退出

【参考程序】

```
//ui.h
#ifndef UI_H
#define UI_H
int menu();
int processCommand(Book* pBookBase,Book** ppEnd,char cmd[]);
#endif
```

```
//ui.c
#include <stdio.h>
#include <string.h>
#include <stdlib.h>
#include "dataaccess.h"
#include "applogic.h"
#include "ui.h"

int menu()
{
    printf("== MIS Menu ===\n");
    printf("图书入库(i)\n");
    printf("图书查询(s)\n");
    printf("借书(b)\n");
    printf("还书(r)\n");
    printf("显示所有图书信息(a)\n");
    printf("退出(q)\n");
    printf("输入命令: ");
    return 0;
}

int processCommand(Book* pBookBase, Book** ppEnd, char cmd[])
{
    char keyword[11];
    char qISBN[14];
    if (strcmp(cmd,"s")==0)
    {
        printf("输入查询关键字: ");
        scanf("%s",keyword);
        query(pBookBase,keyword); //图书查询
        return 1;
    }
    if (strcmp(cmd,"b")==0)
    {
        printf("输入 ISBN 编号: ");
        scanf("%s",qISBN);
        borrowBook(pBookBase,qISBN);  //借书
        return 1;
```

```
    }
    if (strcmp(cmd,"r")==0)
    {
        printf("输入ISBN编号: ");
        scanf("%s",qISBN);
        returnBook(pBookBase,qISBN);  //还书
        return 1;
    }
    if (strcmp(cmd,"i")==0)
    {
        newBook(pBookBase, ppEnd);  //新书入库
        return 1;
    }
    if (strcmp(cmd,"a")==0)
    {
        showAll(pBookBase);  //显示所有图书信息
        return 1;
    }
    if (strcmp(cmd,"q")==0)
    {
        return 0; // quit
    }
    printf("错误命令! \n");
    return 1;
}
```

3. 数据访问源文件

该文件主要包括图书记录加载模块（包括 load 函数、parse 函数和 append 函数）、图书记录保存模块（save 函数）和记录显示模块（showAll 函数）。其中，加载模块和保存模块是系统设计的重点。

1）图书记录加载模块

该模块将记录文件中的图书记录提取出来，经过数据类型转换后，在内存中创建链表。采用 fgets 函数可以得到文本文件中的一条图书记录。但是这样得到的图书信息只是字符串，无法直接复制到链表节点中。所以，示例代码中采用 parse 函数进行数据类型转换，具体实现采用 sscanf 函数完成。由于图书记录的所有属性值采用空格进行分隔，因而 sscanf 的格式字符串中也需要用空格进行分隔。例如，图书信息的五个属性值对应的格式字符串为"%s %s %s %f %d"。

最后，append 函数将创建的节点添加到链表尾部。为了保证主程序中的 pEnd 指针在新节点插入后可以被更新，append 函数的第一个参数采用了指向指针的指针，即 pEnd 指针变量

的地址。部分参考代码如下：

```
while ( fgets(line,LINESIZE,fp) != NULL)
{
    b = (Book*)malloc(sizeof(Book));
    b->next = NULL;
    parse(b, line); //数据类型转换
    append(ppEnd,b); //添加新节点
}
```

2）图书记录保存模块

保存图书记录的方法是顺序遍历链表中除头节点之外的所有节点。为了下次系统启动时，可以准确加载图书记录，要求按照 source.txt 文件存储的格式进行保存。即保存模块写文件时各属性值用空格进行分隔。以 ISBN 保存为例，在 fprintf 的格式字符串中需要添加空格，具体语句为“fprintf(fp, "%s ",pBook->isbn);”。

【参考程序】

```
//dataaccess.h
#ifndef DATAACCESS_H
#define DATAACCESS_H

#define LINESIZE 100
struct book
{
    char isbn[14];
    char name[60]; //bookName
    char author[20];
    float price;
    int num;
    struct book* next;
};

typedef struct book Book;

int load(Book** ppEnd,char* fileName);
int save(Book *pBookBase, char * fileName);
int parse(Book *pBook, char *line);
int showAll(Book* pBookBase);
int append(Book ** ppEnd, Book* b);
#endif

//dataaccess.c
```

```
#include <stdio.h>
#include <string.h>
#include <stdlib.h>
#include "dataaccess.h"
#include "applogic.h"

int load(Book** ppEnd,char* fileName)
{
   Book* b = NULL;
   char line[LINESIZE];
   FILE *fp;
   fp=fopen(fileName,"r");
   if (fp==NULL)
   {
      return -1;
   }
   while ( fgets(line,LINESIZE,fp) != NULL)
   {
      b = (Book*)malloc(sizeof(Book));
      b->next = NULL;
      parse(b, line);
      append(ppEnd,b);
   }
   fclose(fp);
   return 0;
}

int append(Book** ppEnd,Book* b)
{
   (*ppEnd)->next=b;
   *ppEnd = b;
   return 0;
}

int parse(Book* pBook, char *line)
{
    sscanf(line,"%s %s %s %f %d",pBook->isbn,pBook->name,pBook->
author,&pBook->price,&pBook->num);
   return 0;
```

```
}

int showAll(Book* pBook)
{
    pBook=pBook->next;
    while(pBook)
    {
        printf("%s\t",pBook->isbn);
        printf("%s\t",pBook->name);
        printf("%s\t",pBook->author);
        printf("%f\t",pBook->price);
        printf("%d\n",pBook->num);
        pBook = pBook->next;
    }
    return 0;
}

int save(Book* pBook, char* fileName)
{
    FILE *fp;
    fp=fopen(fileName,"w");
    if (fp==NULL)
    {
        return -1;
    }
    pBook=pBook->next;
    while(pBook)
    {
        fprintf(fp, "%s ",pBook->isbn);
        fprintf(fp, "%s ",pBook->name);
        fprintf(fp, "%s ",pBook->author);
        fprintf(fp, "%f ",pBook->price);
        fprintf(fp, "%d\n",pBook->num);
        pBook = pBook->next;
    }
    fclose(fp);
    return 0;
}
```

4. 应用逻辑文件

该系统主要提供图书信息的管理功能，具体包括新书入库（newBook 函数和 queryByisbn

函数)、图书查询(query 函数)、借书(borrowBook 函数)和还书(returnBook 函数)。

1)新书入库

新书入库的时候,如果输入的 ISBN 已经存在,则此入库行为实为还书行为。我们采用 queryByisbn 函数依次比较链表节点的 ISBN 值,定位需要修改库存记录的图书节点。该函数返回的是此节点的地址,这样可以直接修改图书节点的库存值。

当 ISBN 不存在时,被判断为一本新书。新书信息由数据访问源文件中的 append 函数进行添加。这样的设计可以体现软件代码的复用性。

2)图书查询

图书名称的关键字查询由 query 函数实现。具体实现中采用 strstr 函数解决子串匹配的问题。

3)借书和还书

借书和还书分别采用 borrowBook 函数和 returnBook 函数实现。两个函数设计思想基本相同。依次比较链表节点中的 ISBN 值,定位相关图书节点,然后修改库存值。

【参考程序】

```
//applogic.h
#ifndef APPLOGIC_H
#define APPLOGIC_H
int newBook(Book* pBookBase, Book ** ppEnd);
int query(Book * pBookBase,char keyword[]);
Book* queryByisbn(Book* pBookBase, char* qISBN);
int borrowBook(Book * pBookBase,char qISBN[]);
int returnBook(Book * pBookBase,char qISBN[]);
#endif

//applogic.c
#include <stdio.h>
#include <string.h>
#include <stdlib.h>
#include "dataaccess.h"
#include "ui.h"

int newBook(Book* pBook, Book ** ppEnd)
{
    char qISBN[14];
    Book* p;
    printf("输入 ISBN: \n");
    scanf("%s",qISBN);
    p = queryByisbn(pBook,qISBN);
    if (p)
```

```
    {
        p->num++;
        return 0;
    }
    p = (Book*)malloc(sizeof(Book));
    p->next = NULL;
    strcpy(p->isbn, qISBN);
    printf("新书名: ");  scanf("%s",p->name);
    printf("作者: "); scanf("%s",p->author);
    printf("价格: "); scanf("%f",&p->price);
    printf("库存: "); scanf("%d",&p->num);
    append(ppEnd, p);
    return 0;
}

int query(Book* pBook,char keyword[])
{
    printf("--- 查询结果 ---\n");
    while(pBook)
    {
        if (strstr(pBook->name,keyword)!=NULL)
        {
            printf("%s\t",pBook->isbn);
            printf("%s\t",pBook->name);
            printf("%s\t",pBook->author);
            printf("%f\t",pBook->price);
            printf("%d\n",pBook->num);
        }
        pBook=pBook->next;
    }
    return 0;
}

Book* queryByisbn(Book* pBook, char* qISBN)
{
    while(pBook)
    {
        if (strcmp(pBook->isbn,qISBN)==0)
        {
```

```
            return pBook;
        }
        pBook=pBook->next;
    }
    return NULL;
}

int borrowBook(Book* pBook,char qISBN[])
{
    while(pBook)
    {
        if (strcmp(pBook->isbn,qISBN)==0 && pBook->num>0)
        {
            printf("成功借书! \n");
            pBook->num--;
            break;
        }
        pBook=pBook->next;
    }
    if (pBook==NULL)
    {
        printf("借书失败!\n");
        return -1;
    }
    return 0;
}

int returnBook(Book* pBook,char qISBN[])
{
    while(pBook)
    {
        if (strcmp(pBook->isbn,qISBN)==0)
        {
            printf("成功还书! \n");
            pBook->num++;
            break;
        }
        pBook=pBook->next;
    }
```

```
    if (pBook==NULL)
    {
        printf("还书失败! \n");
        return -1;
    }
    return 0;
}
```

【实验拓展与参考程序】

综合实训 2 介绍的图书管理信息系统是 C 语言教学中非常典型的示例，但是此系统的查询模块缺点明显。当图书数据量较大时，基于链表的查询效率会明显下降。因为每一个节点的访问都必须从链表头节点开始搜索，经过多次比较后才能定位指定节点；再加上链表节点在内存中非连续存放，这样进一步造成节点访问效率不高。

为了提高访问效率，可以采用索引加快链表节点的访问速度。如下图所示，采用数组表示索引，其元素为结构体类型，包含每本书的 ISBN 和对应链表节点的地址。为了支持快速查询，所有数组的元素应该按照 ISBN 进行排序。当用户查询时，在索引数组中采用折半查找算法查询指定图书编号，找到后取得对应链表节点的地址，最后定位指定图书在链表中的对应节点，获得该图书的所有信息。

索引数组定义如下：

```
struct index
{
    char isbn[14];
    struct book* address;
};
typedef struct index Index;
Index idxBook[10000];  //索引数组
```

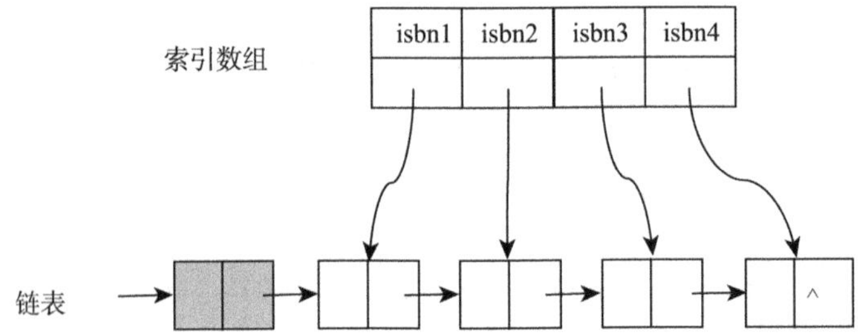

为了实现上述索引的功能，需要对当前的图书管理信息系统进行修改。主要包括两个部分：① 在加载模块中添加创建索引的代码；② 实现基于索引的查询功能。

1. 创建索引

因为图书记录在文本中的存储顺序并不一定按照 ISBN 排序。所以，在建立索引时可以采用插入排序的方法对数组元素进行排序。每加载完成一条图书记录，就将 ISBN 和新节点的地址插入到现有的索引数组中。

【参考程序】

```
int load(Book** ppEnd, Index idxBook[], int* idxSize,char* fileName)
{
    Book* b = NULL;
    char line[LINESIZE];
    FILE *fp;
    fp=fopen(fileName,"r");
    if (fp==NULL)
    {
        return -1;
    }
    while ( fgets(line,LINESIZE,fp) != NULL)
    {
        b = (Book*)malloc(sizeof(Book));
        b->next = NULL;
        parse(b, line);
        append(ppEnd,b);
        //创建索引的代码
        int i=0,j=0,k=0;
        for (i=0; i<*idxSize; i++)
        {
            k++;
            if (strcmp(idxBook[*idxSize].isbn, b->isbn)>0)
            {
                break;
            }
        }
        for (j=*idxSize;j>=k;j--)
        {
            idxBook[j+1] = idxBook[j];
        }
        strcpy(idxBook[k].isbn, b->isbn);
        idxBook[k].address = b;
        (*idxSize)++;
    }
    fclose(fp);
    return 0;
}
```

2. 基于索引的快速查询

因为在加载索引时，索引数据的元素已经按照 ISBN 排序了。所以在查询时就可以采用折半查找的方法快速定位该图书的索引数组元素。不难发现，相对于链表而言，数组在内存中是连续存放的，访问节点的效率较高。并且，在查询算法的计算代价方面，基于数组的折半查找方法要优于基于链表的顺序查找方法。所以，采用此索引结构可以有效提高图书查询效率。

【参考程序】

```
Book* queryByindex(Index idxBook[],int idxSize,char keyword[])
{
   printf("--- 查询结果 ---\n");
   int l=0,r = idxSize-1;
   int m=0;
   Book* result = NULL;
   while(l<=r)
   {    m = (l + r)/2;
        if (strcmp(keyword, idxBook[m].isbn)==0)
        {
           result = idxBook[m].address;
           break;
         } else if (strcmp(keyword, idxBook[m].isbn)<0)
             { r=m-1;}
         else
             { l=m+1;}
   }
   if(l>r)
       return NULL;
   return result;
}
```

模拟试卷参考解答

期末试卷（A卷）参考解答

笔试试题 A

一、选择题

题号	1	2	3	4	5	6	7	8	9	10
答案	A	D	B	D	A	B	C	B	C	D
题号	11	12	13	14	15	16	17	18	19	20
答案	D	D	A	C	B	C	B	A	A	D

二、阅读程序

21．第一空：2　第二空：8

22．1_

23．10

24．17

25．Basic

asic

sic

ic

c

26．5353

三、完成程序

27．第一空：*n*/100　第二空：*n*%100

28．第一空：*i*=2　第二空：*j*<*i*　第三空：*a*[*i*−1][*j*−1]

29．第一空：*p1　第二空：*p1!=*p2　第三空：f(s)

30．第一空：&*a*[4]　第二空：*x*[0]<*x*[*j*]　第三空：*n*−−

31．第一空：fabs(*t*)　第二空：*x***x*/*n*　第三空：(2**n*+1)

32．第一空：p!=NULL　第二空：*p*->*x*　第三空：p2->next　第四空：h=p3

上机试题 A

一、改错

第 5 行：*a*[*i*+1];改成 *a*[*N*+1]

第 8 行：*i*<=*N* 改成 *i*<=*N*/2 （此处不改程序也不是错的）

第 15 行：$i=i+1$ 改成 $j=j+1$

第 20 行：$a[i]==0$ 改成 $a[i]!=0$

二、编程题

题目 1

```
#include <stdio.h>
int main()
{
    int a[3][4] = {1, 2, 3, 4, 9, 8, 7, 6, -10, 10, -5, 2};
    int maxValue = a[0][0];
    int i,j;
    FILE * fp;

    for (i=0;i<3;i++)
        for (j=0;j<4;j++)
            if (maxValue<a[i][j])
                 maxValue = a[i][j];
    printf("最大数为:%d\n", maxValue);
    fp = fopen("myf2.out", "w");//初始化写文件
    if (fp==NULL)
    {
        printf("打开文件失败\n");
        return 1;
    }
    for (i=0;i<3;i++)
        for (j=0;j<4;j++)
            if (maxValue==a[i][j]){
                printf("所在的行号和列号分别为: %d, %d\n", i+1, j+1);
                fprintf(fp,"%d, %d\n", i+1, j+1);
            }
    fclose(fp);
    return 0;
}
```

题目 2

```
#include <stdio.h>
#include <string.h>

int function(char *string,char words[][20]);
int main()
{
```

```
    FILE * fp;
    char string[200]="one world one dream";
    char words[100][20];
    int i,num;
    num=function(string,words);
    fp = fopen("myf3.out", "w");  //初始化写文件
    if (fp==NULL)
    {
        printf("打开文件失败\n");
        return 1;
    }
    fprintf(fp,"%d\n",num+1);
    for( i=0;i<=num;i++){
        puts(words[i]);
        fprintf(fp,"%s\n",words[i]);
    }
    fclose(fp);
    return 0;
}

int function(char *string, char words[][20])
{
    char ch;
    char word[40];
    int num=-1;
    int i=0,j,min;
    int curIdx = 0;
    while ((ch=string[i])!='\0')
    {
        if (ch!=' '){
            if(curIdx==0) num++;
            word[curIdx++] = ch;
        }
        else{
            if (curIdx !=0)  {
                word[curIdx] = '\0';
                curIdx = 0;
                strcpy(words[num],word);
```

```
            }
        }
        i++;
    }
    if (curIdx !=0)
    {
        word[curIdx] = '\0';
        curIdx = 0;
        strcpy(words[num],word);
    }
    for( i=0;i<num;i++){
        min=i;
        for(j=i+1;j<=num;j++)
            if(strcmp(words[min],words[j]))
                min=j;
        if(min!=i){
            strcpy(word,words[i]);
            strcpy(words[i],words[min]);
            strcpy(words[min],word);
        }
    }
    return num;
}
```

期末试卷（B 卷）参考解答

笔试试题 B

一、选择题

题号	1	2	3	4	5	6	7	8	9	10
答案	C	A	B	B	B	A	C	C	B	C
题号	11	12	13	14	15	16	17	18	19	20
答案	A	B	B	D	C	C	B	A	B	D

二、阅读程序

21．585858

22．12

23．3,2,2,3

24．2, 2

25．5 4 3 2 1

26．5647

三、完成程序

27．第一空：n==0||n==1 第二空：fac(n–1)*n 第三空：y=fac(n)

28．第一空：*(a+n) 第二空：*(a+n)=*(a+m) 第三空：a+m

29．第一空：math.h 第二空：fabs(term) 第三空：–x*x/(n*(n+1))
第四空：n+2

30．第一空：data>=current->data 第二空：(NODE*)malloc(sizeof(NODE))
第三空：head==current 第四空：head

上机试卷

一、改错

第 8 行：d=check(&c);改为 d=check(c);

第 13 行：check(char *s)改为 int check(char *s)

第 23 行：if(r=m) return 1 改为 if(r==m) return 1;

二、编程题

题目 1

```
#include<stdio.h>
#include<string.h>
int main()
{
    void copystr(char *,char *,int);
    FILE *fp;
    int m;
    char str1[100];
    char str2[100];

    fp = fopen("myf2.out", "w");//初始化写文件
    if (fp==NULL)
    {
         printf("打开文件失败\n");
         return 1;
    }
    printf("Please input a string:\n");
    gets(str2);
    printf("which character that begin to copy?");
    scanf("%d",&m);
    if(m>strlen(str2))
       printf("the number is error");
    else
```

```
    {
        copystr(str1,str2,m);
        fprintf(fp,"%s\n", str1);
    }
    fclose(fp);
    return 0;
}
void copystr(char p1[],char p2[],int m)
{
    int n;
    n=0;
    while(n<m-1)
    {
        n++;
        p2++;
    }
    while(*p2!='\0')
    {
        *p1=*p2;
        p2++;
        p1++;
    }
    *p1='\0';
}
```

题目 2

```
#include<stdio.h>
#include<string.h>
int main()
{

    char strs[10][10];
    int i, j,t,c;
    char* tmpStr;
    char temp[10];
    FILE *fp;
    for(t=0;t<8;t++)
    {
        scanf("%s",&strs[t]);
        c=getchar();
```

```
    if(c=="\n")
        break;
    }
    fp = fopen("myf3.out", "w");//初始化写文件
    if (fp==NULL)
    {
        printf("打开文件失败\n");
        return 1;
    }
    for(i = 7; i > 0; i--)
    {
        tmpStr = strs[0];
        for(j = 0; j < i; j++){
            if(strcmp(tmpStr, strs[j]) < 0){
                tmpStr = strs[j];
            }
        }
        strcpy(temp, strs[i]);
        strcpy(strs[i], tmpStr);
        strcpy(tmpStr, temp);
    }
    for(i = 0; i< 8; i++)
    {
        fprintf(fp,"%s\n", strs[i]);
    }
    fclose(fp);
    return 0;
}
```

期末试卷（C 卷）参考解答

一、选择题

题号	1	2	3	4	5	6	7	8	9	10
答案	A	B	D	C	A	C	B	B	C	D

二、阅读程序

11. 第一空：1　第二空：3
12. 第一空：1　第二空：3
13. 第一空：5　第二空：25

14．第一空：1　第二空：5　第三空：25

15．第一空：6.5　第二空：3

三、完成程序

16．第一空：$a=0$　第二空：*s != '\0'　第三空：*s >= '0' && *s <= '9'

17．第一空：float (*func)(float)Broot(1,x,f))

第二空：Broot(x1,x,func)　第三空：Broot(x,x2,func)

18．第一空：(Node*)malloc(sizeof(Node))　第二空：top->next = p

第三空：top->next　第四空：free(p)

四、程序设计

19．

```
#include <stdio.h>
#include <math.h>
int is_prime(int n)
{
    int i, tmp = (int)sqrt(n);
    for (i = 2; i <= tmp; ++i)
    {
        if (n % i == 0)
        {
            return 0;
        }
    }
    return 1;
}
int main()
{
    int i;
    for (i = 2; i + 2 < 100; ++i)
    {
        if (is_prime(i) && is_prime(i+2))
        {
            printf ("%d %d\n", i, i + 2);
        }
    }

    return 0;
}
```

20．

```
#include"stdio.h"
```

```
int main()
{
    int a[20];
    int i,t;
    for(i=0;i<10;i++)
    {
        scanf("%d",&a[i]);
        for(t=0;t<=i;t++)
        {
            if(a[t]==a[i])
                break;
        }
        if(t==i)
            printf("%d\n", a[i]);
    }
}
```

21.

```
#include <stdio.h>
#define N 30
typedef struct student
{
    int id;
    float score;
}stu;
void ReadDat(stu a[],int n);
void jsSort(stu a[],int n);
void WriteDat(stu a[],int n);
void main()
{
    stu s[N];
    ReadDat(s,N);
    jsSort(s,N);
    WriteDat(s,N);
}
void ReadDat(stu a[],int n)
{
    int i;
    printf("下面开始录入学生信息!\n\n");
    for(i=0;i<n;i++)
```

```
    {
        printf("请输入第%d个学生的学号:",i+1);
        scanf("%d",&a[i].id);
        printf("请输入第%d个学生的成绩:",i+1);
        scanf("%f",&a[i].score);
    }
}
void jsSort(stu a[],int n)
{
    int i,j;
    for(i=0;i<n-1;i++)
    {
        for(j=i+1;j<n;j++)
        {
            if(a[i].score>a[j].score)
            {
                stu temp = a[i];
                a[i]=a[j];
                a[j]=temp;
            }
        }
    }
}
void WriteDat(stu a[],int n)
{
    int cnt = 0,i;
    printf("所有学生按成绩由低到高排序如下:\n");
    printf("学号\t成绩\n");
    for(i=0;i<n;i++)
    {
        printf("%d\t%.1f\n",a[i].id,a[i].score);
    }
}
```

22.

```
#include <stdio.h>
#include <string.h>
int CountWordsOfEuropeanTxtFile(char *szFileName);
int CountWordsInOneLine(const char *szLine);
int main()
```

```
{
    char name [20]="F:\post.txt";
    printf("文件中单词个数%d\n",CountWordsOfEuropeanTxtFile(name));
    return 0;
}
int CountWordsOfEuropeanTxtFile(char *szFileName)
{
    int nWords = 0;
    FILE *fp;
    char carrBuffer[1024];
    if ((fp = fopen(szFileName,  "r")) == NULL)
    {
        return -1;
    }
    while (!feof(fp))
    {
        if (fgets(carrBuffer, sizeof(carrBuffer),fp) != NULL)
              nWords += CountWordsInOneLine(carrBuffer);
    }
    fclose(fp);
    return nWords;
}
int CountWordsInOneLine(const char *szLine)
{
    int nWords = 0;
    int i=0;
    int flag=0;
    for (;i<strlen(szLine);i++)
    {

        if(*(szLine+i)==' '||*(szLine+i)==','||*(szLine+i)=='.'||*
        (szLine+i)=='?'||*(szLine+i)=='!'||*(szLine+i)==';')
        {
            flag=0;
        }
        else
        {
            if (flag==0)
            {
```

```
                flag=1;
                nWords++;
            }
        }
    }
    return nWords;
}
```

期末试卷（D 卷）参考解答

一、填空题

1．5

2．7

3．scanf(“%lf” ,&y)

4．指向一个返回值类型为 float 的函数

5．4

6．第一空：循环　第二空：开关

7．gets(str)只有遇到"\n"时才停止读取，并且没有上限；而 scanf("%s",str)遇到空格或"\n"都会停止读取，且读取字符数上限为 80

8．第一空：16　第二空：8

二、阅读程序，写出运行结果

9．（1）a=You are a student.

b=You are a student.

（2）将字符串 *b* 的内容复制给字符串 *a*

10．efgBCD!

11．7 13 19

12．A->C

A->B

C->B

A->C

B->A

B->C

A->C

13．1[2]

2[3]

3[1]

x[1]

$y[2]$

$z[2]$

14．第一空：head->next==NULL　第二空：p=p->next　第三空：head=q

第四空：r->next=q　第五空：p->next=q

15．

```
#include<stdio.h>
int Fn(int n,int k)
{
      if(n<0)
          return 0;
      else if(n>=0&&n<=2)
          return 1;
      else
          return Fn(n-1,k)+k*Fn(n-2,k);
}
int main()
{
      int n,k;
      scanf("%d%d",&n,&k);
      int result=Fn(n,k);
      printf("%d",result);

     return 0;
}
```

16．

```
#include <stdio.h>
#include <stdlib.h>
void main()
{
     int max,min,n,number,i;
     max=-65535;//初始化 max
     min=65535;//初始化 min
     printf("请输入 N:\n");
     scanf("%d",&n);
     if (n<=0)
         exit(0);
     printf("请输入 N 个整数:\n");
     for(i=0;i<n;i++)
```

```
        {
            scanf("%d",&number);
            if (number>max)
                max=number;
            if (number<min)
                min=number;
        }
        printf("Max=%d\nMin=%d\n",max,min);//输出 n 个数中的最大值和最小值
}
```

17.

```
#include <stdio.h>
#include <string.h>
struct stud
{
        int num;
        char name[20];
        int age;
        char sex[10];
        char address[20];
};
int main()
{
        stud st[100];
        int total1=0,total2=0,count1=0,count2=0,N,i;
        printf("请输入 N:");
        scanf("%d",&N);
        printf("请输入学生信息:\n");
        for(i=0;i<N;i++)
        {
            printf("请输入第%d 个学生的学号: ",i+1);
            scanf("%d",&st[i].num);
            printf("请输入第%d 个学生的姓名: ",i+1);
            scanf("%s",&st[i].name);
            printf("请输入第%d 个学生的年龄: ",i+1);
            scanf("%d",&st[i].age);
            printf("请输入第%d 个学生的性别: ",i+1);
            scanf("%s",&st[i].sex);
            if(strcmp(st[i].sex,"M")==0)
```

```
        {
            total1+=st[i].age;
            count1++;
        }
        else
        {
            total2+=st[i].age;
            count2++;
        }
        printf("请输入第%d个学生的住址：",i+1);
        scanf("%s",&st[i].address);
    }
    printf("total1:%d",total1);
    printf("total2:%d",total2);
    if(count1)
        printf("男生的平均年龄为:%f",(float)total1/count1);
    else
        printf("没有男生信息!");
    if(count2)
        printf("女生的平均年龄为:%f",(float)total2/count2);
    else
        printf("没有女生信息!");

    return 0;

}
```

18.

```
#include<stdlib.h>
#include<stdio.h>
struct node
{
    int data;
    struct node *next;
};
struct node *create(int n)  //顺序建链表
{
    struct node *head,*tail,*p;
```

```
        int i;
        head=(struct node *)malloc(sizeof(struct node));  //申请头节点
        head->next=NULL;
        tail=head;  //头尾指针指向同一个节点
        for(i=1;i<=n;i++)
        {
            p=(struct node *)malloc(sizeof(struct node));  //申请新节点
            scanf("%d",&p->data);  //输入节点的数据域
            p->next=NULL;  //节点的指针域为空
            tail->next=p;  //将新节点插入链表尾部
            tail=p;  //让链表的尾节点指向新节点
        }
        return (head);
};
void print(struct node *head)  //输出链表中的数据
{
        struct node *p;
        p=head->next;
        while(p!=NULL)
        {
            printf("%d",p->data);
            if(p->next!=NULL)
                printf(" ");
            p=p->next;  //p 指向下一个节点
        }
        printf("\n");
}
int main()
{
        int n;
        struct node *head;
        scanf("%d",&n);
        head=create(n);  //建立链表
        print(head);  //输出链表

        return 0;

}
```